烧结过程清洁燃烧和污染物控制

Clean Combustion and Pollutant Control in Sintering

周　昊　周明熙　岑可法　著

科学出版社

北京

内 容 简 介

本书面向中国钢铁行业洁净高效烧结生产的重大需求，针对钢铁工业中烧结工艺的清洁燃烧和污染物控制，分析介绍了我国铁矿石烧结工艺发展现状，烧结制粒堆积过程，烧结燃烧传热传质机理，典型污染物（包括SO_x、NO_x、二噁英、粉尘和重金属等）的生成机理和脱除技术，以及烧结过程节能环保的优化控制技术。

本书可供铁矿石烧结工业和烧结烟气污染控制领域的研究人员、工程师和管理人员参考，也可作为高校师生的参考用书。

图书在版编目（CIP）数据

烧结过程清洁燃烧和污染物控制 = Clean Combustion and Pollutant Control in Sintering / 周昊，周明熙，岑可法著. —北京：科学出版社，2020.7

ISBN 978-7-03-065529-5

Ⅰ．①烧… Ⅱ．①周… ②周… ③岑… Ⅲ．①铁矿物-烧结-污染控制-研究 Ⅳ．①X757

中国版本图书馆CIP数据核字（2020）第103293号

责任编辑：范运年 付林林 / 责任校对：王萌萌
责任印制：师艳茹 / 封面设计：蓝正设计

科 学 出 版 社 出版

北京东黄城根北街 16 号
邮政编码：100717
http://www.sciencep.com

中国科学院印刷厂 印刷

科学出版社发行 各地新华书店经销

*

2020 年 7 月第 一 版 开本：720×1000 1/16
2020 年 7 月第一次印刷 印张：19
字数：370 000

定价：158.00 元
（如有印装质量问题，我社负责调换）

前　言

钢铁工业是生产生铁、钢、钢材、工业纯铁和铁合金的工业，是世界所有工业化国家的基础工业之一。经济学家通常把钢产量或人均钢产量作为衡量各国经济实力的一项重要指标，钢铁也被称为工业的骨骼。1949 年中国钢产量只有 15.8 万 t，1996 年首次突破 1 亿 t，跃居世界首位，2018 年中国粗钢产量为 9.283 亿 t，占世界粗钢产量的份额已经上升到 51.3%。我国钢铁工业的高速发展有力支持了经济的发展，但也带来了严重的工业污染。随着电力行业超低排放的开展，2017 年钢铁行业的主要污染物排放量已经超过电力行业，成为工业部门最大的污染物排放源，钢铁行业的超低排放已开始全面推进。

铁矿石是制造钢铁的主要原料，铁矿石烧结工艺是应用最广泛的铁矿石造块方法，我国是世界上最大的烧结矿生产国。烧结过程是一系列复杂的物理和化学综合过程，是钢铁生产流程中的重要组成部分，烧结工艺的先进性影响整个钢铁工业的竞争力。烧结工艺也是钢铁工业的主要污染物来源，其排放的 SO_2、NO_x、细颗粒物分别占钢铁工业总排放量的 50%、50%、60%左右，也是二噁英的主要排放源之一。铁矿石烧结过程的安全、高效和清洁是钢铁工业相关技术人员密切关心的问题，而了解烧结过程的清洁燃烧机理和烧结烟气的污染物控制方法是实现高效洁净烧结的关键。

本书着重介绍钢铁工业烧结工艺的清洁燃烧和污染物控制。本书首先介绍了铁矿石烧结工艺的发展现状。铁矿石烧结过程作为典型的带有复杂气流通道演变的内嵌固体燃料的多相多孔介质燃烧，燃料颗粒存在复杂嵌布形态，多孔介质床层中多相反应存在多尺度不平衡效应。从原料准备、混合制粒、点火烧结到成矿及烟气处理，各工序紧密相关并影响着烧结过程的节能和环保。为响应国家钢铁行业洁净高效烧结生产的重大需求，本书依次从床层源端堆积燃烧、过程控制、尾端处理切入，其中第 2 章重点介绍烧结原料、制粒堆积的准颗粒和烧结生料床层等特性，第 3 章介绍烧结燃烧过程中的传热传质机理，第 4 章结合燃烧过程论述烧结中各类典型污染物(包括 SO_x、NO_x、二噁英、颗粒物和重金属等)的生成机理和脱除技术，第 5 章阐述了烧结过程节能环保的优化控制技术。

本书可供铁矿石烧结工业和烧结烟气污染控制领域的研究人员、工程师和管理人员参考，也可作为高校师生的辅助材料，以便于深入掌握烧结过程清洁燃烧及污染物控制的理论研究成果和技术应用经验，对钢铁烧结行业的技术进步和清洁生产起到良好的促进作用。

　　感谢能源清洁利用国家重点实验室和浙江大学热能工程研究所的老师和研究生的大力支持,本书中的很多工作凝聚着他们的辛勤汗水。特别要感谢澳大利亚必和必拓(BHPB)公司的帮助,2008 年 9 月 BHPB 公司的专家辗转找到我,在认真考察后和我签订了与浙江大学在铁矿石烧结领域的长期框架合作协议,将我和我的课题组带入全新的铁矿石烧结领域,在浙江大学首次建立了铁矿石烧结研究基地,使我的课题组在煤燃烧、多孔介质燃烧、结渣、污染物控制等方面的研究积累能在铁矿石烧结领域得到应用。2010 年 1 月,BHPB 公司更是慷慨地将 BHPB Newcastle 研究中心的全套铁矿石烧结实验台无偿捐赠给本课题组并派专人来指导建设调试、运行,且持续资助了多位从事烧结研究博士生的学业。11 年后的今天,我们有幸得以将课题组的研究成果汇编成文,这完全得益于 BHPB 公司的襄助,唯有深深的谢意致敬 BHPB 公司和一直关心与支持我们的 BHPB 公司的专家,包括 Chin Eng Loo、Rodney Dukino、Benjamin Ellis、O' Damien、Penny Gareth Carlson、Erwin Kaptein、David Lin、Tom Honeyands、李国玮等。也要感谢一位不知名的女生,正是您在飞机上听到 Loo 和 Erwin 等讨论在中国寻找煤燃烧领域的合作伙伴而暂时不得时,告知他们可以到浙江大学找 Prof. Hao Zhou,从而促成了浙江大学和 BHPB 的合作。也要感谢上海宝钢节能环保有限公司(以下简称宝钢节能)的倪建东、陈活虎、薛玉业、冯金煌、徐剑等同志,在你们的支持下,宝钢节能与浙江大学合作研发了钠法旋转喷雾脱硫(SDA)、烟气再加热的烧结烟气选择性催化还原脱硝(SCR)方法并应用于多个实际工程。

　　感谢作者课题组的同事和研究生,他们是周明熙、马鹏楠、左宇航、许佳诺、邢裕健、齐博阳、殷琦、刘桦珍、成毅、倪玉国、宋依璘、盛倩云等,他们为本书的成稿做了很多细致的工作。同时感谢我的已毕业博士研究生赵加佩、刘子豪、程明等,硕士研究生陈建中等,他们在数学模型、实验台建设和实验等方面做出了很大贡献。本书得到国家自然科学杰出青年基金项目(No.51825605)的资助,在此深表谢意。

　　由于作者的水平和时间有限,本书难免存在不足和疏漏之处,敬请同行专家和广大读者批评指正。

周　昊

2019 年 11 月于求是园

目　　录

第1章 概　　述

1.1　钢铁工业的发展现状

作为国家经济建设和发展的重要原材料的产业之一，钢铁工业的发展水平已经成为衡量一个国家综合国力的重要标志。钢铁工业在制造、机械、交通、建筑和国防等方面有着积极的支撑作用，是国家工业的基础产业，在未来很长一段时间内仍是不可或缺的工业原材料[1]。

图 1.1 为 1950～2018 年世界粗钢产量[2]。1950 年世界粗钢产量仅为 1.89 亿 t，在 1960～1980 年和 2000～2005 年两个阶段经历了较快的增长，2018 年粗钢产量达到了 18.08 亿 t。图 1.2 列出了 2011 年以来世界、中国、除中国以外区域的钢铁产量和增长率[2]。2018 年中国的粗钢产量为 9.283 亿 t，同比增长 6.6%，占据世界粗钢产量的份额已上升到 51.3%。2018 年世界粗钢产量增长 4.6%，除了欧盟同比收缩 3% 外，其他地区的粗钢产量都有所增加。中国的钢铁工业在世界钢铁领域占据着越来越重要的地位，其占世界粗钢总产量的比例越来越大。

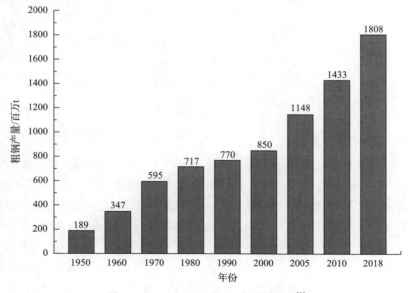

图 1.1　1950～2018 年世界粗钢产量[2]

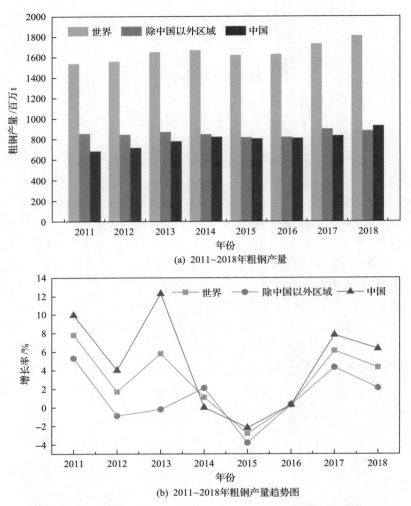

(a) 2011~2018年粗钢产量

(b) 2011~2018年粗钢产量趋势图

图 1.2　2011～2018 年世界、中国、除中国以外区域的粗钢产量和增长率

　　一个国家钢铁工业的发展周期主要包括四个阶段：初创期、成长期、成熟期和衰退期[3]。初创期指钢铁产能初步累积阶段；成长期指钢铁产能加速扩张阶段；成熟期指钢铁产量增速逐渐趋缓阶段；衰退期指钢铁产量从峰值明显回落阶段。随着中国国民经济的快速发展，钢铁产业也保持着良好的态势。1996 年中国的年度钢产量首次突破 1 亿 t，到 2003 年年度钢产量已经翻了一倍，并仍表现出强劲的增长趋势[4]。图 1.2 显示，与之前的快速增长不同，2011～2018 年中国的粗钢产量保持着缓慢的增长，且 2015 年中国的粗钢产量相比 2014 年下降了 2.3%，这表明中国的钢铁产能已经相对过剩。对比钢铁工业发展周期可知，中国的钢铁工

业已经从初创期发展到成长期,现在逐步向成熟期过渡。

中国的钢铁工业经过多年的发展,已取得长足的进步,但中国从钢铁生产大国到钢铁生产强国还有很长的路要走,我国钢铁工业的发展仍存在以下几方面的问题[5]:①工艺和技术装备水平偏低,劳动生产率低;②钢铁生产的能耗高,环保水平低;③企业的低集中度和不合理的产业布局抑制了钢铁工业的发展;④钢铁生产的可利用资源紧缺。面对现阶段钢铁工业发展的机遇和挑战,需要不断创新,提升工艺技术水平,才能使中国的钢铁生产发展得更好。

1.2　铁矿石烧结工业发展现状

1.2.1　铁矿石烧结的目的和意义

铁矿石是提取金属铁来制造钢铁的主要原材料,为满足粗钢产量的快速增长,世界铁矿石产量大幅度增加。全球已确定的储量约为 1700 亿 t 铁矿石,等价于 990 亿 t 铁,铁矿石资源主要集中于澳大利亚、巴西、中国、印度[6]。据美国地质调查局(USGS)的数据,中国的储量虽然不低,但是平均铁含量约为 31%,远低于世界平均水平(60%含铁量)[7]。由于中国大部分铁矿石的低品位和多金属性质,在采矿时需要进行选矿。

钢铁工业虽不断快速发展,但天然富矿粉和大量贫矿经选矿后得到的精矿粉都不能直接入炉冶炼[8]。考虑到操作和经济性,需要通过人工方法将粉矿制备成块状的人造富矿供高炉使用。造块过程可以改进冶炼原料的物理化学性能,从而强化高炉冶炼过程,促进高炉的高产、优质和低耗,还可以去除原料中一部分对炼铁有害的元素,提高入炉炉料的质量。通过造块过程,工业生产中的副产品得以利用,扩大了原料来源,降低了生产成本。目前主要使用烧结法和球团法来生产人造富矿,两种方法制备的人造富矿分别被称为烧结矿和球团矿,统称为熟料。

由于资源禀赋和技术传承,世界不同地区的高炉炉料结构不尽相同。欧美高炉炉料以较高比例的球团矿为主,部分高炉甚至全部采用球团矿;亚洲高炉炉料结构大多以高碱度烧结矿为主,配加酸性球团矿和块矿[9]。表 1.1 为 2017 年中国部分钢铁企业的高炉炼铁炉料结构,炉料由烧结矿、球团矿和块矿组成,烧结矿占据了较大的比例。这表明烧结矿的质量会直接影响高炉的生产水平,而且烧结过程有很大的能源消耗,生产的烧结矿质量也会直接影响高炉炼铁的焦比。因此提高铁矿石烧结的质量、产量和技术水平对钢铁工业的发展有重要的推动作用。

表 1.1 2017 年中国部分钢铁企业的高炉炼铁炉料结构[10]

高炉情况	烧结矿/%	球团矿/%	块矿/%
宝钢 4 号，4747m³	57	25	18
宝钢湛江 1 号，5050m³	78	5	17
鞍钢 2 号，3200m³	70.63	27.52	1.85
本钢 1 号，4350m³	72	28	0
本钢 6 号，2600m³	72.14	27.86	0
兴澄 1 号，1280m³	50	46	4
酒钢 1 号，450m³	70	27	3
太钢 3 号，1800m³	70.18	29.82	0
略阳 1 号，415m³	64	35	1

1.2.2 铁矿石烧结的工艺流程

烧结法是世界范围内(除北美外)应用最广泛的铁矿石造块方法，北美主要是采用废钢提炼。烧结过程是一系列物理和化学反应的综合过程。铁矿石烧结是将各种粉状含铁原料、一定数量的固体燃料和熔剂按比例混合均匀，在制粒设备中加入适量的水分混合制粒，然后在烧结设备上点火烧结，燃料燃烧产生高温。混合料中部分易熔物质发生软化、熔化，生成一定数量的液相物质，并与其他未熔矿石颗粒作用，冷却后液相将矿粉颗粒黏结成块，所得的块矿被称为烧结矿，外形为不规则多孔状。

1903～1906 年，Dwight 和 Lioyd 在墨西哥开发了铜矿石的连续烧结方法，通过金属钢绞线支撑的由细矿石颗粒和其他添加剂组成的移动床暴露在高温下进行凝聚，并将同样的方法用于铁矿石烧结[11]。此后，Dwight-Lioyd 技术(带式抽风烧结法)一直是铁矿石烧结的主要技术。带式抽风烧结机具有生产率高，原料适应性强，机械化程度高，劳动条件好和便于大型化、自动化等优点，因此世界上有 90%以上的烧结矿由这种方法生产[12]。该方法在钢铁工业中有着不可或缺的地位。

图 1.3 为典型的铁矿石烧结厂的主要工艺示意图，带式抽风烧结机主要由原料配料系统、混匀制粒系统、烧结机台车、辊式布料装置、喷嘴点火系统、破碎系统、风箱及抽风机、废烟气后处理系统等组成。铁矿石、熔剂(通常包括石灰石、白云石和生石灰)、燃料(通常是焦炭和无烟煤)和返矿(粒径小于 5mm)通过混合和造粒后，形成 6wt%～7wt%水分含量的原料，在 1200～1400℃的温度下置于深度为 0.4～0.8m 的移动床上[13]。当原料混合物移动到点火喷嘴下方的区域时，上表面的燃料被点燃，形成窄的火焰前锋。空气通过抽风机不断被吸入，火焰前锋向下移动，当燃烧层到达烧结床的底部时，烧结过程完成。废烟气流经烧结床，

通过一系列风箱进入风管，经过烟气净化装置处理后从烟囱排放到大气中[14]。

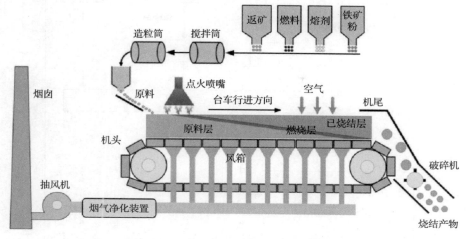

图 1.3　典型的铁矿石烧结厂的主要工艺示意图[15]

图 1.4 为铁矿石烧结工艺流程图，烧结工艺包括 4 部分：烧结原料的准备、混合料的烧结、烧结矿的处理及污染物的脱除。每个部分由若干个工序组成，烧结原料的准备包括原料的混匀、熔剂和燃料的加工、配料、混合制粒等工序；混合料的烧结部分包括布料、点火及抽风烧结等工序；烧结矿的处理部分包括破碎、筛分、冷却和整粒等工序；污染物的脱除包括除尘、脱硫、脱硝和减排二噁英等工序。

各环节的具体描述如下。

1. 烧结原料的准备

铁矿石烧结所需的原料主要有铁矿粉、熔剂、燃料和返矿。其中，铁矿粉主要是粒度较小的铁矿石颗粒，一般在 10mm 以下；熔剂包括粒度较小的石灰石、白云石等，一般在钢铁企业储存时粒径为 10mm 以下，经过破碎、筛分后使粒径小于 3mm；燃料主要有焦炭和无烟煤等，在破碎后使粒径小于 3mm。为减少钢铁工业中的二氧化碳排放，近期逐步使用可再生的生物质来替代焦炭和无烟煤作为燃料[16]。烧结矿经破碎后，粒度在 5mm 以下的烧结矿颗粒会返回到烧结过程中，这种烧结矿被称为返矿。返矿的一部分可以作为底料，铺在烧结床的最底部，以此增加烧结床的透气性。根据规定的烧结矿化学成分和使用的原料种类，按照配料计算所确定的配比和烧结机所需要的给料量，准确地进行给料，确保混合料和烧结矿的化学成分稳定。烧结配料是整个烧结工艺中的一个重要环节，与烧结产品的质量有着密切的关系。

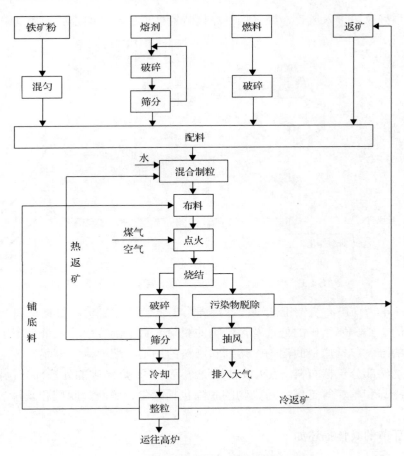

图 1.4　铁矿石烧结工艺流程图

为将配料中各个组分混匀，利于后续的烧结并保证烧结矿成分的均一稳定，原材料配料后须进行混合制粒操作，一般采用两次混合作业模式，见图1.3，第一段搅拌筒的主要任务是加入水分、润湿混合料，将混合料预混匀，当使用热返矿时，还可将混合料预热。第二段造粒筒的主要任务是强化制粒，通过继续补充润湿及蒸汽预热，使混合料维持必要的料温和合适的水分含量，从而提高烧结料层的透气性。为保证烧结制粒效果，需要充分掌握制粒行为，分析原料特性和配料结构的变化，从而合理控制混合料的水分含量，保证烧结矿的产量和质量。因此，研究铁矿石制粒后准颗粒的结构特征和强度特性，建立烧结制粒模型，对优化烧结矿生产有重要意义。

2. 混合料的烧结

制粒完成后，下一个工序是布料，将铺底料和混合料铺放到移动的台车上，这个操作通过设置在机头的布料器完成。在铺混合料前，先在烧结机台车的篦条上预铺一层冷烧结矿(粒度 10～20mm)作为底料，其作用是保证床层的透气性，保护篦条，防止烧结时篦条和燃烧带的高温直接接触，也改善了烧结机的操作条件。布料完成后，采用点火器对烧结料表面进行点火，点火完成后，在烧结床层中形成厚度为 50～100mm 的火焰锋面，在燃烧产生的热量供给和引风机的负压抽风作用下，火焰锋面得以维持并自上向下传播，传播速度为 0.02～0.05m/s[17]。在火焰锋面向下移动的过程中，烧结混合料经历物理和化学变化，产生了烧结矿。当火焰锋面到达烧结床层底部后，烧结过程完成。

　　烧结过程是一系列物理变化和化学变化的综合，整个过程错综复杂且瞬息万变，根据烧结料中的分层顺序，烧结过程可以简单分为以下几个阶段：干燥去水、烧结料预热、燃料燃烧、高温固结和冷却。图 1.5 为烧结过程中料层的示意图。料层在不同的温度和气氛条件下进行着各种不同的物理和化学反应，包括：水分的蒸发和冷凝；燃料的燃烧和热交换；硝酸盐的分解；铁氧化物的分解、还原和氧化；硫化物的氧化和去除；一些氧化物(CaO、SiO_2、FeO、Fe_2O_3、MgO)的固相反应和液相生成；液相的冷却凝结和烧结矿的再氧化等。在研究烧结过程中的这些复杂反应时，使用数值模拟方法是最为有效的，它可以从根本上解释烧结现象的机理，做出合理的预测，包括料层温度、气体温度、料层压降、气体流速、燃烧反应过程、熔剂的反应过程，以及铁矿石的分解、还原、氧化机理，矿物熔化、凝固、结晶、重结晶机理，复杂铁酸钙的生成过程等[19]。通过研究烧结过程的机理，提出更为全面、合理和预测效果好的铁矿石烧结模型，可从机理上探寻更优的烧结方法。

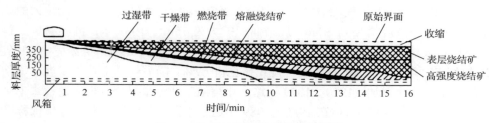

图 1.5　烧结过程中料层的示意图[18]

3. 烧结矿的处理

　　烧结过程结束后，烧结矿从烧结机台车的机尾自然落下，在进入高炉前还需要进一步处理。热烧结矿经过破碎、筛分后，需对其进行冷却，然后再二次筛分。满足粒度要求的烧结矿被送入高炉，不满足要求的烧结矿作为返矿(一般为小于5mm 的细烧结矿颗粒)再次返回烧结机进行烧结，另外要分选出适宜粒度的成品矿作为铺底料。

4. 污染物的脱除

铁矿石烧结过程中的主要污染物有细颗粒物、SO_2、NO_x 和二噁英等，分别占整个钢铁行业对应污染物排放的 60%、50%、50%和 90%以上[20]。为了减小烧结生产中污染物排放对环境的压力，烧结过程中产生的废气需要经过处理后再排入大气中。中国的烧结烟气处理技术经历了以下几个阶段的转变：除尘→脱硫+除尘→脱硫+脱硝+除尘。传统的烧结烟气处理技术参考了燃煤电厂的烟气处理，实施目标主要是单一污染因子的脱除，为响应国家的大气污染物超低排放标准要求，有必要实现多种污染物的协同处理。近年来，活性炭烟气净化技术得到了广泛的应用，该技术可以实现脱硫脱硝功能，也可以协同治理二噁英和重金属[21]。

1.2.3　铁矿石烧结生产的发展历程

烧结生产截至目前已有一个世纪多的历史，起源于资本主义发展较早的英国、德国和瑞典。大约在 1870 年，这些国家就开始使用烧结锅，以处理矿山开采、冶金工厂、化工厂等产生的废弃物。1903 年，Heber lein 和 Huntington 发明了硫化铜矿石的鼓风烧结法并申请了用于此法的烧结盘设备的专利[22]。美国在 1892 年也出现了烧结锅，1911 年，世界上第一台连续带式抽风烧结机(DL 型烧结机)在美国宾夕法尼亚州的布罗肯钢铁公司建成投产，烧结机的有效面积为 8.325m^2 (1.07m×7.78m)，当时用于处理高炉炉尘，每天生产烧结矿 140t。这种设备的出现引起了烧结生产的重大革新，它很快取代了团压机和烧结盘等造块设备，得到了广泛的应用。

在 20 世纪 30 年代，烧结法得到进一步的发展，德国新建了一批较大的烧结机，其台车宽度增加到 2.5m，烧结面积扩大为 75m^2。1937 年，世界高炉原料主要还是天然矿，烧结矿只占到 1%，到 1957 年天然矿占 69%，烧结矿占 31%，20 世纪 70 年代，天然矿占 33%，烧结矿已占 67%。随着钢铁工业的发展，烧结矿的产量也迅速增加，1970～1979 年这十年烧结工业迎来巅峰，投产建设二十多台 400m^2 以上的烧结机。但在 1980～1989 年这十年由于经济衰退和国际环保标准限值日益严格，欧美、日本关停了不少小规模的烧结厂。仅在 1983～1987 年日本关停了 5 个烧结厂，但是生产率的提升稳定了烧结矿的年生产量[23]。在 1990～1999 年这十年，虽然欧洲、美国和加拿大等国家和地区的烧结矿产量和需求逐渐下降，但是亚洲地区的烧结产量不断提高。

2013 年，西欧共使用了 29 台烧结机，平均烧结面积为 288m^2，其中 8 台烧结机的烧结面积大于 400m^2，最大的烧结面积为 589m^2，最高的烧结利用系数是 59.5t/(m^2·d)[24]。北美的生铁产量逐渐降低，2014 年，北美(美国、加拿大和墨西哥)有 5 家冶炼公司共运营 44 座高炉，其中 29 座在运行(Essar 公司 200 万 t,

AHSMA 公司 400 万 t，AK 钢铁 500 万 t，美国钢铁 1450 万 t，ArcelorMittal 公司 1600 万 t），工作容积为 $925\sim1800m^3$ 的为 19 座，工作容积为 $2039\sim2636m^3$ 的为 8 座，工作容积为 $3244\sim4164m^3$ 的为 2 座[25]。

由于历史原因，在新中国成立前，我国钢铁工业十分落后，烧结生产更为落后。1926 年 3 月在鞍山建成了 4 台中国最早的带式烧结机，每台有效面积为 $21.63m^2(1.067m\times20.269m)$，4 台日产量最高为 1200t。1930 年又扩建了 2 台，1935～1937 年陆续增加了 4 台 $59m^2$ 烧结机，至此共 10 台烧结机，总面积为 $366m^2$。由于生产工艺和设备的落后，生产能力也受到限制，最高年产量仅为十几万吨。而新中国成立后，钢铁工业迅速发展，烧结能力和产量也有很大提高。1952 年，鞍山钢铁集团有限公司从苏联引入了 $75m^2$ 的烧结设备和技术，作为当时具有国际先进水平的设备，对新中国的烧结工业起到了示范作用。1953 年沈阳重型机器厂和东北有色金属设计院合作，研发了中国第一台 $182m^2$ 的烧结机，于 1954 年投入生产。1960 年全国钢铁企业烧结机总面积已达到 $1529m^2$，20 世纪 70 年代后，烧结工业更是迅速发展，全国已有 50 多个钢铁企业拥有并使用烧结机。1985 年，中国宝钢集团有限公司投产了全套从日本引进的 1 号烧结机，采用了当时世界上较为成熟的烧结技术和装备，烧结面积为 $450m^2$。

进入 21 世纪后，由于经济的快速增长、建筑业和金属制品的需求增加，以及大型烧结机的优越性，中国掀起了新建大型烧结机热潮，武钢集团有限公司第四烧结车间新建 3 台 $435m^2$ 的烧结机。2005 年，国家发展和改革委员会批复了首钢集团实施搬迁、结构调整和环境治理方案，首钢集团在河北省曹妃甸港口建设了一期年产 970 万 t 钢的首钢京唐联合钢铁厂，建设了 $2\times550m^2$ 大型烧结机工程，于 2009 年一期工程全面竣工投产。太原钢铁(集团)有限公司(以下简称太钢)、河北钢铁集团邯郸钢铁集团有限责任公司(以下简称邯钢)、安阳钢铁集团有限责任公司(以下简称安钢)等不少钢铁企业逐渐提高烧结机的单机面积以适应烧结技术的发展。截至 2009 年上半年，烧结领域的最大面积记录是日本和法国所保持的 $600m^2$，而在 2009 年下半年，太钢投产了 $660m^2$ 的烧结机，刷新了该领域的世界纪录[26]。2012 年，中国已投产的大型烧结机中，有 16 台 $400\sim600m^2$ 大型烧结机[27]，面积达到 $7620m^2$，平均单机面积 $476m^2$。到 2016 年，中国共有烧结机约 1200 台[17]，总烧结面积约 15.7 万 m^2。国内外典型的烧结机技术参数列于表 1.2。

烧结生产是钢铁生产流程中的重要组成部分，其发展状况影响整个钢铁工业的组成、结构和市场竞争力。作为世界上最大的烧结矿生产国，中国在铁矿石烧结过程中更需要考虑到可持续发展，而这取决于先进的生产理念、正确的工艺路线和不断的改进提升。目前，中国的烧结生产发展特点如下：①烧结设备大型化。大型的烧结机能显著提高烧结产量和质量，降低平均生产成本，并且有利于进行烟气余热的回收和烧结尾气的集中处理。1926 年，中国建成的第一台烧结机面积

表 1.2　国内外典型烧结机技术参数[27]

企业简称	台数	单台面积/m²	总面积/m²	利用系数/[t/(m²·h)]	最早投产年份
法国敦刻尔克 3 号	1	400	400	1.42	1971
日本大分 2 号	1	600	600	1.46	1976
日本鹿岛 3 号	1	600	600	1.40	1977
宝钢	3	495	1485	1.36	1985
武钢	3	435	1305	1.39	2004
太钢	1	450	450	1.35	2006
首钢京唐	2	550	1100	1.49	2009
韩国唐津	2	500	1000	1.32	2010
太钢	1	660	660	1.35	2009
宝钢	1	600	600	1.39	2016

仅为 $21.63m^2$，时至今日，烧结机面积已达到 $660m^2$，烧结设备不断向大型化发展。②烧结工艺不断进步。随着铁矿石烧结研究的不断深入，一方面通过掌握烧结机理来改进工艺条件和参数，另一方面研发新型烧结技术，如厚料层烧结技术、高铁低硅烧结技术等。另外结合节能减排观念，使用烟气再循环烧结技术、烧结烟气的活性炭一体化处理技术、烧结尾气脱硫脱硝等工艺，减小烧结生产对环境的影响，提升资源、能源的综合利用率。③自动化水平明显提高。随着信息技术的发展，烧结机的工艺技术装备和自动化水平不断提高，实现了在线监测和控制。通过计算机控制系统可以对生产过程进行自动控制，实现人工操作很难达到的操作水平。烧结设备的自动化和现代化实现了生产过程中各项技术经济指标的提升。

1.2.4　铁矿石烧结生产面临的挑战

为满足建设资源节约型、环境友好型社会的要求，铁矿石烧结工艺面临着各种挑战。

1. 铁矿石资源问题

随着中国钢铁工业发展，铁矿石资源消耗日益增加，由于中国自有的铁矿石资源并不丰富，因此铁矿石的进口量逐年上升。图 1.6 为 2010～2017 年铁矿石进口量和增幅。从图中可以看出，2010 年我国铁矿石进口量为 6.19 亿 t，2017 年达到 10.75 亿 t，2017 年同比增长 4.91%，2010～2017 年铁矿石进口量的增幅则高达 73.67%。图 1.7 为近年来进口铁矿石均价的变化情况，2011 年进口铁矿石均价达到了最高值 163.81 美元/t，2012 年后受铁矿石供给增加和中国铁矿石需求稳定的影响，铁矿石的进口价格持续下跌，直到 2016 年为 56.33 美元/t，2017 年又有所上升。

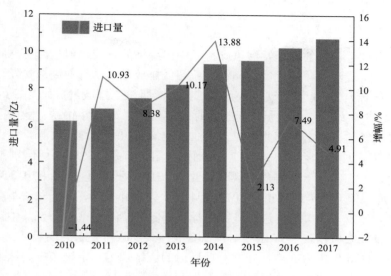

图 1.6 2010～2017 年铁矿石的进口量和增幅[28]

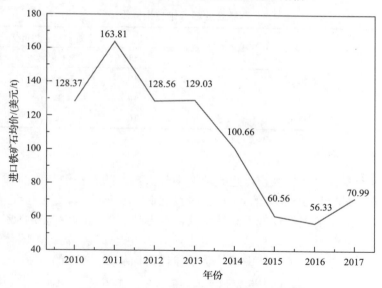

图 1.7 2010～2017 年进口铁矿石的均价[28]

铁矿石大量依赖进口且进口价格相对较高,给钢铁企业带来巨大的经济压力,也给烧结生产带来很大影响。当优质的铁矿石资源供应不足时,钢铁企业可能会考虑使用相对劣质的矿种,从而影响烧结矿的产量和质量。因此需要研究各种铁矿石的合理配矿,并且发展选矿技术,降低对进口铁矿石的依赖,使中国的低品位铁矿石得以利用。

2. 环境保护问题

钢铁行业近年来的高速发展虽支持了中国经济的发展，但也给生态环境带来了相当大的工业污染，推进实施钢铁行业超低排放是推动行业高质量发展的重要举措。据统计，2016 年钢铁行业 SO_2、NO_x、烟粉尘排放量分别为 93.6 万 t、143.9 万 t、357.1 万 t，排放量位于工业行业前列[29]。2017 年钢铁行业的主要污染物排放量已经超过了电力行业，成为工业行业最大的污染物排放源。

2012 年 6 月，环境保护部发布了《钢铁烧结、球团工业大气污染物排放标准》(GB 28662—2012)[30]，明确规定现有企业自 2015 年和新建企业自 2012 年均执行二噁英排放限值 0.5ng-TEQ/m^3。2019 年 4 月，生态环境部、发展和改革委员会等五部委联合印发了《关于推进实施钢铁行业超低排放的意见》[31]，其中钢铁企业超低排放指标限值见表 1.3。国家对钢铁企业污染物减排要求的逐步严格，使铁矿石烧结生产的环保压力剧增，开发减排环保的烧结技术，推进实施超低排放改造和绿色发展迫在眉睫。

表 1.3   钢铁企业超低排放指标限值[31]

生产工序	生产设施	基准含氧量/%	污染物项目/(mg/Nm³)		
			颗粒物	二氧化硫	氮氧化物
烧结	烧结机机头	16	10	35	50
	链箅机回转窑	18	10	35	50
	烧结机机尾	—	10	—	—

3. 能源消耗问题

钢铁行业不仅是污染大户，也是能源消耗大户。随着粗钢产量的增长，中国钢铁行业的耗煤量从 2008 年的 4.61 亿 t 增加到 2019 年的 6.4 亿 t 标准煤。铁矿石烧结在钢铁工业中的能耗仅次于高炉炼铁，约占吨钢能耗的 10%～15%[32]。烧结过程的能耗主要包括固体燃料能耗、电力消耗和点火煤气消耗等，固体燃料消耗占据了总能耗的 75%～80%。中国的烧结能耗指标从 2010 年的 52.65kg 标准煤/t 烧结矿降低到 2015 年的 47.19kg 标准煤/t 烧结矿，下降了 10.4%，但相比烧结的全球先进水平 34kg 标准煤/t 烧结矿仍有较大的降低空间[33]。当前能源供应紧张，加强对炼铁、烧结等高能耗工序的节能管理，开发余热回收利用和节能创新技术对钢铁工业的可持续发展有重要意义。

4. 智能化控制问题

铁矿石烧结经过过去几十年的发展，取得了很大的进步，在烧结设备大型化的趋势下，传统的手动控制法已经无法适应现代大型烧结设备的控制要求。目前需要进一步提升烧结设备的智能化水平，对烧结过程的控制更加稳定和准确，这是烧结过程发展的目标。

1.3 小 结

作为钢铁工业中重要的生产环节之一，铁矿石烧结工业随着钢铁产能的扩大迅速发展，烧结设备的大型化和自动化趋势越发明显。新世纪以来建成的大型烧结机都有较为完善的过程检测和控制项目，并且采用了计算机控制系统对全厂生产过程自动进行操作、监视、控制及生产管理[27]，实现了烧结矿产量、质量和烧结工艺的提升。但是目前烧结过程中的能耗高和污染排放问题依旧存在，要解决这些问题需要加强机理方面的研究，从而探寻实现烧结过程清洁燃烧和污染物控制的烧结方法。

本章首先简介了钢铁行业和铁矿石烧结过程的发展现状。铁矿石烧结作为钢铁行业不可或缺的一个基础加工环节，该过程是典型的带有复杂气流通道演变的内嵌固体燃料的多相多孔介质燃烧，燃料颗粒存在复杂嵌布形态，多孔介质床层中多相反应存在多尺度不平衡效应，从原料准备、混合制粒、点火烧结到成矿及烟气处理，各工序紧密相关并决定性地影响着烧结过程的节能和环保。面向国家钢铁行业超低排放和低碳生产的重大需求，从床层源端堆积燃烧、过程控制、尾端处理切入，深入掌握烧结过程清洁燃烧及污染物控制的理论研究成果和技术应用经验，将对钢铁烧结行业的技术进步和清洁生产起到很好的促进作用。

第2章　烧结制粒堆积过程

烧结是一种热团聚工艺，将各种粉状的含铁原料，按要求与一定量的燃料、熔剂、返矿等进行搭配，均匀混合制粒后置于烧结设备上点火烧结，在燃料燃烧产生高温和一系列物理化学反应后，混合料中的部分易熔物质开始软化、熔化，并产生一定数量的液相，液相物质润湿其他未熔化的矿石颗粒，随着温度的逐步降低，矿粉颗粒通过液相物质黏结成块[34-36]。其中的制粒过程是烧结矿生产中不可或缺的工艺环节。制粒的效果会通过影响堆积床中的流体流动、传热传质、整体床层的透气性和抽风烧结时的火焰锋面传播特性，最终决定烧结矿的产量、质量及生产过程的能耗、污染物排放等指标的好坏[17]。

2.1　烧结原料特性

烧结生产中需要用到多种原料，主要包括铁矿石、其他含铁原料、熔剂、烧结燃料及返矿，图 2.1 为原料制粒过程及颗粒结构分类，其中颗粒结构将在 2.3 节重点介绍。

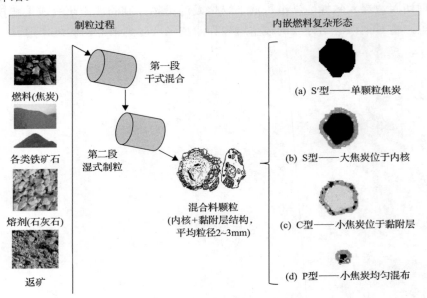

图 2.1　原料制粒过程及颗粒结构分类

1. 铁矿石

铁矿石主要由一种或几种含铁矿物和脉石组成，其种类和品质对烧结生产十分重要。根据含铁矿物的组成和性质，铁矿石可分为磁铁矿、赤铁矿、褐铁矿和菱铁矿这四类。而在全球市场中铁矿石主要有磁铁矿和赤铁矿[37,38]。

(1)磁铁矿又被称为"黑矿"，化学式为 Fe_3O_4，也可看作 $FeO \cdot Fe_2O_3$，其中 Fe_2O_3 为69%，FeO 为31%，理论含铁量(即铁元素与矿石的质量比)为72.49%。磁铁矿具有强磁性，晶体呈八面体，组织结构致密坚硬，其外表呈钢灰色或黑色，条痕为黑色，有半金属光泽，密度为 $4900\sim5200kg/m^3$，硬度达 $5.5\sim6.5$。磁铁矿可烧性较好，因其在高温下氧化放热，且 FeO 易与脉石成分形成低熔点化合物，故造块节能和结块强度较好[35,39]。

(2)赤铁矿也被称为"红矿"，化学式为 Fe_2O_3，理论含铁量为70%，从埋藏量和开采量来讲，均为工业生产中使用的主要矿石品种。结晶的赤铁矿外表为钢灰色或铁黑色，其他则为暗红色，但所有赤铁矿的条痕皆为暗红色。赤铁矿密度为 $4800\sim5300kg/m^3$，硬度视赤铁矿类型而不一样，其中结晶赤铁矿硬度为 $5.5\sim6.0$，其他形态的硬度较低。赤铁矿所含硫和磷杂质比磁铁矿少。呈结晶状的赤铁矿，其颗粒内孔隙多，易还原和破碎。但因其软化和熔化温度高，故其可烧性差，燃料消耗比磁铁矿高[35,36,39]。

(3)褐铁矿为含结晶水的赤铁矿，化学式为 $nFe_2O_3 \cdot mH_2O$ ($n=1\sim3$，$m=1\sim4$)，理论含铁量为59.8%。褐铁矿的外表颜色为黄褐色、暗褐色、黑色，条痕为黄色或褐色，密度为 $3000\sim4200kg/m^3$，硬度为 $1\sim4$，无磁性。褐铁矿是由其他矿石风化而成的，其密度小、含水量大、气孔多，且当温度升高时结晶水脱除又产生新的气孔，因此还原性比前两种铁矿好。褐铁矿因含结晶水和气孔多，烧结造块时收缩性很大，使产品质量降低，延长高温处理时间可提高产品强度，但会导致燃料消耗增大，提高了加工成本[35,39]。

(4)菱铁矿为碳酸盐铁矿石，化学式为 $FeCO_3$，理论含铁量达48.2%。菱铁矿易被分解氧化为褐铁矿。常见的菱铁矿致密坚硬，外表为灰色或黄褐色，风化后变为深褐色，具有灰色或黄色的条痕，有玻璃光泽，密度为 $3800kg/m^3$，硬度为 $3.5\sim4$，无磁性。菱铁矿在烧结造块时，因收缩量大导致产品强度和设备生产能力降低，燃料消耗也因碳酸盐分解而增加[35,36]。

2. 其他含铁原料

除了铁矿石外，还有富矿粉和一些冶金杂料也会作为烧结原料，如高炉炉尘，可以在回收资源的同时减少熔剂和燃料消耗，降低生产成本。但高炉炉尘一般亲水性较差，对于黏性大、水分高的烧结物料而言，添加部分高炉炉尘可以降低烧结料水分并提高其透气性。此外还有含铁量高、粒度细的氧气转炉炉尘，有害杂质少、密度大的轧钢皮，以及硫酸渣等均可作为烧结原料[35,36]。

3. 熔剂

熔剂应用在烧结生产中，不仅能够强化烧结，改善烧结过程，提高烧结矿的产量和品质，还可以向高炉提供自熔性和高碱度的烧结矿。熔剂与矿石中的高熔点脉石能生成熔化温度较低的易熔体，形成的炉渣可以去除硫等有害杂质。

按性质可将熔剂分为中性、酸性和碱性三类。因为我国铁矿石的脉石多为酸性氧化物(SiO_2)，所以碱性熔剂使用更为普遍。常用熔剂有石灰石、白云石、消石灰和生石灰等。对于碱性熔剂而言，需要其中碱性氧化物($CaO+MgO$)的含量高，而酸性氧化物(SiO_2)的含量低；熔剂中磷、硫等有害杂质的含量要低；此外熔剂粒度应控制在 0~3mm，在保证反应速率的同时也要避免烧结料的透气性变差，且熔剂中应少含水或不含水[35]。

4. 烧结燃料

烧结燃料即混入烧结原料中燃烧的固体燃料，需要其碳含量高，而挥发分、灰分、硫含量都要低。常用的燃料有碎焦炭和无烟煤粉，其中碎焦炭是焦化厂筛分出来的或是高炉用的焦炭中筛分出来的焦炭粉末，是主要的烧结燃料，具有固定碳高、挥发分少、灰分低、含硫量低等优点，不过其硬度较大，使用前需破碎到 3mm 以下；无烟煤是所有煤中固定碳最高、挥发分最少的煤，是较好的烧结燃料，常被用作碎焦炭的替代品来降低生产成本[36,39]。

此外，目前有研究使用生物质或生物质焦炭部分取代煤或焦炭，发现在烧结生产过程中，生物质燃料可以有效地减少 CO_2、SO_x 和 NO_x 的排放，利用固定碳含量较高(＞90%)且尺寸较大(1~5mm)的生物炭可以获得与焦炭粉相同的烧结产量和烧结产率，另外使用焦炭-生物质炭复合材料还可使煤的置换率提高到 60%[40-42]。

5. 返矿

返矿是烧结生产过程中筛下的产物，包含小颗粒的烧结矿及一部分未烧透的原料，具有疏松多孔的结构。返矿的成分和烧结矿成品基本一致，但其总铁含量(TFe)和FeO含量较低，并且含有少量的残碳，其颗粒是湿混合料制粒时的核心，在烧结料中添加一定数量的返矿可以有效改善烧结时料层的透气性，提高烧结产率。同时返矿中含有已经烧结的低熔点物质，有助于熔融物的形成，从而增加烧结液相，能够提高烧结矿强度。此外，部分有热筛工艺的烧结厂用热返矿预热混合料，该方法比较简单且热源温度高，一般可将混合料预热到 40~50℃。

返矿可分为内部返矿和高炉返矿两部分，其中，内部返矿是指烧结过程中的自循环返矿，一般将这部分返矿重新加入烧结配料室中参与配料；高炉返矿是指烧结矿运送到高炉矿槽之后，入炉前进行最后一次筛分时筛下的部分，这部分返矿一般会返回到料场，参与混匀堆积，随混匀矿进入烧结配料室，也有的烧结厂将高炉返矿直接返回到烧结配料室[36]。

2.2　烧结制粒数值模型

铁矿石烧结制粒过程中的聚合生长，受所使用原料的粒径分布、比表面积、颗粒形状、密度、孔隙率、表面粗糙度及吸水量等因素影响，变换原料种类或者配料比例都会改变制粒后准颗粒的粒径分布、强度等。在众多对烧结制粒过程的建模研究中，Litster 等[43]开发的基于颗粒数平衡的制粒模型能很好地量化各原料的物理特性对准颗粒粒径分布的影响，下面会重点介绍该制粒模型的机理、推导及验证。

2.2.1　烧结制粒过程的机理

烧结制粒的关键机理为原料中细颗粒在粗颗粒表面的成层黏附生长，形成的准颗粒具有典型的内核加黏附层结构。对于某一粒级(第 i 个筛径)的初始原料颗粒而言，若其制粒后仍出现在同一粒级(第 i 个筛径)或稍大一级的粒级(第 $i+1$ 个筛径)，则认为这些原料颗粒在制粒后成为准颗粒的内核，如果出现在更大级的粒级中(第 $i+2$ 个筛径及以上级别的筛径)，则认为这些原料颗粒成为准颗粒的黏附层。依次假设，定义内核分配系数 ∂_i，计算如式(2.1)：

$$\partial_i = \frac{m_{ii} + m_{ii+1}}{\sum\limits_{j=i}^{n} m_{ij}} \tag{2.1}$$

式中，m_{ij} 为第 j 个筛径的准颗粒中发现的属于第 i 个筛径的原始颗粒的质量，kg；n 为总的筛径个数。

当分配系数 $\partial_i=1$ 时，表明该粒级的原料颗粒全部成为准颗粒的内核；而当分配系数 $\partial_i=0$ 时，表明该粒级的原料颗粒全部成为准颗粒的黏附层。在实际的制粒过程中，较多粒级的原料颗粒的分配系数值介于 0~1，即部分成为内核，而部分成为黏附层。

图 2.2 展示了某典型矿石料结构在不同水分下的分配系数曲线，该分配系数曲线可用以下的对数函数式表达：

$$\partial(x) = \frac{1}{\sigma\sqrt{2\pi}} \int_{-\infty}^{\ln(x)} \exp\left\{-\frac{[t-\ln(x_{0.5})]^2}{2\sigma^2}\right\} dt \tag{2.2}$$

式中，x 为颗粒粒径，mm；σ 为分配系数值介于 0~1 的中等粒径分布偏差；$x_{0.5}$ 为分配系数为 0.5 的颗粒粒径，mm。

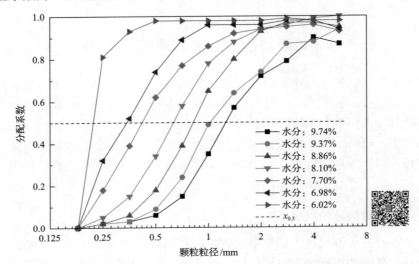

图 2.2　某单种矿石料结构测定的分配系数曲线[17]（彩图扫二维码）

$x_{0.5}$ 系数是一半成为内核一半成为黏附层的原料颗粒的粒径区分值，可以看作是烧结制粒效果的一个衡量参数，即 $x_{0.5}$ 的值越大，形成的准颗粒的平均粒径也越大。

2.2.2　烧结制粒模型的推导

1. 模型的主要假设

为简化理解烧结制粒过程，便于数学模型的建立，做出的主要假设[43]如下。

(1) 制粒机理为小颗粒黏附在大颗粒表面，原料颗粒某一粒级的行为可由分配系数 ∂_i 确定。

(2) 对于一个配料结构而言，在一定的制粒条件下仅对应一条 $\partial(x)$ 曲线，颗粒的形状、密度及化学组成等的影响认为较小且可忽略不计。

(3) 黏附比 R，即黏附层颗粒质量与内核颗粒质量的比值，与颗粒粒径无关。

(4) 配料的每种组分的吸水量及表观密度与其颗粒粒径、粒径分布无关。

2. 颗粒数平衡核算

烧结制粒过程中颗粒的平衡将所有原料均考虑在内。定义 $y_k(x)$ 为第 k 个原料组分的频率粒径分布，$y_g(x)$ 为制粒后准颗粒的频率粒径分布，$\Delta(x)$ 为制粒后准颗粒的黏附层厚度。以下所有原料的质量均为干燥去水后的质量。

原料中粒径位于 $x \sim x + \mathrm{d}x$ 的干颗粒中作为内核颗粒的质量为

$$M\sum_{k=1}^{m}[\delta_k y_k(x)]\partial(x)\mathrm{d}x \tag{2.3}$$

式中，M 为烧结混合料的总重；δ_k 为配料结构中第 k 个原料组分的质量占比(干燥基)。

这部分粒径位于 $x \sim x + \mathrm{d}x$ 的内核颗粒可以形成的准颗粒粒径将位于 $x + 2\Delta(x) \sim x + \mathrm{d}x + 2\Delta(x)$，这部分准颗粒的质量可按准颗粒的粒径分布或从原料端按黏附比分别计算，所得等式如下：

$$My_g[x + 2\Delta(x)]\mathrm{d}x = M(1+R)\sum_{k=1}^{m}[\delta_k y_k(x)]\partial(x)\mathrm{d}x \tag{2.4}$$

式(2.4)消除同项，整理可得

$$y_g[x + 2\Delta(x)] = \partial(x)(1+R)\sum_{k=1}^{m}[\delta_k y_k(x)] \tag{2.5}$$

1) 黏附比 R 的求解

从原料端看，能够作为黏附层中的黏附颗粒的原料总质量为

$$M\int_0^{\infty}\sum_{k=1}^{m}[\delta_k y_k(x)][1-\partial(x)]\mathrm{d}x \tag{2.6}$$

从准颗粒端看，所有粒级的准颗粒中黏附层的总质量依据黏附比 R 核算为

$$M\int_0^{\infty}\sum_{k=1}^{m}[\delta_k y_k(x)]\partial(x)R\mathrm{d}x \tag{2.7}$$

假定 R 的确切值与颗粒的粒级无关，将式(2.6)与式(2.7)等价相消整理得

$$R = \frac{\displaystyle\int_0^{\infty}[1-\partial(x)]\sum_{k=1}^{m}[\delta_k y_k(x)]\mathrm{d}x}{\displaystyle\int_0^{\infty}\partial(x)\sum_{k=1}^{m}[\delta_k y_k(x)]\mathrm{d}x} \tag{2.8}$$

2) 黏附层厚度 $\Delta(x)$ 的求解

原料中粒径位于 $x \sim x + \mathrm{d}x$ 的干颗粒成为内核的数目可计算如下：

$$\frac{M\partial(x)\mathrm{d}x}{\alpha_{\mathrm{v}}x^3}\sum_{k=1}^{m}\left[\frac{\delta_k y_k(x)}{\rho_k}\right] \tag{2.9}$$

式中，α_{v} 为原料的体积形状因子；$\alpha_{\mathrm{v}}x^3$ 为该颗粒的体积 V_{P}，m^3；ρ_k 为第 k 个原料组分的表观密度，$\mathrm{kg/m}^3$。

粒径位于 $x \sim x+\mathrm{d}x$ 的一个内核所黏附的细颗粒质量为

$$\alpha_{\mathrm{s}}x^2\Delta(x)\rho_1 \tag{2.10}$$

式中，α_{s} 为内核颗粒的面积形状因子；$\alpha_{\mathrm{s}}x^2$ 为该内核的表面积 S_{p}，m^2；ρ_1 为黏附层中细颗粒的堆密度(干燥基)，$\mathrm{kg/m}^3$。

黏附在粒径位于 $x \sim x+\mathrm{d}x$ 的内核上的细颗粒总质量，从内核颗粒数的角度看，可由式(2.9)与式(2.10)相乘得到，联立该粒级的黏附比定义，可得到如下等式：

$$\frac{M\partial(x)\mathrm{d}x}{\alpha_{\mathrm{v}}x^3}\sum_{k=1}^{m}\left[\frac{\delta_k y_k(x)}{\rho_k}\right]\alpha_{\mathrm{s}}x^2\Delta(x)\rho_1 = RM\sum_{k=1}^{m}[\delta_k y_k(x)]\partial(x)\mathrm{d}x \tag{2.11}$$

整理得

$$2\Delta(x) = Rx\frac{2\alpha_{\mathrm{v}}}{\alpha_{\mathrm{s}}\rho_1}\frac{\displaystyle\sum_{k=1}^{m}[\delta_k y_k(x)]}{\displaystyle\sum_{k=1}^{m}\left[\frac{\delta_k y_k(x)}{\rho_k}\right]} \tag{2.12}$$

3) 黏附层堆密度 ρ_1 的求解

对于一个配料结构而言，所有处于黏附层中的细颗粒质量为式(2.6)，所有这些黏附层细颗粒的体积为

$$M\int_{0}^{\infty}[1-\partial(x)]\sum_{k=1}^{m}\left[\frac{\delta_k y_k(x)}{\rho_k}\right]\mathrm{d}x \tag{2.13}$$

定义 ε_1 为黏附层中的孔隙率，则黏附层的堆密度 ρ_1 为

$$\rho_1 = (1-\varepsilon_1)\frac{\displaystyle\int_{0}^{\infty}[1-\partial(x)]\sum_{k=1}^{m}[\delta_k y_k(x)]\mathrm{d}x}{\displaystyle\int_{0}^{\infty}[1-\partial(x)]\sum_{k=1}^{m}\left[\frac{\delta_k y_k(x)}{\rho_k}\right]\mathrm{d}x} \tag{2.14}$$

将式(2.12)代入式(2.14)，可得

$$2\Delta(x) = \frac{Rx}{\kappa}\phi(x) \tag{2.15}$$

式(2.15)中的 $\phi(x)$ 和 κ 计算如下：

$$\phi(x) = \frac{\displaystyle\sum_{k=1}^{m}[\delta_k y_k(x)]\int_0^{\infty}[1-\partial(x)]\sum_{k=1}^{m}\left[\frac{\delta_k y_k(x)}{\rho_k}\right]\mathrm{d}x}{\displaystyle\sum_{k=1}^{m}\left[\frac{\delta_k y_k(x)}{\rho_k}\right]\int_0^{\infty}[1-\partial(x)]\sum_{k=1}^{m}[\delta_k y_k(x)]\mathrm{d}x} \tag{2.16}$$

$$\kappa = \frac{\alpha_s(1-\varepsilon_1)}{2\alpha_v} \tag{2.17}$$

需要特别注意的是，如果配料结构为单种组分，$\phi(x)$ 的值则为 1。

依据式(2.2)，可计算各粒级的分配系数 $\partial(x)$。只要给定 κ、σ 和 $x_{0.5}$ 的值，式(2.5)、式(2.8)、式(2.15)、式(2.16)均能对应求解出来，从而计算出制粒后的准颗粒粒径分布 $y_g(x)$。

4) 模型离散化

上述主要公式按筛分获取的离散粒级的形式[43]整理为

$$w_{gi} = \partial_i(1+R)\sum_{k=1}^{m}(\delta_k w_{ik}) \tag{2.18}$$

式中，w_{gi} 为在离散的 i 粒级间的准颗粒质量占比；w_{ik} 为在离散的 i 粒级间的第 k 个原料组分的质量占比。

$$x_{gi} = x_i + 2\Delta_i \tag{2.19}$$

$$R = \frac{\displaystyle\sum_{i=1}^{n}\sum_{k=1}^{m}(1-\partial_i)\delta_k w_{ik}}{\displaystyle\sum_{i=1}^{n}\sum_{k=1}^{m}\partial_i\delta_k w_{ik}} \tag{2.20}$$

$$2\Delta_i = \frac{Rx_i}{\kappa}\phi_i \tag{2.21}$$

$$\phi_i = \frac{\displaystyle\sum_{k=1}^{m}\delta_k w_{ik}\ \sum_{i=1}^{n}\sum_{k=1}^{m}\frac{(1-\partial_i)\delta_k w_{ik}}{\rho_k}}{\displaystyle\sum_{k=1}^{m}\frac{\delta_k w_{ik}}{\rho_k}\ \sum_{i=1}^{n}\sum_{k=1}^{m}(1-\partial_i)\delta_k w_{ik}} \tag{2.22}$$

3. $x_{0.5}$ 系数的确定

在 Waters 等[43]测试的大量配料结构中，准颗粒黏附层的孔隙率 ε_l 比较稳定，为 0.315 ± 0.005。烧结制粒模型所需确定的三个基本参数中，κ 的值因 α_s/α_v 的变化而处于 $2.7\sim5.6$，分配曲线拟合的对数分布标准偏差 σ 则为 $0.45\sim0.65$，烧结制粒模型的参数敏感性分析表明，κ 和 σ 两参数可取均值，分别设定为 4 和 0.546，预测的准颗粒粒径分布对 $x_{0.5}$ 的值最为敏感。

在假定黏附层孔隙率 ε_l 为定值的条件下，$x_{0.5}$ 系数主要与黏附层中的水分饱和度 S_l 和黏附层中颗粒的平均粒径 d_l 有关：

$$x_{0.5} = f\left(\frac{S_l}{d_l}\right) \tag{2.23}$$

黏附层中水分的饱和度 S_l 为剔除掉原料颗粒内部吸收的水分后的有效制粒水分占黏附层中孔隙体积的比例，计算如下：

$$S_l = \frac{1-\varepsilon_l}{\varepsilon_l}\frac{W_g}{\rho_{H_2O}V_{pl}} \tag{2.24}$$

$$W_g = W_t - \frac{\sum_{k=1}^{m}\delta_k M_{ak}}{\sum_{k=1}^{m}\frac{\delta_k}{\rho_k}} \tag{2.25}$$

式中，W_g 为用于制粒的有效水分；W_t 为加入的总水分；M_{ak} 为第 k 个原料组分所吸收的水分，kg 水分/kg 干料；ρ_{H_2O} 为水的密度，kg/m^3；V_{pl} 为黏附层中颗粒所占的体积，m^3。

黏附层中颗粒的平均粒径 d_l 定义为各原料中小于 0.25mm 粒级的质量平均粒径，由式 (2.26) 计算：

$$d_l = \frac{\sum_{k=1}^{m}\frac{\delta_k w_{k-0.25}\overline{d}_{k-0.25}}{\rho_k}}{\sum_{k=1}^{m}\frac{\delta_k w_{k-0.25}}{\rho_k}} \tag{2.26}$$

式中，$w_{k-0.25}$、$\overline{d}_{k-0.25}$ 分别为第 k 个原料组分的小于 0.25mm 粒级的质量占比、质量平均粒径，mm。

Waters 等[43]将式(2.23)中 $x_{0.5}$ 系数与 S_1、d_1 的函数关系确定为基于大量实验数据拟合出的二次多项式。至此,制粒模型在给定一个配料结构和制粒水分的条件下,可预测出制粒后准颗粒的粒径分布。制粒模型需要的所有输入参数包括制粒水分、各组分的配料比例 δ_k、粒径分布、表观密度 ρ_k、吸水量 M_{ak} 及小于 0.25mm 粒级的质量平均粒径 d_1。

2.2.3 烧结制粒模型的验证

本制粒模型于 20 世纪末建立,Litster 等[44]主要对简单的单种矿石料结构进行了验证,Waters 等[43]则对多种混合料结构进行了实验测试和验证,但此阶段测试的制粒水分均不超过 5.4%。进入 21 世纪,随着赤铁矿矿石资源的贫瘠,豆岩类铁矿石逐步成为主流矿种,Ekwebelam 等[45]扩展验证了豆岩类铁矿石替代传统赤铁矿矿石进行配料,以及更宽泛制粒水分范围中的模型预测情况。图 2.3 为报道的多种粉矿料结构预测的准颗粒索特平均直径(Sauter mean diameter,SMD)与实验测定值的对比情况,图 2.4 为不同水分含量下准颗粒粒径分布的预测值与实验值的对比情况。Nyembwe 等[46]进一步扩展验证了添加磁精矿或者预制粒小球的配料结构的模型预测情况,如图 2.5 所示。综上可见,绝大多数工况的索特平均直径的预测值均在 ±10% 的误差范围内,仅存在少量偏离程度大的工况(制粒水分偏低,黏附不充分),粒径分布的预测情况也吻合良好,基于颗粒数平衡的制粒模型能很好地匹配原料特性和配料结构的变化,实现准颗粒粒径分布的准确预测。

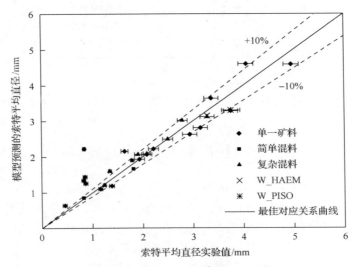

图 2.3　制粒模型预测的索特平均粒径与多种粉矿料结构实验值的比较[45]

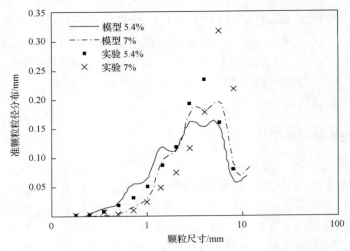

图 2.4　制粒模型预测的准颗粒粒径分布与实验值的对比[45]

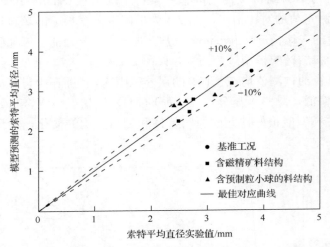

图 2.5　制粒模型预测的平均粒径与含磁精矿料结构实验值的比较[46]

2.3　制粒准颗粒结构及特性

各种烧结原料经制粒过程后可以形成一种复合的颗粒体,其包含铁矿粉、熔剂及燃料等原料,这种复合颗粒体通常被称为制粒准颗粒。制粒准颗粒从中心到表层由三层不同粒度的颗粒组成:①核心颗粒,即在中心位置起成核作用的较粗颗粒;②黏附层颗粒或全干颗粒,位于中间层且黏附在核心颗粒上的细小颗粒,这部分颗粒即使在干燥过程中也不会剥落;③制粒粒子,即表层位置的中等大小颗粒,容易在干燥过程中从表层脱落[32]。

　　图 2.6 为广义的制粒过程中准颗粒的形成机制。Sastry 等[47,48]提出了成核、成层、合并、磨损转移、碎裂再成层等多种演变机制来描述制粒时的原料颗粒行为，如图 2.6(a) 所示。然而这些机制存在部分的重叠且个别难以量化的问题，Iveson 等[49]则进一步简化，将上述过程凝练成三种主要机制，即润湿成核、巩固合并、磨损破裂三个阶段，如图 2.6(b) 所示。润湿成核为当水分、黏结剂等与干原料颗粒接触时，在颗粒群中分布开来，并与颗粒共同形成最初的形核；巩固合并可发生在两个形核间、形核和干原料颗粒间，形核与制粒设备表面的接触也可使形核进一步压实成长；磨损破裂为基本成型的准颗粒因为过强的碰撞磨损，在制粒设备中重新分散出部分原料颗粒。

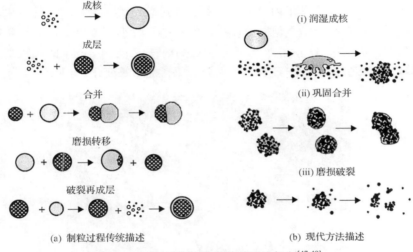

(a) 制粒过程传统描述　　　　　　　　　　(b) 现代方法描述

图 2.6　制粒过程中准颗粒的形成机制[47-49]

　　对于铁矿石烧结的制粒，Litster 等[44]主要基于成层(layering)长大的传统机制，指出原料中粒度较大的颗粒扮演着内核作用，而细颗粒通过水分、黏结剂的作用黏附到内核上。黏附层的形成可进一步细分为两个阶段，即部分极细颗粒或者黏性很强的添加剂在内核表面形成黏附层内层，然后中等粒度的颗粒被卷入嵌定在内层的表面，继续与部分细粉合并构成了准颗粒的黏附层外层，如图 2.7 所示[19]。

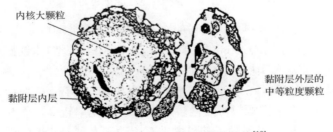

图 2.7　铁矿石制粒后的准颗粒结构[19]

Shatokha 等[50]采用 X 射线显微断层扫描技术拍摄了三维的烧结制粒后的准颗粒结构，可视化地确认了准颗粒的内核及黏附层结构，并明确了黏附层包括复杂的矿石、焦炭、石灰石、孔隙等，如图 2.8 所示。原料颗粒在制粒时成为内核还是进入黏附层的粒度界限一直具有较大的争议。最早研究人员简单地将原料颗粒划定为三个粒级，小于 0.2mm 的细颗粒(F)进入黏附层，大于 0.7mm 的颗粒(N)成为内核，而位于 0.2～0.7mm 的颗粒(M)为中等粒度颗粒，原料中过多的中等粒度颗粒并不利于铁矿石烧结的制粒团聚。Cores 等[51,52]进一步以三个粒度的质量含量定义了制粒指数 $G(G = M \times F/N)$ 来衡量不同种类原料的制粒效果，以指导烧结厂生产。Litster 等[43,45,46,53,54]的研究则认为中等粒度的颗粒是部分成为内核，部分进入黏附层，从而定义了内核分配系数。通过总结大量制粒实验的结果，他们建立了基于颗粒数平衡的烧结制粒模型，实验中一般小于 0.25mm 的细颗粒全部成为黏附层，而大于 1mm 的粗颗粒全部成为内核，0.25～1mm 的颗粒则为中等粒度颗粒，具体的内核分配系数值随水分、原料性质等变化。

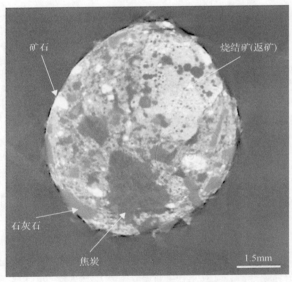

图 2.8　X 射线断层扫描重建准颗粒切片[50]

根据烧结矿生料混合料中焦炭粉的存在状态，可将准颗粒分为以下四类：S′型(裸焦颗粒)、S 型(黏附层粉末包裹的单个粗焦颗粒)、C 型(由铁矿石内核与黏附层的细颗粒组成的复合颗粒)、P 型(细小粉末团聚颗粒)[55,56]，如图 2.9 所示。

Hida 等[55]研究发现，S 型准颗粒焦炭含量为 70%左右，C 型和 P 型则分别为 20%和 10%左右，S 型准颗粒可燃性较差且 NO 转化率较高，将其上的粉末黏附层去除后，即形成 S′型准颗粒，其可燃性有所改善并使焦炭燃烧温度升高，减少

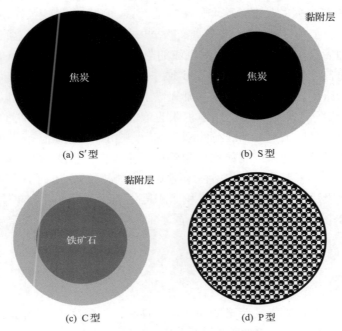

图 2.9　不同类型的准颗粒示意图[56]

了 NO 的产生，可以发现黏附层的存在会提高准颗粒质量转化率和焦炭氮转化率，因此在制粒时可以采取相应的措施使 S 型准颗粒的比例降低，来达到控制烟气中 NO$_x$ 浓度的目的。此外，对于 S′型准颗粒而言，焦炭粒径越大焦炭氮转化率越小，而对于 S 型准颗粒而言，焦炭粒径越大焦炭氮转化率越大，因此可以通过对不同类型准颗粒粒径的调配，来降低烟气中 NO$_x$ 的排放量[56]。当焦炭粉末与石灰石混匀并附着在铁矿石核颗粒上形成 C 型准颗粒时，颗粒的可燃性进一步提高，并且其黏附比越大，质量转化率越小，焦炭氮转化率越小[55,56]。在粒径方面，无论铁矿石是什么种类，以及是否存在内核，加入焦炭后，准颗粒的粒径均会变小，并且焦炭粒径变大时准颗粒粒径也会变小。在焦含量方面，由于无核的 P 型颗粒是在铁矿石和焦炭的均匀黏附下形成的，因此其焦含量几乎是恒定的，与直径大小无关；对于含核的 C 型准颗粒而言，由于其是通过均匀地黏附焦炭生长的，因此 C 型准颗粒黏附细粉层中的焦含量几乎是恒定的，同样与直径无关[57]。

2.4　烧结生料床层结构特征及堆积模型

2.4.1　烧结生料床层结构特征

铁矿石经烧结制粒后的准颗粒布料至烧结机上形成堆积床，其特征与准颗粒的制粒条件紧密相关。对于颗粒堆积床特征而言，工程上最受关注的就是床层透气性，即堆积床层对气流的阻力，在烧结生产中希望以最优的制粒条件进行操作，以获得最佳的床层透气性，即床层对气流的阻力最小。Hinkley 等[58]研究发现堆积床层孔隙率是决定床层透气性的关键参数，率先采用煤油替代法准确地测定了铁矿石烧结床的床层孔隙率，并在此基础上修正了 Ergun 方程的系数以适用于烧结床情形[59]。Loo 等[60]则建立了烧结堆积床的单轴压缩实验方法，通过应力-应变曲线反映准颗粒堆积床抵抗外加载荷的刚度特征。Ellis 等[61]沿袭上述两种方法，进行了多类单种矿石料结构的制粒堆积和单轴压缩实验，测试分析了矿石特征在宽范围水分条件下对床层孔隙率和堆积床刚度的影响规律，发现了床层孔隙率-水分曲线的三个阶段，而多孔性矿石的堆积床刚度优于致密性矿石。在透气性杯中的布料堆积实验中，堆积床的床层孔隙率通过准颗粒的堆密度及表观密度进行测定，如式(2.27)所示：

$$\varepsilon = 1 - \frac{\rho_b}{\rho_a} \tag{2.27}$$

式中，ε 为床层孔隙率；ρ_b 为准颗粒在透气性杯中的堆密度，kg/m^3；ρ_a 为煤油替代法测定的准颗粒的表观密度，kg/m^3。

堆积床的床层透气性采用被广泛认可的日本透气性指数(Japanese permeability units，JPU)进行量化，计算如式(2.28)所示：

$$JPU = \frac{Q}{A} \left(\frac{H}{\Delta P} \right)^{0.6} \tag{2.28}$$

式中，Q 为通过堆积床的空气的气流量，m^3/min；H 为床层的高度，mm；A 为床层的横截面面积，m^2；ΔP 为沿床层测量高度的压降值，mmH_2O。

O'Dea 等[62]研究了烧结机布料后竖直方向的偏析现象，原料的粒径、密度差异[63,64]导致经辊式布料机布料后的准颗粒中粗颗粒更多地聚集于床层底部，细颗粒更多地聚集于床层上部，床层上部更多细粒级的焦炭有助于着火及气固传热，而床层底部更多粗粒级的矿石颗粒能防止蓄热导致的高温所造成的过分熔融，因此偏析现象的存在能有效改善烧结床中的热量分布。此外还发现增强偏析的一种有效方法是降低固体进料速率，这能够增加床层孔隙率，进而将烧结矿生产率提高 10%，而当进料斜槽角度减小时也可以使生料床层尺寸偏析增大，如图 2.10 所示[65]。Ishihara 等[66]利用离散单元法(discrete element method，DEM)模拟了烧结机的填料过程，发现在引入黏附力后，堆积床中的颗粒尺寸无论均匀与否，床层都会发生坍塌，坍塌现象阻碍了床层竖直方向的颗粒尺寸偏析，并在堆积烧结床的表面形成了隆起，如图 2.11 所示。

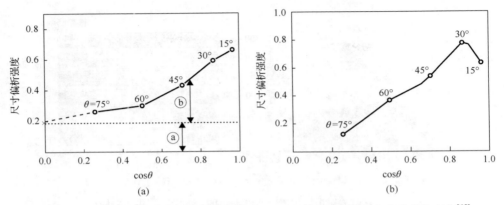

图 2.10　床层尺寸偏析强度(a)和斜槽尺寸偏析强度(b)随斜槽角度余弦值的变化[65]

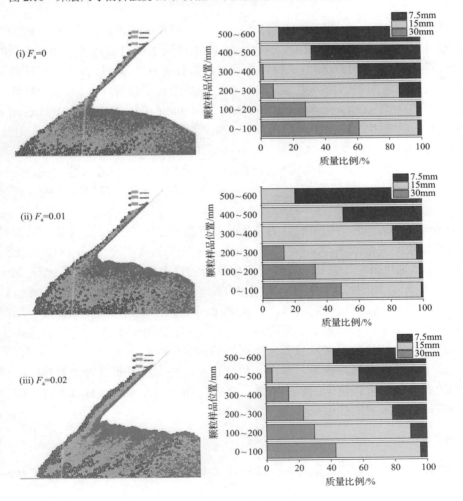

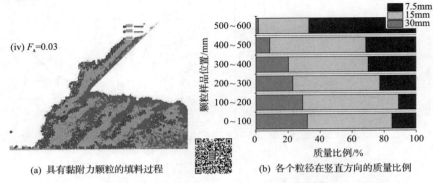

(a) 具有黏附力颗粒的填料过程　　　　(b) 各个粒径在竖直方向的质量比例

图 2.11　黏附力对坍塌现象及尺寸偏析的影响[66](彩图扫二维码)

F_a 为黏附力与重力的比值

　　Venkataramana 等[67]联合研究了烧结制粒过程和床层堆积,其中制粒模型为两段分层成长的颗粒数平衡模型,床层的孔隙率参数则采用统计模型使其关联给料条件,包括小于 0.015mm 细颗粒含量、水分和石灰石含量,以及准颗粒粒径分布参数(包括体表面积、粒径正态分布的分位数及偏斜系数等)。澳大利亚联邦科学与工业研究组织(Commonwealth Scientific and Industrial Research Organisation, CSIRO)的研究者[68]提出了考虑每种矿石加入烧结混合料时其粒级分布和组分[矿石中 SiO_2 含量、烧损量、Al_2O_3 含量、小于 0.15mm 粒级所占百分比及中等粒级(0.1～1mm)所占百分比]以计算混合料最佳水分和堆积床层透气性的线性公式。不过此类线性拟合公式机理性不强,不能较好地扩展到大范围变化的配料制粒条件。

　　Hinkley 等[58]的最初研究认为决定床层孔隙率的机理主要是准颗粒的粒径分布与准颗粒的变形脱落。Xu 等[69]进一步引入了颗粒的真密度与颗粒间的摩擦两个影响机理,量化研究了铁矿石布料过程中形成的堆密度与水分的关系(即孔隙率与水分的关系),如图 2.12 所示。在低水分阶段,孔隙率的增加主要由于颗粒粒径的缩窄,对于测试的铁矿石而言,从 6.5%水分开始,准颗粒的变形程度开始明显影响床层孔隙率,且随着制粒水分的增加,变形程度逐渐增加,导致孔隙率的降低程度增大。颗粒的真密度及颗粒间摩擦的影响程度并不大。

　　除了上述的准颗粒变形、摩擦、粒径尺寸、真密度及水分等因素对床层孔隙结构的影响外,准颗粒中的矿石特性、熟石灰(hydrated lime,HL)含量、磁精矿用量等均会对床层的孔隙率和透气性造成影响。

1. 矿石特性的影响

澳大利亚必和必拓公司的纽卡斯尔技术中心(Newcastle Technology Centre,

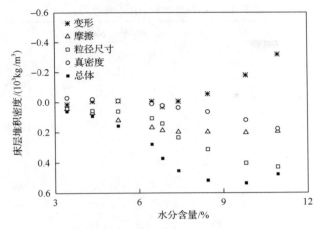

图 2.12　四种机理对烧结床层堆积密度的影响[69]

NTC) 曾测试了四种典型矿石，分别用字母 N、Y、M、B 代表，其中矿石 N 是布罗克曼赤铁矿矿石，矿石 Y 是多孔通道铁矿石，矿石 M 是高度多孔的马拉曼巴矿石，矿石 B 是致密的铁英岩赤铁矿矿石。矿石 N 与澳矿粉 1，矿石 Y 与澳矿粉 3，矿石 M 与澳矿粉 2，矿石 B 与巴西矿粉 1 均是同类矿石，但属于不同批次，成分特性略有差异。各单种矿石料结构的具体原料质量配比均统一为被测试矿石 46.9%，石灰石 12.2%，白云石 3.1%，蛇纹石 1.4%，焦炭 5.1%，冷返矿 31.3%[61]。原料化学成分如表 2.1 所示，混合料的原料配比如表 2.2 所示。

表 2.1　原料的化学成分[70]

类别	Fe/%	SiO$_2$/%	Al$_2$O$_3$/%	CaO/%	S/%	P/%	LOI(1000℃)/%
澳矿粉 1	58.07	5.09	1.26	0.08	0.02	0.04	10.20
澳矿粉 2	64.98	2.36	1.26	0.06	0.01	0.02	2.03
澳矿粉 3	60.62	4.45	2.25	0.05	0.03	0.07	5.91
巴西矿粉 1	62.39	4.28	2.23	0.15	0.02	0.08	3.51
巴西矿粉 2	64.31	5.42	0.79	0.09	0.01	0.03	1.09
石灰石	2.91	2.16	0.79	51.32	0.07	0.01	40.80
蛇纹石	5.55	37.70	1.37	1.49	0.04	0.01	14.10
白云石	0.35	2.26	0.58	31.45	0.03	0.01	45.50
焦炭	1.07	6.11	4.32	0.62	0.01	0.03	86.85
熟石灰	0	0	0	72.72	0	0	24.30
磁精矿	66.68	1.62	1.17	0.183	0.001	0.001	−2.73

注：LOI 代表烧损。

表 2.2　制粒混合料的原料配比情况

配料结构	0%矿石 M		10%矿石 M		30%矿石 M	
基准	干燥矿石基%	干燥混合基%	干燥矿石基%	干燥混合基%	干燥矿石基%	干燥混合基%
澳矿粉 1	16.7		15.0		11.7	
澳矿粉 2	16.7		15.0		11.7	
澳矿粉 3	33.3		30.0		23.3	
巴西矿粉 1	16.7		15.0		11.7	
巴西矿粉 2	16.7		15.0		11.7	
磁精矿	0.0		10.0		30.00	
矿石占比	100.0	62.0	100.0	61.3	100.0	60.8
石灰石		4.8~9.1		5.4~9.8		7.0~11.4
蛇纹石		0.1~0.4		0.7~1.0		1.9~2.2
白云石		5.1		4.2		1.9
焦炭		4.05		4.05		4.05
冷返矿		20		20		20
熟石灰		0, 1, 2, 3, 4		0, 2, 4		0, 2, 4

　　图 2.13 展示了四个单种矿石料结构的床层孔隙率-水分的曲线。矿石料 B 的床层孔隙率明显低于其余三种矿石料，主要是由于矿石 B(赤铁矿)的表观密度明显大于其余三种矿石，在堆积过程中准颗粒的黏附层被压缩变形更明显，导致更多的物料可被填充到透气性杯中，形成更小的床层孔隙率。

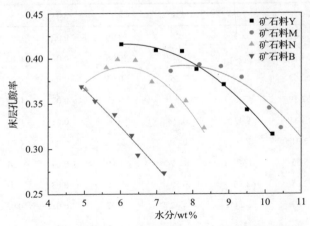

图 2.13　单种矿石料结构的床层孔隙率-水分曲线[61]

　　图 2.14 展示了四个单种矿石料结构的生料床透气性指数-水分的曲线。无论矿

石种类如何,床层透气性随水分的曲线呈典型的三段性,即先随水分增加而增加,在跃过一个最大值后,随着水分的继续增加而减小。矿石料 N 能达到最高的床层透气性(约 60JPU),而矿石料 B 的床层透气性很低(约 32JPU),矿石料 M 和矿石料 Y 的最优床层透气性较为类似[61]。

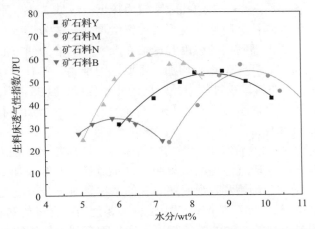

图 2.14　单种矿石料结构的生料床透气性指数-水分曲线[61]

2. 熟石灰含量的影响

图 2.15 展示了 0%矿石 M 混合料在不同熟石灰含量下的床层孔隙率-水分曲线。无论熟石灰的添加量为多少,孔隙率随水分的变化曲线均具有典型的三段性[58,61]。区域 1:床层孔隙率随着水分的增加而显著增加;区域 2:床层孔隙率随着水分的增加基本持平;区域 3:床层孔隙率随着水分的增加而显著减小。

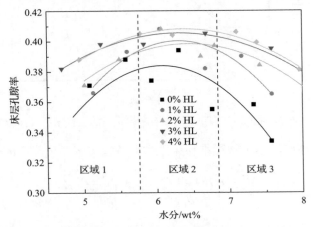

图 2.15　0%矿石 M 混合料结构在不同熟石灰含量下的床层孔隙率-水分曲线

　　在区域 1 中，孔隙率随水分的增加主要由于准颗粒粒径分布的缩窄，而孔隙率随着熟石灰从 0%增加到 3%而增加，主要因为更多的熟石灰超细颗粒引入了范德瓦耳斯力或者修饰了准颗粒表面的组成，产生更大的颗粒间的黏性力，以形成更高的孔隙率[71]。在区域 2 中，准颗粒黏附层开始变形脱落，将逐渐抵消粒径分布缩窄的作用，各熟石灰含量下的孔隙率较为接近。区域 3 中，准颗粒的粒径分布已基本稳定，但准颗粒黏附层的变形程度继续增加，成为影响孔隙率的主要机理。此变形程度主要由黏附层的强度和施加在准颗粒上的力两方面决定。当熟石灰从 0%增加至 3%时，孔隙率逐渐增加，主要原因推测为熟石灰有效地增强了黏附层的强度，降低了布料堆积过程中黏附层的变形程度。但 3%熟石灰含量的黏附层强度似乎已饱和，足以承受布料堆积时施加的力，继续增加熟石灰含量至 4%并不能继续使孔隙率增加。

　　图 2.16 展示了不同熟石灰含量下的生料床透气性指数-水分曲线。熟石灰含量增加，烧结生料床层的透气性提高效果明显，不过当熟石灰添加量由 3%增加到 4%时，透气性的增加已趋饱和，说明熟石灰的添加量对于一个既定的配料结构而言应存在一个最优值。在实际生产过程中没有必要使用高含量的熟石灰等添加剂，确定一个针对配料结构的合适的黏结剂添加量，既有利于产量的控制提升，也能相应降低黏结剂的使用成本。

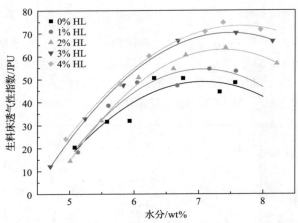

图 2.16　0%矿石 M 混合料结构在不同熟石灰含量下的生料床透气性指数-水分曲线

　　Ergun 方程被广泛用于阐释堆积床中颗粒特性与床层压降间的关系[72]：

$$\frac{\Delta P}{L} = k_1 \frac{\mu(1-\varepsilon)^2}{\Phi^2 d_p^2 \varepsilon^3} U + k_2 \frac{\rho(1-\varepsilon)}{\Phi d_p \varepsilon^3} U^2 \tag{2.29}$$

式中，ΔP 为床层的压降，Pa；L 为床层高度，mm；U 为气流速度，m/s；ε 为床

层孔隙率；Φ 为堆积床层颗粒的球形度；μ 为气体的黏度，Pa·s；ρ 为气体的密度，kg/m^3；k_1 和 k_2 分别为黏性力损失项和惯性力损失项；d_p 为颗粒的平均粒径，m。

采用 Hinkley 基于大量配料结构和制粒水分条件拟合出的系数 k_1/Φ^2=323 和 k_2/Φ=378[59]，将入口气流速度固定为 1m/s，图 2.17 展示了索特平均直径 SMD 和床层孔隙率对床层压降的影响。一方面，熟石灰的添加增加了制粒的效果，SMD 的增加能稍微降低床层压降；另一方面，熟石灰的添加也增加了床层孔隙率，能大幅度增加床层透气性。需要指出的是，与颗粒粒径值相比，沿床层的压降对床层孔隙率参数更为敏感，尤其当颗粒粒径大于 3mm 时。所以当熟石灰含量从 3% 增加至 4% 时，因为床层孔隙率的值基本类似，即便 SMD 继续增加，生料床的透气性增加幅度也很小。

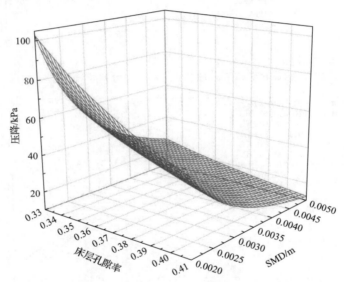

图 2.17　床层孔隙率及颗粒的索特平均粒径对床层压降的贡献度

3. 磁精矿用量的影响

图 2.18 为各磁精矿料结构的床层孔隙率-水分曲线。在相同的熟石灰含量下，更多磁精矿的引入将会使孔隙率-水分曲线明显下移，在高水分条件下的孔隙率值明显降低。

图 2.19 为各磁精矿料结构的生料床透气性指数-水分曲线。所有的曲线都呈抛物线趋势。类似于磁精矿料结构的孔隙率-水分曲线，更多磁精矿的引入也明显使透气性指数曲线下移，即显著降低了生料床的透气性。

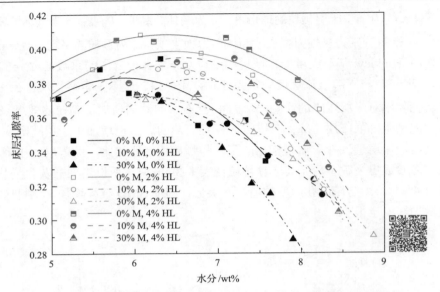

图 2.18　各磁精矿料结构的床层孔隙率-水分曲线（彩图扫二维码）

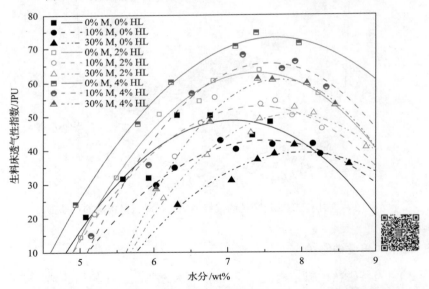

图 2.19　各磁精矿料结构的生料床透气性指数-水分曲线（彩图扫二维码）

从图 2.19 中将各透气性指数-水分曲线的最大 JPU 值提取出来重新绘成图 2.20，可见熟石灰含量的增加可有效提高床层透气性，而磁精矿用量的增加会恶化床层透气性。总体而言，在烧结制粒过程中过多地引入磁精矿并不利于准颗粒的床层堆积，必须采用一些有效的措施，如配套增加熟石灰用量或采用预制粒手段来保持床层透气性[73]。

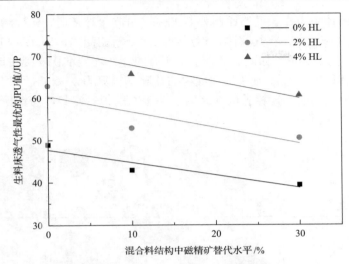

图 2.20　各磁精矿料结构在不同熟石灰含量下对应的最优 JPU 值

2.4.2　烧结堆积模型

颗粒堆积因具备广泛的应用而一直被众多学者所关注，预测堆积参数的模型也很多。Ouchiyama 和 Tanaka[74]在 1980 年左右最先提出了基于几何结构学的堆积模型，即把所有粒径的堆积颗粒等效为一个大颗粒及周边若干等粒径的小颗粒，然后按几何结构及统计学分配孔隙体积，计算全局的孔隙率。此方法后来被 Mayadunne 等[75]和 Prior 等[76]进一步优化发展到不规则形状多组分颗粒的堆积。而 Danisch 等[77-79]在之后又提出了更为复杂精确的采用泰森多边形格子(Voronoi tessellation)方法的几何结构模型。然而对于复杂的烧结准颗粒的布料而言，较为简单的几何结构模型并不能有效核算床层孔隙率。

DEM 在近十年来发展迅速，日本将其用于铁矿石烧结领域应用的研究，对圆筒混合机的制粒[80,81]、烧结机前的布料[65,66]等均已有相关文献。Ishihara 等[66]通过 DEM 模拟观测到了烧结机布料时的崩塌现象，研究了布料倾角、给料量、颗粒粒径分布等对烧结机垂直方向偏析程度的影响。但是复杂的 DEM 模拟计算成本巨大，且尚未发展到可以模拟颗粒黏附层发生部分形变的水平。

1. 真实粒径分布的一维硬球堆积算法

Farr 等[82,83]提出了一种适用于任意真实粒径分布颗粒的紧密堆积的一维硬球算法。如图 2.21 所示，该算法首先将数量加权的三维球形颗粒的粒径分布 $P_{3D}(D)$ 映射建立成一维的棒体长度分布 $P_{1D}(L)$，随后将从一维分布 $P_{1D}(L)$ 中提取的各长度的棒体 $\{L_i\}$ 按倒序逐步排列在一根直线上。在棒体堆积的过程中，将产生一系列的间隔 $\{g_i\}$，间隔的数目等于棒体的数目。定义任意两相邻棒体间的间隔长度至少占该对棒体中短棒长度的比例为 f。在插入第 j 个棒体时，先检测出此时直线上最大的间隔 $\{g_{\max}\}$ 并将其移除，然后加入两个新的间隔，即 fL_j 和 $[g_{\max} - (1+f)L_j, fL_j]$ 中的最大值。如此循环，直至所有的棒体均被堆积安置在这条直线上，此时含有棒体段的总长度为 Λ，则堆积的孔隙率核算为 $\sum L_i / \Lambda$[82,83]。在一维硬球堆积算法中，间隔与短棒长度的比例 f 为唯一的拟合参数，与颗粒的形状特性和堆积方式紧密相关。

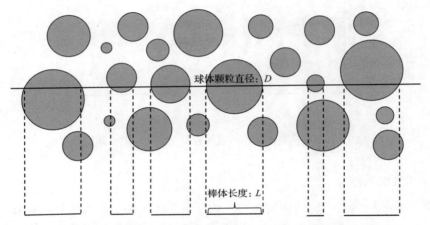

图 2.21　将三维球体分布映射成一维棒状分布的示意图

图 2.21 中，三维球体粒径分布映射成一维棒体长度分布的概率：

$$P_{1D}(L) = 2L \frac{\displaystyle\int_L^\infty P_{3D}(D)\mathrm{d}D}{\displaystyle\int_0^\infty P_{3D}(D) \cdot D^2 \mathrm{d}D}$$

2. 烧结生料床的孔隙率模型

1）Hinkley 的简易孔隙率模型

必和必拓公司的 Hinkley 曾提出一个预测烧结生料床孔隙率的简易模型，如式 (2.30) 所示。该模型仅考虑了准颗粒黏附层变形导致孔隙率减小这一机理，认为黏附层的厚度是影响准颗粒变形的关键因素，采用烧结制粒模型中的黏附比这一无量纲数来预测床层孔隙率。

$$\varepsilon = \varepsilon^* + a^* \exp(-R) \tag{2.30}$$

式中，a^* 为一拟合参数；R 为准颗粒的黏附比；ε^* 为当 R 趋近于无穷大时对应的床层孔隙率，即理想态的无内核的球团堆积形成的床层孔隙率。

图 2.22～图 2.24 分别展示了四个单种矿石料结构、不同熟石灰含量、不同磁

精矿用量的床层孔隙率与黏附比的关系。Hinkley 基于他测试的制粒实验结果得到式 (2.30) 的最佳拟合参数 a^* =0.072 和 ε^* =0.341，图中也比较了此公式对实验测定值的预测效果。对于所有料结构而言，床层孔隙率均随着黏附比的增加而减小，减小程度随着熟石灰含量的增加、磁精矿用量的减小而降低，再次佐证了熟石灰、磁精矿对于黏附层强度的影响效果相反。烧结生料床孔隙率具有典型的三段性，有多个关键影响机理，包括粒径分布、液体桥接和微细颗粒引入的黏性力作用、准颗粒黏附层变形等，且各阶段中的决定机理有所侧重。采用单一黏附比参数的 Hinkley 公式对于覆盖多种矿石配料、水分、黏结剂用量的宽泛制粒条件工况的预测效果并不好，较多的预测点明显偏离了该公式的预测曲线。

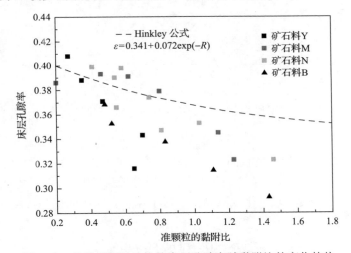

图 2.22　单种矿石料结构的床层孔隙率随黏附比的变化趋势

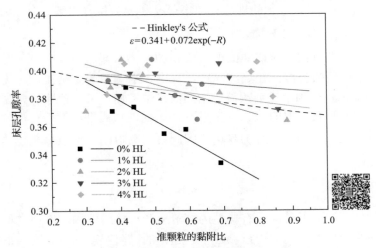

图 2.23　不同熟石灰含量下床层孔隙率随黏附比的变化趋势 (彩图扫二维码)

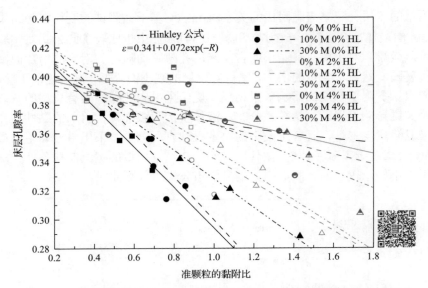

图 2.24　不同磁精矿用量下床层孔隙率随黏附比的变化趋势(彩图扫二维码)

2)机理性的烧结生料床孔隙率模型

对于黏性的硬球堆积系统而言,当液体的毛细管力、微细颗粒的范德瓦耳斯力等颗粒间作用力被引入时,Zou 等[84]提出了这些黏性力与颗粒重力比值的无量纲参数——颗粒结合数,来量化预测黏性力对于床层孔隙率的提高程度,如式(2.31)所示:

$$\varepsilon = \varepsilon_0 + (1 - \varepsilon_0)\exp(-m\mathrm{Bo}_g^{-n}) \tag{2.31}$$

式中, ε_0 为粗颗粒干式堆积的理想孔隙率; m 和 n 为拟合参数; Bo_g 为定义的颗粒结合数,由 F_{inter}/W_g 计算而来。

式(2.31)对于单粒径玻璃珠的湿式堆积的预测效果很好[84]。考虑到式(2.30)与式(2.31)结构极为类似,在烧结制粒过程中,准颗粒的黏附比这一无量纲参数随水分的增加、料结构中微细颗粒的增加而线性增加,可合理地认为黏附比 R 与颗粒结合数 Bo_g 具有类似的功能。黏附比 R 不仅能代表准颗粒的可形变潜力,也能代表液体、微细颗粒的黏性力作用。因此采用黏附比 R 替代颗粒结合数 Bo_g ,提出式(2.32):

$$\varepsilon = \varepsilon_0 + (1 - \varepsilon_0)\exp(-mR^{-n}) \tag{2.32}$$

烧结制粒后的准颗粒因具有典型的黏附层和内核的结构,堆积过程中的形变主要发生在黏附层中,而非内核颗粒中。越厚的黏附层意味着黏附层形变的潜力越大,进一步引入 $a(1 - x_{0.5}/d_p)$ 来限定式(2.32)中的第二项,即形变对孔隙率的

影响主要发生在黏附层中，得到

$$\varepsilon = \varepsilon_0 + a\left(1 - \frac{x_{0.5}}{d_p}\right)(1-\varepsilon_0)\exp(-mR^{-n}) \tag{2.33}$$

式中，a 为拟合系数，表征黏附层中形变的程度。

　　在力学领域，有学者认为堆积物料的摩擦角可在一定程度上代表颗粒表面的摩擦阻力，能很好地表征颗粒群的强度。例如，Lee 等[85]采用静态的局部应力比 $K_0 = \sigma_h / \sigma_v$（垂直应力与水平剪切应力的比值，即静态摩擦角）来表征不同原料制粒后的颗粒强度。遵循此逻辑，$a(1 - x_{0.5} / d_p)$ 项可进一步修改为

$\tan\Phi\dfrac{\Delta}{d_p}\left[即\tan\Phi\cdot\dfrac{(1 - x_{0.5} / d_p)}{2}\right]$，量化成黏附层的内部摩擦角的正切函数值乘以黏附层的全局厚度与索特平均直径的比值，得到的考虑黏附层强度参数的烧结生料床孔隙率模型为

$$\varepsilon = \varepsilon_0 + \tan\Phi\frac{\Delta}{d_p}(1-\varepsilon_0)\exp(-mR^{-n}) \tag{2.34}$$

3）理想孔隙率 ε_0 的计算

　　在式（2.34）开发的新的烧结生料床孔隙率模型中，ε_0 为仅考虑准颗粒的粒径分布机理的硬球干式堆积的理想孔隙率。烧结制粒后的准颗粒具有宽泛的粒径分布，含有–0.25mm 粒级至+11mm 粒级，而且也不是严格意义的对数分布。一维硬球堆积算法中采用实际粒径分布核算，保证了小粒级的颗粒将完全填充在大粒级颗粒形成的孔隙中。对于理想孔隙率 ε_0 的计算，相比于经验性的 Brouwers 公式等，采用一维硬球堆积算法进行基于实际准颗粒粒径分布的预测更为适宜。

4）机理性的烧结生料床孔隙率模型的验证

　　根据四个单种矿石料，0%矿石 M 混合料，10%矿石 M 混合料和 30%矿石 M 混合料共计 99 个工况的制粒堆积实验结果，按式（2.33）所示的烧结生料床孔隙率模型进行拟合，获得的最优参数 $m=1.004$，$n=-1.393$ 和 $a=0.328$。模型预测值与实验测定值的比较情况如图 2.25 所示，拟合的相关性系数为 0.67。此模型对于混合料的预测效果似乎更优于单种矿石料结构，这主要是因为不同种类矿石的特性决定了单种矿石料结构准颗粒的黏附比。

　　注意到上述拟合获取的参数 m 约等于 1，因此在考虑黏附层强度参数的同时，直接消除该拟合参数以简化模型，如式（2.35）所示：

$$\varepsilon = \varepsilon_0 + \tan\Phi\frac{\Delta}{d_p}(1-\varepsilon_0)\exp(-R^{-n}) \tag{2.35}$$

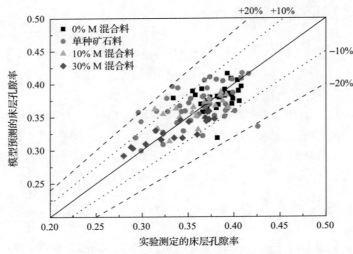

图 2.25　模糊限定的孔隙率模型预测值与实验测定值的对比

　　由于单种矿石料结构的黏附层强度测定使用的原料与 NTC 制粒堆积实验使用的原料有所差异，式(2.35)的验证仅使用了 0%矿石 M、10%矿石 M 和 30%矿石 M 的混合料结构共计 59 个工况，拟合的最优参数 $n=-1.331$，预测值和实验值的比较情况如图 2.26 所示。拟合的相关性系数上升到了 0.77，表明直接剪切实验获取的摩擦角能有效表征黏附层的形变程度，给予了模型参数更好的物理意义解释。虽然目前模型的相关性系数仍距理想的 0.9 界限有一定差距，但大多数预测值均位于±10%的误差区域内，对于覆盖宽制粒条件的工业现场应用的预测已可被接受。

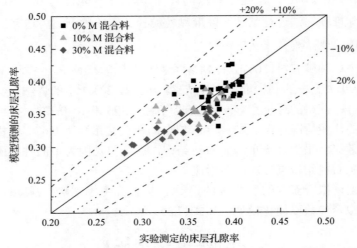

图 2.26　考虑黏附层强度参数的孔隙率模型预测值与实验测定值对比

第3章 烧结燃烧过程

3.1 关键物理化学变化

1. 铁矿石烧结过程简述

铁矿石烧结是将粉状矿（粉矿）或细粒状矿（精矿）掺入固体颗粒状的燃料（如焦炭颗粒），利用燃料燃烧放出的热量使得铁矿石细粒部分熔化而烧结成块得到烧结矿的过程。在实际操作过程中为了使最终的烧结矿满足高炉炉料化学成分的要求，与铁矿石一起掺烧的还有熔剂颗粒（如颗粒状的石灰石、白云石等）。另外，为了使这些不同的颗粒铺到烧结机上后形成的烧结床具有一定的透气性，首先需要将这些颗粒按照前述方法进行制粒。然而，并非所有从铁矿石矿山开采来的铁矿石都要经过烧结才能被送入高炉中。铁矿石矿山中开采出的铁矿石的粒度有大有小，一般来说，粒度大于 10mm 的大块的铁矿石可以直接被送入高炉中进行还原；而粒度在 10mm 以下的细小的铁矿石则需要进行造块形成大块物料后才能被送入高炉中。

归纳对铁矿石烧结的描述，可以将烧结机和烧结杯中的烧结过程归纳为以下两个过程。

1）点火过程

点火从烧结床的顶部进行。气体燃料燃烧产生 1200℃ 左右的高温，点燃烧结床顶部混合料内的焦炭颗粒，使之着火燃烧。在烧结床的底部风箱内有抽风机不断工作产生负压。为保证混合料中的焦炭被点着，获得稳定的火焰，在点火期间的负压较小。点火过程一般持续 90s 左右。

2）点火后的烧结过程

在点火结束后，烧结床底部风箱内的负压调大，使得点着的火焰加速向下传播，这个过程一直保持到烧结过程结束。一般当风箱内烧结烟气温度达到最大值时标志着烧结过程结束。点火过程结束后，新鲜的空气从烧结床的顶部被抽吸进来。

2. 烧结床内关键物理化学过程

烧结杯实验是用来模拟生产条件的铁矿石烧结实验，可进行烧结过程机理、能耗、污染及效率等各方面性能的研究，以改进烧结工艺，提高烧结矿的产量和质量。烧结杯实验已被广泛认可为研究烧结过程的有效方法。烧结杯和烧结床的外观如图 3.1 所示。烧结杯中的烧结床属于固定床，而烧结机上的烧结床属于移动床[86]，如图 3.2 所示。但烧结台车的移动速度很慢，为 0.02～0.05m/s，而空气流速约 1m/s，在高温区可达 5m/s，因此，气固速度相差可达两个数量级，所以在数值模拟中常常忽略台车移动速度，认为其是静止的，而只考虑气体流动速度，从而将台车上的床也作为固定床来处理。但无论哪一种烧结床，其内部发生的物理化学过程都是相同的。因此，烧结床内物理化学过程的分析具有通用性。

(a)　　　　　　　　　　　　　　　　　　　　　(b)

图 3.1　烧结杯(a)和烧结床(b)的外观

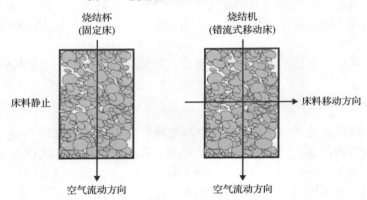

图 3.2　烧结杯和烧结机中的烧结床

　　下面将以烧结机和烧结杯上的烧结床为例，介绍床内发生的详细物理和化学变化过程。

　　首先，介绍在烧结开始之前，即烧结床点火之前，床内颗粒的情况。

　　当经过制粒将各种固体物料加水混合后，形成的物料被称为混合料。混合料是由铁矿石、返矿、固体燃料(一般是焦炭或煤)、熔剂(石灰石、白云石、氧化钙、蛇纹石等)和水分组成。其中，每种固体物料的粒径都不大，铁矿石粒径在 10mm以下，焦炭和熔剂颗粒的粒径一般在 3mm 以下。这些颗粒通过水的结合力黏附在一起形成粒径稍大的混合料颗粒。因此在烧结点火前，这些颗粒都保持着各自的形态。由混合料构成的混合料床具有良好的透气性。而在点火之后，烧结床的透气性会大大下降。烧结杯实验测试表明，在相同的负压下，抽吸的空气流量随着负压的增大而增大。在较大的负压下，生料床和烧结床的空气流量相差可达一倍（生料床＞烧结床）。

当烧结床从顶部开始点火后，烧结过程开始，烧结混合料将发生剧烈的变化。图 3.3 给出了烧结床内颗粒形态、料层温度在烧结过程中沿料层高度方向的变化情况。整个烧结床自上而下可以大致分为三个区域：烧结完成区域、正在烧结区域和未烧结区域。其中，正在烧结区域内的温度最高，这里发生着多种复杂的化学反应，火焰锋面就位于这个区域内。在烧结完成区域中，烧结矿被从顶部抽吸进来的冷空气冷却，同时冷空气被预热，然后进入高温的火焰锋面处参加燃料的燃烧过程。在正在烧结区域以下是未烧结区域，这里的料层被上部吹来的热空气加热，温度比原始混合料的温度稍高。

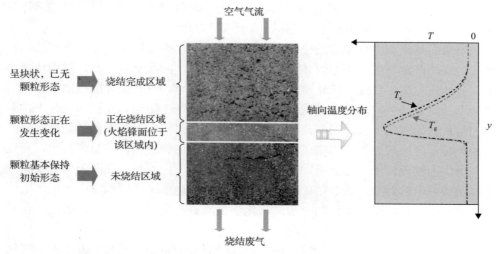

图 3.3　烧结床内颗粒形态、料层温度在烧结过程中沿料层高度方向的变化

在烧结过程中，混合料的形态也发生了剧烈的变化。在料层下部的未烧结区域，这里的颗粒还没有被加热到很高的温度，没有烧结反应。但是，该区域内有大量从料层上部冷凝下来的水分，如果水分过多，这里将产生积水，导致原始混合料颗粒膨胀甚至变成泥浆状，这将大大改变混合料颗粒的形状，并导致床的透气性急剧下降。但在正常水分条件下，颗粒的形态基本保持原始状态不变。因此，在这个区域内，主要发生的变化是水蒸气的冷凝。

而在正在烧结区域内，固体燃料发生剧烈燃烧产生火焰锋面，该区域的温度很高，发生固-固相反应，并有液相熔体生成。液相熔体可以进一步同化固体矿物，生成更多的液相熔体。在熔体形成和同化的过程中，固相开始向液相过渡，同时还伴有气相生成,由此形成固-液-气三相共存的复杂体系[87];在该体系中,液相、气相会在表面张力、重力等力的作用下发生运动,熔体合并[88]。显然,在此过程中颗粒的形态明显发生了变化,这必将影响料层结构。另外,在这个高温区内,还发生其他的化学反应,导致固体质量的损耗,如焦炭燃烧、石灰石分解、白云石分解、针铁矿脱除结晶水等过程。这些质量损耗也将导致烧结床结构的变化。Loo 和 Leung[88]认为料层结构变化主要是化学反应导致固体质量损耗和熔体合并,其中最主要的是熔体合并。在此过程中,混合料体积变小、发生收缩,这种收缩在横向和纵向都会出现。但是一般来说,纵向收缩较小,在10%左右,可以忽略。而横向收缩可以通过对床周围采用合理密封的办法加以控制。因此,在正在烧结区域内主要发生的化学反应或物理变化有:自由水的蒸发、结合水的脱除[主要是针铁矿$(Fe_2O_3 \cdot H_2O)$或水针铁矿$(2Fe_2O_3 \cdot H_2O)$]、石灰石分解、白云石分解、蛇纹石分解、焦炭燃烧、磁铁矿的氧化(与氧气、二氧化碳反应)、赤铁矿的还原(与焦炭、一氧化碳反应)、赤铁矿的分解(高温分解)、铁酸钙的生成,以及最初熔体的形成、矿物的同化、固-液-气三相体系的形成等过程。

随着固体燃料消耗殆尽及空气被风机往下抽吸,火焰锋面缓慢向下移动。在高温的烧结区域产生的液态熔体开始慢慢被抽吸进来的冷空气冷却,凝固成烧结矿。在此过程中主要发生的化学反应有磁铁矿的氧化、液态熔体的凝固等过程。这两个反应都是放热反应,因此会对床内的温度场产生影响。在凝固过程中,料层的结构开始固定下来,得到最终的烧结矿。在烧结矿中,找不到原始的一个一个的颗粒,取而代之的是固结成块的烧结矿。原始混合料颗粒的粒径很小,经过高温烧结的物理化学变化之后,形成块状的多孔介质,同时,其孔隙率也变大。从原始的单个的颗粒,到烧结矿的块状结构,整个烧结床的结构发生了巨大的变化。这对整个烧结床内的传热、传质、化学反应等产生很大的影响,因此,在对烧结床的研究中必须加以详细考虑。

表 3.1 汇总了烧结床不同区域内颗粒(或物料)形态变化及可能发生的物理化学过程。该表中列出了在这三个区域中的 14 个可能发生的物理化学过程,但实际烧结过程更加复杂,发生的物理化学变化更多,如 SO_x、NO_x 和二噁英的生成等。

3. 铁矿石烧结过程的特点

通过上述对烧结床不同区域内颗粒形态随烧结过程的变化,以及烧结床内物理化学过程,可以得出铁矿石烧结过程具有如下四个鲜明特点。

1) 涉及的物理化学过程众多

铁矿石烧结过程总结起来包括相变、传热与传质、流动、燃烧、矿物生成与转化等至少 14 个物理化学变化过程。

表 3.1　烧结床不同区域内颗粒(或物料)形态变化及可能发生的物理化学过程

区域	区域内颗粒(或物料)结构示意图	区域内可能发生的物理化学过程
烧结完成区域	 块状多孔烧结矿 气孔　未反应铁矿石	(1)液态熔体的凝固 (2)矿物再氧化
正在烧结区域	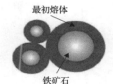 最初熔体 铁矿石	(3)自由水的蒸发 (4)结合水的脱除[主要是针铁矿($Fe_2O_3 \cdot H_2O$)、水针铁矿($2Fe_2O_3 \cdot H_2O$)] (5)石灰石分解 (6)白云石分解 (7)蛇纹石分解 (8)焦炭燃烧 (9)磁铁矿的氧化(与氧气、二氧化碳反应) (10)赤铁矿的还原(与焦炭、一氧化碳反应) (11)赤铁矿的分解(高温分解) (12)铁酸钙的生成 (13)最初熔体的形成、矿物的同化、固-液-气三相体系的形成
未烧结区域	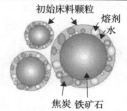 初始床料颗粒　熔剂　水 焦炭　铁矿石	(14)水蒸气的冷凝

2)料层结构、混合料颗粒形态发生很大变化

从初始的混合料颗粒之间相互独立、清晰可辨,到逐步生成液相熔体,最后再到物料全部固结成块、原始单个颗粒消失,整个过程的料层结构发生了剧烈的变化。

3)各种物理化学过程之间强烈耦合

例如,床内的传热传质影响温度分布,进而影响熔体形成和凝固过程,熔体形成和凝固过程改变了烧结床结构,进而影响到床内的传热传质过程和气体流动。在此过程中,燃烧、矿物生成和转化及其他化学反应也都受到影响。这些反应反过来又影响到床内传热和传质。由此可见,烧结床内各种物理化学过程之间的耦合十分强烈。

4)过程显示出一维特征

由图 3.4 可以看出,对于烧结机和烧结杯而言,都可认为烧结过程在空间上只在 y 方向有变化,另外考虑时间 t,因此可将烧结过程简化为一维非稳态过程。

在已有的烧结模型中，绝大多数都将烧结过程考虑为一维非稳态过程，只有少数模型考虑了二维和三维非稳态过程。

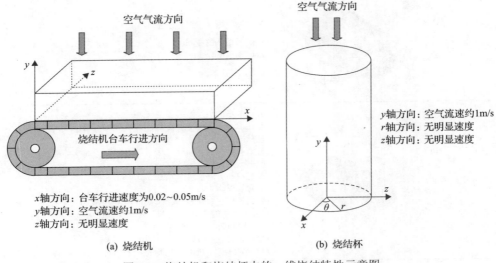

(a) 烧结机　　　　　　　　　　　　　　　(b) 烧结杯

图 3.4　烧结机和烧结杯中的一维烧结特性示意图

3.2　烧结燃烧数值模型

3.2.1　烧结数学模型发展历程

铁矿石烧结过程十分复杂，对这一过程的研究开始于 20 世纪 50 年代[89]。铁矿石烧结的研究主要包括实验研究[90-94]和理论研究[95-103]。实验室[104,105]、中试[93,106-108]及生产规模[109]的实验研究对探索烧结过程的机理提供了大量的信息，而数学模型的发展[95,96,98-100,110-117]也成为更好地理解烧结过程的强有力的工具。

1. 铁矿石烧结过程数学模型的分类

铁矿石烧结的数学模型研究最早开始于 20 世纪 60 年代。据作者所知，在铁矿石烧结领域，第一个数学模型是由日本人 Muchi 和 Higuchi[110]于 1970 年建立的。我国在这方面的研究开始于 20 世纪 80 年代[1]。烧结模型发展至今经历了大约 50 年的历史。随着计算机技术的发展，烧结模型也得到了快速发展。根据模型的特点，范晓慧和王海东[118]将铁矿石烧结数学模型分为四类：过程模拟模型、参数优化模型、过程控制模型和新工艺开发模型。而龙红明[1]则将铁矿石数学模型分为三类：理论模型、单目标参数优化模型及多目标综合优化模型。考虑到分类名称的明晰性，基于范晓慧[118]的四类分类方法，进一步结合 NO_x 排放预测模型的分类方法[119]，将四类方法称为：机理模型、人工智能模型、过程控制模型和新工艺开发模型。本章重点关注机理模型，若不作特别说明，下面的铁矿石烧结模型或铁矿石烧结数学模型即指铁矿石烧结机理模型。下面将对上述机理模型进行详细介绍，其他三种模型的详细介绍见范晓慧的工作[118]。

2. 铁矿石烧结机理模型

铁矿石烧结技术的发展的重要动力来源于提高烧结的产量和质量、降低烧结成本及节能减排的需要[120]。大量的理论和实践经验为探求烧结机理的研究提供了丰富的知识。其中，数学模型由于从根本上解释了烧结的机理，已被证明是一个强有力的工具。现将这方面具有代表性的模型(表 3.2)介绍如下。

在铁矿石烧结机理的研究中，第一个机理模型是由日本学者 Muchi 和 Higuchi[110] 于 1970 年建立的。这个一维非稳态模型成为后来许多模型的基础。这个模型考虑了烧结床内的对流换热、焦炭燃烧、水分干燥过程，并利用模型结果研究了点火温度、点火时间、进口气体流量、初始床温和混合料颗粒粒径及床的孔隙率对烧结过程的影响。

随后，Young[117]提出了一个新的一维烧结模型，该模型考虑了烧结过程中所涉及的大部分现象。这个模型详细考虑了烧结床内的传热传质过程，并考虑了矿物的熔化和凝固过程对传热传质的影响。焦炭燃烧和石灰石分解过程都由收缩核模型来描述，这样，颗粒的粒径变化可以被考虑进来。然而就焦炭燃烧模型而言，这个模型只考虑了 $C+O_2 \longrightarrow CO_2$ 的单步反应。上式是对焦炭燃烧过程的一个简单描述，它忽略了在燃烧过程中可能存在的 CO。事实上，在铁矿石烧结烟气中会检测到约 2%(体积分数)的 CO 气体。为了考虑在烧结前后床层结构的变化，该模型给烧结后的烧结矿指定了一个新的粒径。床内气体流速和压力分布的关系由 Szekely-Carr 方程给出，而不是常用的 Ergun 方程。模型参数敏感性分析给出了负压、焦炭含量、石灰石含量、混合料粒径及混合料含水量对床内最高温度和烧结终点的敏感性，但没有给出该模型的实验验证。

Yoshinaga 和 Kubo[116]给出了烧结杯内的一维非稳态和 Dwight-Lloyd 烧结机上二维稳态烧结过程的数学模型。该模型使用 Ergun 方程来描述床内气体流动和压降。在处理床内气流阻力时，该模型给出了一个创新的方法，即将正在烧结的烧结床进行分区，并对不同的区域采用不同的阻力系数。这几个区域分别是：原始混合料和过湿区域(未烧结区域)、燃烧和熔化区域(正在烧结区域)及燃烧完成区域(烧结完成区域)。这种区别对待不同区域中阻力系数的模拟方法是一个创新，它比把整个床层应用同一个阻力系数的方法要完善很多。但该方法的不足之处在于，确定不同区域的阻力系数有一定难度，这给对烧结床内流动的模拟提出了新的挑战。

表 3.2　不同研究者铁矿石烧结模型性能综述

研究者（单位与年份）	模型类型	干燥与冷凝	熔化与凝固	焦炭燃烧	熔剂煅烧	动量方程	传热模型	传热传质关系	铁矿石反应
Young (British Steel Corporation, 1977)	一维非稳态	两步干燥过程	未明确包括在能量方程中，但通过过在存在熔体的情况下修改固体比热来考虑	单步反应：$C+O_2 \longrightarrow CO_2$ 收缩核模型	收缩核模型	Szekely-Carr 方程	仅对流	Ranz-Marshall 关系式	未包含
Yoshinaga 等 (Sumitomo Central Research Laborotories, 1978)	一维非稳态	三步干燥过程	由温度决定的热力学熔化和凝固模型	单步反应：$C+O_2 \longrightarrow CO_2$ 收缩核模型	未知	改进的 Ergun 方程，不同区域的阻力系数不同	仅对流	未知	未包含
Toda 等 (Nippon Steel Corporation, 1984)	一维非稳态	两步干燥过程	考虑熔化热、铁矿石密度、铁矿石比热、铁矿石电导率影响的半经验动力学熔化	两步反应：$C+1/2O_2 \longrightarrow CO$, $CO+1/2O_2 \longrightarrow CO_2$ 收缩核模型	收缩核模型	未知	对流、气体导热和固体导热	Ranz-Marshall 关系式	2 个 FeO 生成再氧化反应
Cumming (CSIRO, 1990)	一维非稳态	半经验关系式	由温度和组分决定的热力学熔化和凝固模型	两步反应：$C+O_2 \longrightarrow CO_2$, $C+CO_2 \longrightarrow 2CO$ 带可用因子的收缩核模型	收缩核模型	Ergun 方程	仅对流	Kunii-Suzuki 关系式	综合冶金机理，8 个铁矿石相关反应
Patisson (Centre National De la Recherche Scientifique (CNRS), 1991)	一维非稳态	两步干燥过程	由温度和组分决定的热力学熔化和凝固模型与相图的结合	单步反应：$C+O_2 \longrightarrow CO_2$ 且反应热故修正以解释二次反应的热效应	未知	Ergun 方程	仅对流	实验确定的区域的传热系数	未包含
Venkataramana 等 (Tata Research Development and Design Centre, 1998)	一维非稳态	未知	Patisson 模型	未知	收缩核模型	Ergun 方程	仅对流	Kunii-Suzuki 关系式	未包含

续表

研究者（单位与年份）	模型类型	干燥与冷凝	熔化与凝固	焦炭燃烧	熔剂煅烧	动量方程	传热模型	传热传质关系	铁矿石反应
Ramos 等 (Tohoku University, 2000)	一维非稳态	两步干燥过程	由温度和组分决定的热力学熔化和凝固模型与相图的结合	单步反应：$C+O_2 \longrightarrow CO_2$ 收缩核模型	收缩核模型	未知	仅对流	Ranz-Marshall 关系式	未包含
Mitterlehner 等 (Vienna University of Technology, 2004)	一维非稳态	单步干燥过程	由温度和组分决定的热力学熔化和凝固模型与相图的结合	两步反应：$(1+\varphi)C + \left(1+\dfrac{\varphi}{2}\right)O_2 \longrightarrow \varphi CO + CO_2$，$CO + 1/2O_2 \longrightarrow CO_2$	未知	改进的 Ergun 方程	对流和固体导热	Gnielinski 关系式	4 个铁矿石相关反应
Yang 等 (Korea Advanced Institute of Science and Technology, 2004)	一维非稳态	单步干燥过程	未包含	两步反应：$C+1/2O_2 \longrightarrow CO$，$CO + 1/2O_2 \longrightarrow CO_2$ 收缩核模型	收缩核模型	未包含	所有传热模型：对流、固体导热和固体辐射	Wakao-Kaguei 关系式	未包含
Nath 等 (Tata Research Development and Design Centre, 1997, 2004)	二维非稳态	单步干燥过程	由温度和组分决定的热力学熔化和凝固模型	单步反应：$C+O_2 \longrightarrow CO_2$ 收缩核模型	收缩核模型	Ergun 方程	未知	未知	3 个铁矿石相关反应
Yamaoka 等 (Sumitomo Metal Industries, Ltd, 2005)	三维非稳态	单步干燥过程	由温度和组分决定的热力学熔化和凝固模型与相图的结合	单步反应：$C+O_2 \longrightarrow CO_2$ 收缩核模型	未知	完整的动量方程，其中源项由改进的 Ergun 方程计算	对流和固体导热	Ranz-Marshall 关系式	3 个铁矿石相关反应
Zhou 等 (Zhejiang University, 2011)	一维非稳态	两步干燥过程	基于焓公式的熔化和凝固模型，其中可记录熔化凝固历史	两步反应：$C+1/2O_2 \longrightarrow CO$，$CO + 1/2O_2 \longrightarrow CO_2$ 收缩核模型，其中用焦炭尺寸分布而不是平均焦炭直径作为一个输入参数	收缩核模型	完整的动量方程，其中源项由改进的 Ergun 方程通过设置不同区域具有不同的阻力系数来计算	所有传热模型：对流、固体导热和固体辐射	传热用 Ranz-Marshall 关系式，传质用 Kumi-Suzuki 关系式	未包含

注：表中"未知"表示模型未被作者在论文中明确描述，因此不清楚模型的细节。

Toda 和 Kato[100]于 1984 年提出了一个新的烧结模型,在这个模型中详细讨论了矿物熔化的过程。在他们的模型中,矿物的熔化过程由单独的偏微分方程加上相应的边界条件和初始条件来描述。矿物熔化过程是基于收缩核模型来描述的。在偏微分方程数值解的基础上,他们拟合出了熔化速率与时间、颗粒表面温度、熔化潜热、熔体和矿物导热系数的关系式。这是一种处理矿物熔化这一复杂过程的创新的研究方法。模拟得到的温度曲线和实验值符合得很好。对于焦炭燃烧过程,该模型采用了 $C+1/2O_2 \longrightarrow CO$,$CO+1/2O_2 \longrightarrow CO_2$ 的反应机理。

这一反应机理比 Young[117]提出的单步反应机理更为合理,这里考虑了在焦炭燃烧过程中存在的 CO 的生成。另外,考虑到焦炭颗粒可能被铁矿石、熔体等包覆,因此该模型认为,焦炭燃烧速率在熔化区域中将下降。这一考虑是合理的。事实上,焦炭燃烧涉及异相和同相反应,在反应中 O_2、CO、CO_2 等的扩散都可能被任何一种固体(如灰分、铁矿石、石灰石、白云石、CaO 等)所阻挡,因此会产生降低焦炭的燃烧速率的效果。事实上,在实验研究中,Loo[92]发现当通过改变制粒条件让焦炭颗粒黏附在混合料颗粒表面的情况下,焦炭反应更快,可以获得更快的烧结速率。Loo[92]将这个原因解释为 O_2 可以更容易接触到焦炭颗粒表面。烧结床中合理的焦炭燃烧模型应该考虑到这些因素。

Cumming[96]于 1990 年提出了一个考虑因素较为全面、描述更详尽的一维烧结模型。该模型考虑了烧结过程所涉及的大多数物理变化和化学反应,尤其是关于铁矿石的 8 个氧化还原反应。其中,铁矿石收缩核模型被多次应用到反应速率的描述中。另外,该模型中烧结床的收缩现象(称为 slump)也被一个偏微分方程来描述,这也是目前少数几个考虑了烧结床收缩现象的模型之一。在该模型中,床的收缩被认为是由熔体的生成而造成的。该模型忽略了烧结床内固体的辐射换热。为了考虑床顶部与点火器之间的辐射换热,该模型对床顶部的对流换热系数进行了修正:当温度超过 1000K 时,增大对流换热系数。然而,这种处理具有一定的经验性。事实上,辐射换热可以描述得更为详尽。对于床内的导热而言,作者认为对于气体流量较低和气体温度梯度较大的情况,导热可能会变得不可忽略。该模型的另一个创新点在于考虑了一个新的系数,即可用系数(availability factor),并认为固体的表面积不会全部用于化学反应。与 Toda 和 Kato[100]的考虑一样,这个系数将异相反应可能受到固体阻碍的影响考虑进来。但同样,这里对可用系数的考虑也具有一定的经验性。模型得到的固体和气体温度分布与实验对比较为合理。模型给出了 3 种矿物成分的质量分数。作者指出,压力与气体流速的关系是该模型最为薄弱的环节,因为对烧结过程中的床透气性变化的理解仍不够充分,文献中的研究也不多。另外,模型中涉及的一些可调经验系数尚缺乏一定的理论基础。所以,虽然该模型考虑的因素很多、化学反应较为全面,但是仍需要对部分模型的理论依据加以论证和改进。

随后，1991 年 Patisson[99]提出了一个引人注目的一维烧结模型。该模型的目的之一是优化烧结过程并提高烧结的质量和产量。该模型所得到的固体温度分布与实验对比得很好。该模型与 Patisson 等[98]提出的另一个模型的一个共同创新点在于配合使用烧结杯实验，深入探讨并提出了新的水分传输模型，并在其中探讨了烧结床烟气的露点问题，给出了合理的解释。另外，为了研究烧结矿的对流换热系数，该文作者通过烧结杯实验对其进行了测定。该文作者采用的对流换热系数关联式是 Kunii-Suzuki 模型，其设计的烧结饼实验验证得出该模型适用于烧结饼的对流换热计算。另外，该文作者提出了一个计算矿物熔化和凝固反应速率的新模型。该模型虽然是纯热力学模型，不涉及熔化和凝固的化学反应动力学，但是仍然给出了借助相图来计算液相熔体份额的简单方法。Patisson 等[98]在其模型中将烧结床划分为四个重要区域，从上到下依次是烧结完成区、化学反应区、易干燥区和湿料区。在不同的区域中，传热和化学反应都用不同的方式处理。这种考虑是合理的，因为烧结床内各个区域的结构、传热、化学反应差别很大。然而，需要指出的是，对烧结床区域的划分可以进行得更为详细，这一点将在本书后面的数值计算结果的讨论部分进行介绍。

1998 年，Venkataramana 等[121]在其提出的烧结模型中也采用了 Kunii-Suzuki 对流换热系数的关联式。他们对焦炭燃烧热、石灰石分解热、熔化潜热都进行了修正。他们在模型中做出了床的孔隙率不变的假设，然而这个假设的合理性有待探讨。随后，Venkataramana 等[67,122]提出了制粒模型，这个模型可以用来描述制粒过程得到的物料粒径分布。

Ramos 等[123]提出了一个可以描述烧结床层结构变化的新模型。具体做法是，首先建立不考虑颗粒在床内运动的基础烧结模型，其中各种化学反应都被考虑到。然后，通过离散元方法来单独描述颗粒运动，并与基础模型相耦合。他们使用的基础模型是 Muchi 和 Higuchi[110]提出的烧结模型。利用该模型，他们讨论了焦炭含量对烧结床温度场的影响，以及熔化完成温度(completion temperature of melting)对床层结构的影响。但是，仍需指出的是，该模型中所采用的熔化和凝固模型仍十分简单，属于纯热力学模型。因此，熔化和凝固的速率只与温度和矿物成分有关，这种处理方法没有考虑到化学反应动力学的因素，需要改进。另外，该模型模拟的结果没有和实验进行对比。

Mitterlehner 等[124]于 2004 年提出了一个简化的一维烧结模型。该模型特别考虑了热锋面在烧结床内的传播。在该模型中，铁矿石、$FeCO_3$、$MgCO_3$、$MnCO_3$ 的化学反应动力学参数由热重分析(TGA)实验得出。$Ca(OH)_2$ 则被认为是在有水分和 CaO 存在的情况下瞬间反应得到的。该模型采用的铁矿石熔化和凝固模型与 Patisson[99]的类似，都采用了根据相图和温度来直接得到液相熔体份额的方法模拟熔化和凝固过程。该模型采用的焦炭燃烧模型是收缩核模型，同时考虑了焦炭的消耗对床孔隙率的影响。Ergun 方程中的系数由实验拟合的方法得到。

　　Nath 等[111-113]构建了一个二维铁矿石烧结模型。该模型配合遗传算法（genetic algorithm，GA）被用于优化烧结床负压和料层高度。该模型考虑了铁矿石与 CO 和 H_2 的两个还原反应。该模型中的熔化和凝固模型与 Mitterlehner 等[124]和 Patisson[99]的类似，都属于纯热力学模型。该模型中所用到的开始熔化温度则是由 Sato 等[125]的实验关联式根据 Al_2O_3、SiO_2 和熔剂的量计算得出的。Nath 等[112,113]的模型结果没有与实验进行对比。

　　Yamaoka 和 Kawaguchi[126]于 2005 年提出了一个三维的铁矿石烧结模型。该模型将重点放在烧结矿质量的预测上。该模型的创新点之一是提出了表征烧结床层结构的一些参数，如空隙比（pore ratio）、熔体比（liquid phase ratio）、固相比（solid phase ratio）、桥体指数（bridge index）等。在定义了上述变量的基础上，该模型可以模拟得出烧结矿的质量指标值，如转鼓指数（tumble index，TI）、还原性指数（reducibility index，RI）、还原粉化指数（reduction degradation index，RDI）。由此可见，在定义了表征烧结床层结构参数并将其与烧结矿的质量指标相关联后，就可以利用烧结模型的计算结果预测出烧结矿的质量指标值。另外，在该模型中考虑的物相分为两种：气相和凝聚相（condensed phase）。其中凝聚相包括液相和固相，具体为 Fe_2O_3、Fe_3O_4、$CaCO_3$、CaO、$MgCO_3$、MgO、SiO_2、Al_2O_3、H_2O 和 C。而气相包括四种，即 CO_2、N_2、H_2 和 O_2。该模型考虑的化学反应有五个，即 $C+O_2\!=\!=\!CO_2$、$H_2O(l)\!=\!=\!H_2O(g)$、$CaCO_3\!=\!=\!CaO+CO_2$、$MgCO_3\!=\!=\!MgO+CO_2$ 和 $3Fe_2O_3\!=\!=\!2Fe_3O_4+1/2O_2$。由此可见，该模型的化学反应机理较为简单，如焦炭燃烧，但其创新之处在于对烧结床层结构的表征上。

　　Yang 等[86,102-103,114,115,127,128]（韩国 KAIST，Korea Advanced Institute of Science and Technology）与韩国浦项制铁公司 POSCO 合作建立了一个烧结模型。该模型的突出贡献在于详细考虑了烧结床内的固体辐射换热问题，所采用的方法是双通量模型（two-flux model）。据作者所知，这个模型是目前为止唯一一个单独考虑辐射换热的烧结模型。计算结果发现，辐射换热相对于对流换热来说是次要的。该模型计算的温度和气体成分与实验结果进行了对比，对比结果较为合理。焦炭燃烧和石灰石分解过程采用收缩核模型进行模拟。另外，Yang 等[114]还针对各个不同的固体组分采用不同的相分别加以考虑。在 Yang 等[128]的另一篇文章中还详细讨论了用煤来替代焦炭颗粒作为燃料的可行性。他们的模型考虑了 O_2、H_2O、CO_2、CO、H_2 和 N_2 六种气体成分，以及水分、焦炭、铁矿石、石灰石、氧化钙和惰性物质六种固体成分。为了研究火焰锋面及其传播特性，该模型定义了几个重要的参数，即火焰锋面速度（flame front speed，FFS）、烧结时间（sintering time，ST）、燃烧区域停留时间（duration time in combustion zone，DTCZ）、燃烧区域厚度（combustion zone thickness，CZT）、熔化区域厚度（melting zone thickness，MZT）

和最高温度(maximum temperature，MaxT)。该模型通过对以上参数的研究得出烧结过程的温度、熔化特性，以及火焰锋面及其传播特性。然而，该模型没有包含气体流动的动量方程，并且对烧结十分重要的熔化和凝固过程及气体与铁矿石相关的化学反应也都没有考虑进去。

周取定[129]对铁矿石烧结过程的基本理论进行了深入研究，利用传热的基本理论研究了烧结过程的温度分布，利用气体动力学理论分析了料层透气性和工艺参数的关系，并研究了烧结过程中的固相、液相反应机理。

龙红明等[1,130]在铁矿石烧结模型的研究上也做了有益的探索。他们根据温度将烧结床划分为四个带，即湿料带、干燥预热带、燃烧带和烧结矿带，并对各个带内的物理和化学变化分别进行描述，得到了较合理的模拟结果。

龚一波等[131]构建了一个简化的烧结料层温度分布模型。该模型根据料层各带(烧成带、反应带、干燥带和湿料带)的特点，对原始偏微分方程组进行简化，得出解析解，并提出垂直传热距离指数与水平传热距离指数的概念。该研究在模型的合理简化方法上做出了一定的贡献。但如同作者所承认的那样，简化模型中的一些参数实际确定起来非常困难，因此烧结过程的数值求解仍是十分重要的研究方法。

范晓慧等[132]建立了一个一维非稳态烧结料层温度模拟模型。该模型考虑了料层与抽风气体之间的传热、传质过程，包括焦炭燃烧、碳酸盐的分解、水分的干燥与冷凝、混合料熔融与凝固等物理化学过程。该模型把烧结过程表达为一系列气、固相质量、能量平衡的偏微分方程式。依据烧结料层中所发生的物理化学变化的不同，把烧结过程抽象地分割为 7 个带：原始料层带、过湿带、预热干燥带、反应带、熔融带、凝固带、烧结矿带，并且设计开发了相应的铁矿石烧结料层温度模拟系统。该模型可以计算出任何时刻、任何高度料层及气体的温度，模型计算结果与烧结杯实验结果总体准确率达 90%。该模型考虑的物理化学过程仍不全面，但对于进一步深入研究烧结过程的机理有所助益。

由上述模型的讨论可以看出，经过四十多年的发展，铁矿石烧结机理模型的研究已经取得了很大的进展，具体可以归纳为以下几个方面。

(1)模型的维数越来越高。目前，烧结机理模型已经发展出了一维、二维和三维模型。根据需要的不同，发展出的烧结模型的维数也不同。一维模型已经可以满足绝大部分需要；在少数情况下，二维或三维模型也有需求。

(2)涉及的化学反应机理越来越丰富，包括铁矿石的分解、氧化和还原，焦炭燃烧，石灰石分解，白云石分解，碳酸镁分解等。

(3)传质机理越来越清晰，如烧结床内的水分传输。

(4)传热方式的考虑越来越全面，不仅包括对流换热，固体的导热、辐射也有涉及。

（5）对烧结床层结构的理解越来越深入。对烧结床层结构的划分越来越详细，同时表征烧结床层结构的参数也越来越多。

（6）模型预测的范围越来越广。模型不仅可以预测烧结床温度、气体浓度、熔体质量分数，还可以预测烧结床的质量指标值。

（7）模型的功能越来越丰富。模型不仅可以用来分析参数的敏感性，还可以与优化算法结合，用于优化烧结过程。

但现有的铁矿石烧结机理模型仍然存在以下几个问题。

（1）矿物熔化和凝固过程的考虑较为粗糙。前面综述的模型都将矿物熔化和凝固过程当作纯热力学过程来考虑，而都没有考虑到过程中实际存在的化学动力学。然而，矿物的熔化和凝固是决定烧结矿优劣最重要的反应之一，因此需要特别加以考虑。

（2）铁矿石（主要是赤铁矿、磁铁矿）的详细模拟研究仍较少。目前，只有少数几个烧结模型，如 Cumming[96]、Yamaoka 和 Kawaguchi[126]少数几人考虑了这些反应模型，其余模型都没有考虑。在一般的传热模拟中，不考虑这些模型不会造成大的误差。但是如果要将模型结果进一步用于预测烧结质量、强度等指标，那么就必须详细考虑上述反应。

（3）焦炭燃烧模型的考虑尚不够深入。目前针对烧结床内的焦炭燃烧而单独提出的模型十分缺乏。由于烧结床内的混合料是经过制粒工序混合得到的混合物，焦炭颗粒与其他原料颗粒紧密接触，各种物料相互影响。焦炭燃烧可能被其他物料的化学反应过程或物理包覆作用所影响，因此有必要对这一重要的放热反应模型加以深入研究。

（4）模型包含的经验性参数仍然较多。目前较为复杂的模型都包含了诸多不确定的经验性参数。必须设法减少这些参数的数量以提高模型理论性和通用性。

（5）相对综合全面的模型十分缺乏。目前现存的模型都各有优缺点。去粗取精，提出一个综合不同模型优点的模型以更深入地探究烧结、指导生产是十分必要的。

3.2.2　烧结模型基本假设

1. 建模基本假设

基于对烧结过程中烧结床内的各种物理化学变化的分析，对烧结床数值计算模型做出如下假设。

（1）铁矿石烧结过程（包括烧结机和烧结杯的情况）可以被看作一维非稳态过程，在水平方向上的传热传质可以被忽略。

（2）床内固体和气体都被看作连续介质。

（3）模型共考虑 13 种组分，其中包括 8 种固相组分，即铁矿石（赤铁矿 Fe_2O_3、

磁铁矿 Fe_3O_4)、石灰石($CaCO_3$)、生石灰(CaO)、白云石[$CaMg(CO_3)_2$]、氧化镁(MgO)、焦炭和水；5 种气相组分，即 O_2、CO_2、CO、H_2O 和 N_2。

(4)模型共考虑 8 个化学反应，见表 3.3。

表 3.3　模型考虑的 8 个化学反应

化学反应名称	化学反应方程式	化学反应编号
焦炭燃烧	$2C + O_2 \longrightarrow 2CO$	I
CO 氧化	$2CO + O_2 \longrightarrow 2CO_2$	II
石灰石分解	$CaCO_3 \longrightarrow CaO + CO_2$	III
白云石分解	$CaMg(CO_3)_2 \longrightarrow CaO + MgO + 2CO_2$	IV
水分的蒸发和凝结	$H_2O(l) \Longleftrightarrow H_2O(g)$	V
矿物熔化	固体混合物 → 熔融液相	VI
矿物凝固	熔融液相 → 析出矿物相	VII
磁铁矿氧化	$4Fe_3O_4 + O_2 \longrightarrow 6Fe_2O_3$	VIII

(5)铁矿石、焦炭、石灰石、白云石等物料颗粒都有各自的粒径大小，制粒得到的初始混合料颗粒具有另外的粒径值。

(6)由于颗粒的粒径较小(实验中测出的混合料颗粒的体表面积平均直径为 1.5~2.5mm)及导热系数较大[有效导热系数在 25~1400℃时为 7.9~2.6W/(m·K)]，可假设颗粒内部温度梯度为零，即表面和中心温度相等。

(7)模型同时考虑烧结床内气-固对流换热、固体导热和固体辐射，其中对流换热是烧结床内的主要传热方式。

(8)烧结过程中液相熔体的形成会减弱对流换热。

(9)由于缺乏有效的数据，模型中不考虑烧结床收缩对烧结过程的影响。

2. 模型假设说明

➤假设(3)：液态水被看作固相状态。

这是因为在实际烧结过程中，床内的自由水基本被吸附在颗粒中，如果水分的含量不高，液态自由水不会在床中产生流动。固结在铁矿石中的结晶水也不会产生流动。而液态自由水在床内的变化行为仅限于蒸发及遇冷后的冷凝，结晶水的变化行为也仅限于从铁矿石中脱除为水蒸气及遇冷后的冷凝。从数值模拟的角度来看，无论是自由水还是结晶水，它们都不流动，其变化行为也都与固相相似，因此可以当作固相处理。同样，水分的蒸发和凝结也被当作化学反应来处理。

➤假设(6)：颗粒内部温度梯度为零，即表面和中心温度相等。

为证明该假设的合理性，针对典型的单个混合料颗粒的升温速率进行了计算，计算结果证明混合料颗粒的升温速率要比实际料层的升温速率快很多。这里没有分别计算其他如铁矿石、焦炭等颗粒的升温速率，因为混合料颗粒是由其他颗粒制粒得到的，其粒径比其他颗粒都要大，因此其他单个颗粒的升温速率要比粒径更大的混合料颗粒更快。

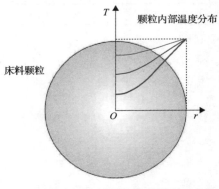

图 3.5　单个混合料颗粒传热模型示意图

考虑单个混合料颗粒内的导热情况，颗粒初始温度 50℃。随后，颗粒表面处于一个给定的温度(1400℃)，热量从颗粒表面向内部传导。这里的 1400℃ 是以实际烧结情况中可能出现的高温为依据的。假定颗粒为球形，颗粒内部的所有变量和参数呈球对称分布。模型的示意图如图 3.5 所示。颗粒内部导热模型的控制方程为：

$$\rho \cdot C_p \cdot \frac{\partial T}{\partial t} = \frac{1}{r^2} \cdot \frac{\partial T}{\partial r}\left(k \cdot \frac{\partial T}{\partial r}\right) \tag{3.1}$$

式中，ρ 为颗粒密度，kg/m^3；C_p 为颗粒比热，J/(kg·K)；T 为颗粒温度，K；t 为时间，s；r 为球坐标系径向轴坐标，m；k 为颗粒导热系数，W/(m·K)。

在烧结杯实验中，混合料颗粒的体表面积直径为 1.5～2.5mm，为了显示颗粒粒径对温度分布的影响，颗粒直径 D 分别取 1.5mm、2.0mm、2.5mm、3.0mm 和 3.5mm；C_p 为 900J/(kg·K)；k 为 1.0W/(m·K)；ρ 为 4120kg/m^3。

模型的边界条件和初始条件如下。

边界条件：左边界(颗粒中心)：$\frac{\partial T}{\partial t} = 0$；右边界(颗粒表面)：$T = T_s$。

初始条件：$T = T_0$。

模型计算的结果示于图 3.6。可以看出，小颗粒升温速率可达 6700℃/s，而即使是 3.5mm 的大颗粒，其升温速率也可达到 1000℃/s。作为对比，图 3.7 给出了烧结杯实验中测试得到的典型料层升温曲线。在该段曲线中，升温速率最大的一段(70～1100℃的加热段)曲线的升温速率为 21℃/s。该升温速率明显比单个混合料颗粒的升温速率约低两个数量级。由此可见，颗粒的升温速率明显比整个料层的升温速率快很多，因此可以认为，颗粒内部在瞬间可以达到热平衡，因此颗粒内部温度梯度为零的假设是合理的。

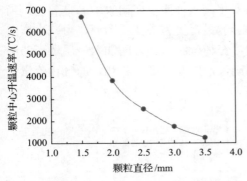

图 3.6 颗粒中心升温速率随粒径的变化关系

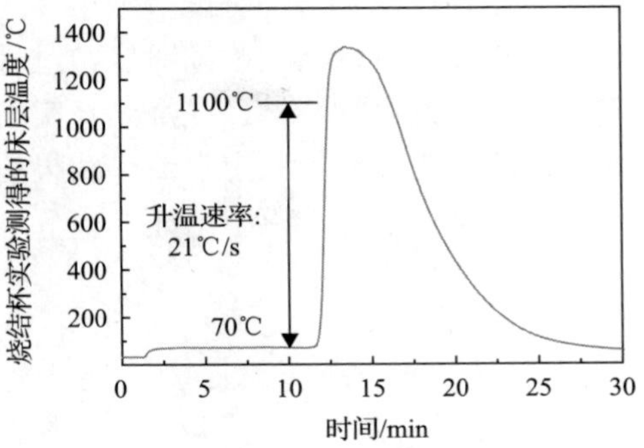

图 3.7 烧结杯实验测得的床层温度随时间变化的曲线

➤ 假设(8)：烧结过程中液相熔体的形成会减弱对流换热。

该条假设的提出基于以下几点考虑：第一，在烧结床内的传热方式主要是气固对流换热[96,99]，而不是气体或固体导热，也不是气体或固体辐射。气体辐射主要由 CO、CO_2、H_2O 等气体组分造成[133,134]，在烧结床的高温区内，这些分子结构不对称的气体含量并不高，因此其辐射效果较弱，可以忽略。第二，初始混合料颗粒的粒径较小，比表面积很大，而形成的烧结矿固结成块，孔隙率变大，有效换热面积变小。第三，在相同的气体流量下，实验得到的混合料层的升温速率很大，而冷却速率较小。烧结矿是由液相熔体凝固所形成的，因此，可以认为液相熔体的形成导致了对流换热的削弱。

➤ 假设(9)：不考虑烧结床收缩对烧结过程的影响。

在实际的烧结生产中，烧结床的收缩现象是存在的。当收缩较大时，在床内可以形成裂缝，在床与壁面之间会产生缝隙。由此，在这些裂缝和缝隙区域内会有更多的空气流入，因此会对烧结床内的气体流动产生一定的影响。但是，要直接考虑这些因素有一定的困难，因为实际的收缩、裂缝和缝隙的情况十分复杂。减小收缩程度的有效办法是降低负压，因为负压越大，形成的裂缝和缝隙也越大。

在烧结杯实验中，床体的收缩也是存在的，见图 3.8。床体的收缩可以分为纵向收缩和横向收缩。纵向收缩的幅度(即床体收缩的高度与初始床高之比)一般在10%左右。因此，其对实际过程的影响较小，可以不考虑其对床内压降、气体流动及传热的影响。然而，横向收缩对烧结过程的影响一般较大。Loo 和 Wong[135,136]曾对烧结杯实验中的横向收缩对烧结结果的影响进行过详细的对比实验研究。首先他们在不采取任何防漏措施的条件下进行了实验，测出了利用系数、焦比、产量、转鼓强度等结果。随后作为对比，他们在烧结杯的内壁和床体之间填入了一层细沙。加入这层细沙后，当床体收缩时，这层细沙将自动流入烧结杯内壁和床体之间的缝隙中填满缝隙，这样就有效地降低了空气的漏入。由此得到的利用系数、焦比、产量、转鼓强度等结果发生了变化。这证明了横向收缩的重要性。当烧结面积较小时，横向收缩对烧结过程的影响显得更为重要。因此，为减小横向收缩对烧结过程的影响，在烧结杯实验中，在杯壁和床体之间加入一层环形的细沙，以确保实验测得的空气流量结果的准确性，同时保证实验测定的气体流量、压降等结果可以用于模型验证。

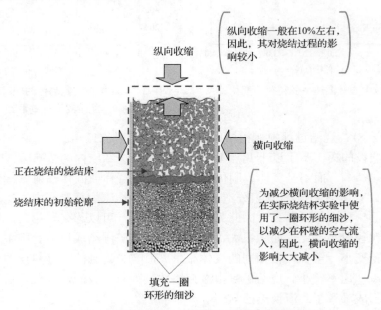

图 3.8　烧结杯实验中床体横向和纵向收缩示意图

3.2.3　烧结模型控制方程

基于以上模型假设，可列出描述烧结过程中包括传热、流动、组分、密度等变化的控制方程。这些方程包括：①气体质量守恒方程；②气体组分守恒方程；③气体能量守恒方程；④气体动量守恒方程；⑤气体状态方程；⑥固体质量守恒方程；⑦固体组分守恒方程；⑧固体能量守恒方程。下面将对这些控制方程分别加以介绍。

1) 气体质量守恒方程

气体质量守恒方程可以表达为如下形式：

$$\frac{\partial}{\partial t}(\varepsilon \cdot \rho_g) + \frac{\partial}{\partial y}(\varepsilon \cdot \rho_g \cdot u_g) = \sum_{k=\mathrm{I}}^{\mathrm{VIII}} \dot{m}_k''' \tag{3.2}$$

式中，t 为时间，s；y 为纵向坐标，m；ε 为床层孔隙率；ρ_g 为气体真实密度，

kg/m^3；u_g 为气体真实速度，m/s；k 为化学反应编号；$\dot{m}_k'''$ 为反应 k 的质量源项，$kg/(m^3 \cdot s)$；$\sum\limits_{k=\text{I}}^{\text{VIII}} \dot{m}_k'''$ 为反应 I ～ VIII中产生的质量源项，$kg/(m^3 \cdot s)$。

2）气体组分守恒方程

气体组分守恒方程的表达形式如下：

$$\frac{\partial}{\partial t}\left(\varepsilon \cdot \rho_g \cdot Y_i\right) + \frac{\partial}{\partial y}\left(\varepsilon \cdot \rho_g \cdot u_g \cdot Y_i\right) = \sum_{k=\text{I}}^{\text{VIII}} \sum_i \dot{m}_{i,k}''' \tag{3.3}$$

式中，Y_i 为气体组分 i 的质量分数；i 为气体组分编号（$i = O_2$、CO_2、CO、H_2O、N_2）；$\sum\limits_{k=\text{I}}^{\text{VIII}} \sum\limits_i \dot{m}_{i,k}'''$ 为气体组分 i 的质量源项，$kg/(m^3 \cdot s)$，表示所有化学反应中组分 i 的生成速率。相对于对流来说，气体扩散的影响很小，因此这里不加以考虑。

3）气体能量守恒方程

气体能量守恒需要考虑气固之间的对流换热，以及由于各种化学反应所产生的热能量。气体导热效应很低，因此气体导热项不加以考虑，只考虑气体流动项。因此，气体能量守恒方程可以写成：

$$\frac{\partial}{\partial t}\left(\varepsilon \cdot \rho_g \cdot h_g\right) + \frac{\partial}{\partial y}\left(\varepsilon \cdot \rho_g \cdot h_g \cdot u_g\right) = h_{conv} \cdot A_s \cdot (T_s - T_g) + \sum_{k=\text{I}}^{\text{VIII}} \dot{q}_{g,k}''' \tag{3.4}$$

其中

$$h_g = \int_{T_{ref}}^{T} C_{p_g} \mathrm{d}T \tag{3.5}$$

$$\dot{q}_{g,k}''' = (1 - f_k) \cdot R_k \cdot \Delta H_k \tag{3.6}$$

式中，h_g 为气体焓，J/kg；h_{conv} 为气固对流换热系数，$W/(m^2 \cdot K)$；A_s 为对流换热比表面积，m^2/m^3；T_s 为固体温度，K；T_g 为气体温度，K；$\sum\limits_{k=\text{I}}^{\text{VIII}} \dot{q}_{g,k}'''$ 为化学反应热，$J/(m^3 \cdot s)$；C_{p_g} 为气体定压比热，$J/(kg \cdot K)$；T_{ref} 为参考温度，K；f_k 为能量分配系数，即化学反应的反应热中分配给固相的能量份额；R_k 为化学反应的反应速率，$kg/(m^3 \cdot s)$；ΔH_k 为化学反应 k 的反应热，J/kg。

4）气体动量守恒方程

烧结床内的气体流动属于多孔介质流动，床内气体-气体、气体-固体、固体-

固体之间也都存在着化学反应，同时，烧结床内颗粒形态、烧结床结构都在烧结过程中发生着变化，因此烧结床内的气体流动十分复杂，若要进行数值模拟则必须采取一定的简化假设。采用 Yamaoka 和 Kawaguchi[126]的动量守恒方程，烧结床内气体动量守恒方程为

$$\frac{\partial}{\partial t}(\varepsilon \cdot \rho_{\mathrm{g}} \cdot u_{\mathrm{g}}) + \frac{\partial}{\partial y}(\varepsilon \cdot \rho_{\mathrm{g}} \cdot u_{\mathrm{g}} \cdot u_{\mathrm{g}}) = -\varepsilon \cdot \frac{\partial P}{\partial y} - F_{\mathrm{v}} \tag{3.7}$$

式中，P 为压力，Pa；F_{v} 为料层阻力造成的动量损失项，$\mathrm{kg/(m^2 \cdot s^2)}$ 或 Pa/m；F_{v} 可以根据式 (2.29) 的 Ergun 方程计算，方程中的两个系数 k_1 和 k_2 的值分别取 150 和 1.75。

值得指出的是，烧结床内流动的模拟十分复杂，文献中对此的研究也很少[108,116,137]。一般认为，在铁矿石烧结床中，发生的水分的干燥和凝结、焦炭燃烧、石灰石分解、白云石分解、矿物熔化和凝固过程等使得烧结床的结构发生了巨大的变化(根据前面所述，其中最主要的仍是矿物的熔化和凝固过程)，如改变了床的孔隙率、颗粒尺寸、颗粒形态等。这些因素增加了流动模拟的难度。

5) 气体状态方程

床内气体密度、压力和温度的关系可以用理想气体状态方程来描述：

$$P = 1000 \cdot \rho_{\mathrm{g}} \cdot R_{\mathrm{u}} \cdot T_{\mathrm{g}} / W_{\mathrm{mean}} \tag{3.8}$$

$$W_{\mathrm{mean}} = \frac{1}{\sum_i \dfrac{Y_i}{W_i}} \tag{3.9}$$

式中，R_{u} 为通用气体常量，$\mathrm{J/(mol \cdot K)}$；W_{mean} 为混合气体的平均摩尔质量，kg/kmol；W_i 为气体组分 i 的摩尔质量，kg/kmol。

6) 固体质量守恒方程

对于固体，其质量守恒方程为

$$\frac{\partial \rho_{\mathrm{b}}}{\partial t} = -\sum_{k=\mathrm{I}}^{\mathrm{VIII}} \dot{m}_k''' \tag{3.10}$$

式中，ρ_{b} 为床的表观密度，$\mathrm{kg/m^3}$。

7) 固体组分守恒方程

固体组分守恒方程可以表达为

$$\frac{\partial}{\partial t}\left[Y_j \cdot \rho_{\mathrm{b}}\right] = \sum_{k=\mathrm{I}}^{\mathrm{VIII}} \sum_j \dot{m}_{j,k}''' \tag{3.11}$$

式中，Y_j 为固体组分 j 的质量分数；j 为固体组分编号[j=Fe$_2$O$_3$、Fe$_3$O$_4$、CaCO$_3$、CaO、CaMg(CO$_3$)$_2$、MgO、焦炭和水]；$\sum_{k=\mathrm{I}}^{\mathrm{VIII}} \sum_j \dot{m}_{j,k}'''$ 为固体组分 j 的质量源项，kg/(m^3·s)，表示所有化学反应中组分 j 的生成速率。

8) 固体能量守恒方程

与现有的大多数烧结模型[96,99,116,123]相比，本模型对固体能量守恒的考虑更为全面。不仅考虑了气固之间的对流换热及由于各种化学反应所产生的热能量，还考虑了固体导热和辐射对床内温度的影响。因此，固体能量守恒方程可以写成

$$\frac{\partial}{\partial t}(\rho_{\mathrm{b}} \cdot h_{\mathrm{s}}) = \frac{\partial}{\partial y}\left(\frac{k_{\mathrm{s,eff}}}{C_{p_{\mathrm{s}}}} \cdot \frac{\partial h_{\mathrm{s}}}{\partial y}\right) + h_{\mathrm{conv}} \cdot A_{\mathrm{s}} \cdot (T_{\mathrm{g}} - T_{\mathrm{s}}) + \sum_{k=\mathrm{I}}^{\mathrm{VIII}} \dot{q}_{\mathrm{s},k}''' \tag{3.12}$$

式中，h_{s} 为固体焓，J/kg；$k_{\mathrm{s,eff}}$ 为固体有效系数，W/(m·K)；$C_{p_{\mathrm{s}}}$ 为固体比热，J/(kg·K)；$\sum_{k=\mathrm{I}}^{\mathrm{VIII}} \dot{q}_{\mathrm{s},k}'''$ 为化学反应热，J/(m^3·s)。其中，固体焓值的表达式 $h_{\mathrm{s}} = \int_{T_{\mathrm{ref}}}^{T} C_{p_{\mathrm{s}}} \mathrm{d}T$；$\dot{q}_{\mathrm{s},k}'''$ 表示化学反应 k 所释放的热量中分配给固体的部分，$\dot{q}_{\mathrm{s},k}''' = f_k \cdot R_k \cdot \Delta H_k$。

3.2.4　烧结模型边界条件和初始条件

给出烧结过程的完整数学描述，需要给出模型的边界条件和初始条件。边界条件和初始条件的设置均根据实验条件给定。其中，对于进口边界，气体和固体组分、气体和固体温度均根据烧结杯实验测量结果给定，气体速度按照热线风速仪的测量结果给定。而在出口边界规定变量梯度为零。

3.2.5　铁矿石烧结过程关键子模型

本节将重点分析铁矿石烧结过程中的几个关键化学反应模型和传热传质模型，即关键子模型。这些关键子模型包括：①烧结床焦炭燃烧模型；②烧结床石灰石分解模型；③烧结床白云石分解模型；④烧结床水分干燥和凝结模型；⑤磁铁矿氧化模型；⑥矿物熔化和凝固模型；⑦烧结床传热传质模型。

1. 烧结床焦炭燃烧模型

1) 反应机理

(1) 表面反应。

在铁矿石烧结过程中，焦炭是使用最为广泛的固体燃料之一[90-92,128]。这是因

为，焦炭含固定碳成分高、杂质少，且有着良好的燃烧特性、力学及结构特性。虽然焦炭的价格一般较高，也有替代燃料，如生物质和煤，但是焦炭仍是铁矿石烧结过程中使用的主要固体燃料。即使使用其他的替代固体燃料，焦炭燃烧也是其燃烧过程的重要一环。因此，对焦炭燃烧的研究是十分必要的。

焦炭燃烧过程释放出大量的热，它使得烧结床内的热锋面可以传播下去。在烧结生产中，焦炭燃烧是决定烧结床内最高温度和火焰锋面厚度的一个重要参数，因此它也决定了熔体的生成量[138]。在烧结床内传热传质过程的模拟中，焦炭燃烧是一个重要的子模型。

在早期烧结模拟的研究中，焦炭燃烧并没有得到足够的重视，这可能与焦炭燃烧过程的复杂性有关。然而，在锅炉燃烧领域，对煤燃烧已经开展了广泛而深入的研究[139-152]，积累了丰富的实验和模拟研究经验[153-161]。

烧结床内焦炭的燃烧与煤粉锅炉或流化床锅炉内的焦炭燃烧有着很大的不同，这可能与焦炭颗粒的存在状态不同有关[162]。在烧结床中，焦炭颗粒大小一般为 1～3mm，焦炭颗粒与铁矿石、石灰石、白云石、蛇纹石和水等混合在一起。在高温下，这些不同颗粒的化学反应之间相互影响，除焦炭以外的其他颗粒的物理化学变化会大大改变焦炭燃烧的传热传质过程。这一点与锅炉中的燃烧明显不同。在锅炉煤粉燃烧中，煤粉颗粒很细，在 50μm 的数量级，煤粉颗粒与氧化性气氛接触良好，传质和燃烧过程十分迅速。

在铁矿石烧结模拟研究中，研究者通常简化处理焦炭燃烧过程。Young[117]采用了单步反应模型来简化处理焦炭燃烧，认为焦炭燃烧只生成了 CO_2，即

$$C + O_2 \longrightarrow CO_2 \tag{3.13}$$

在该反应机理中，CO_2 是唯一的气体产物，忽略了可能生成的气体产物 CO。由于 CO 在铁矿石的还原反应中起到重要的作用[163-165]，若忽略了 CO 的生成将导致无法研究铁矿石的氧化还原过程。

也有作者将焦炭燃烧过程处理为两步反应，其中间产物是 CO，如 Toda 和 Kato[100]及 Yang 等[114,128]的机理：

$$C + 1/2O_2 \longrightarrow CO \tag{3.14}$$

$$CO + 1/2O_2 \longrightarrow CO_2 \tag{3.15}$$

在这个机理中，焦炭的氧化产物是 CO，而不是 CO_2，CO 则在气相中被继续氧化为 CO_2。

另外，还有研究者采用其他的反应机理[96,113]，他们认为焦炭氧化生成 CO_2，同时，焦炭可以与 CO_2 发生气化反应，即

$$C + O_2 \longrightarrow CO_2 \tag{3.16}$$

$$C + CO_2 \longrightarrow 2CO \tag{3.17}$$

也有研究者[124]认为焦炭氧化过程既产生 CO，也产生 CO_2，二者的相对生成量由温度确定，机理如下：

$$(1+\varphi)C + \left(1 + \frac{\varphi}{2}\right)O_2 \longrightarrow \varphi CO + CO_2 \tag{3.18}$$

式中，φ 为反应中生成的 CO 和 CO_2 的摩尔比。常用的 φ 关联式有 Arthur[140]表达式（730～1170K）：

$$\varphi = 2512 \exp\left(-\frac{6240}{T}\right) \tag{3.19}$$

或 Rossberg[166]的表达式（790～1690K）：

$$\varphi = 1860 \exp\left(-\frac{7200}{T}\right) \tag{3.20}$$

事实上，焦炭燃烧是一个复杂的过程，涉及多个复杂的中间反应步骤。在上述不同研究者的焦炭燃烧模型中，争论的焦点在于：焦炭的氧化反应到底是生成 CO 还是 CO_2，还是二者同时生成？事实上，针对这个问题在燃烧领域已经开展了很多研究。

Hayhurst 和 Parmar[145]通过实验研究了流化床内石墨球颗粒的燃烧特性，证明在 1000～1400K 内炭燃烧首先生成 CO。在低温度（接近 1000K）下，CO 的氧化速率相对很低，而在高温（接近 1400K）下，CO 在炭颗粒周围就可以迅速地氧化成 CO_2，其氧化的热量被释放到炭颗粒表面。

Law[167]认为，对于炭表面上发生的与氧气的两个主要的氧化反应式(3.13)、式(3.14)而言，在高温下更容易生成 CO。当颗粒温度高于 1000K 时，反应式(3.13)的贡献很小，因此可以将反应式(3.14)当作炭与氧气的氧化反应机理。

综上所述，可以认为在烧结床的温度条件下，在炭表面与氧气的氧化反应产物只有 CO，而 CO_2 的生成可以忽略不计。因此，将式(3.14)作为炭表面与氧气的氧化反应机理。

另外，在有 CO_2 存在的情况下，反应式(3.17)可能会发生，导致 CO_2 浓度的降低，CO 浓度的升高。这里有必要知道该反应开始发生的温度条件。根据 Law 的研究[167]，这个反应在 1600K 的温度下开始，在 2500K 时达到饱和。因此，这个反应在烧结床内的最高温度附近才开始发生。该反应在烧结床内并不重要,不加以考虑。

在焦炭表面还可能发生 C 和 H_2O 的表面反应,即

$$C + H_2O \longrightarrow CO + H_2 \tag{3.21}$$

但考虑到该反应只有在有足够量水分存在的条件下才会变得重要,而在烧结床内,自由水一般在 100℃左右就基本被蒸发完,而就含水铁矿石而言,针铁矿($Fe_2O_3 \cdot H_2O$)在加热到 300℃左右结晶水开始析出,水针铁矿($2Fe_2O_3 \cdot H_2O$)在加热到 150℃左右时结晶水开始析出。因此,所有的水分,包括结晶水和自由水在干燥区内就基本被消耗完,这样在更高的温度下,气体中的水分则不包含物料中蒸发或脱除的水分,只包括来自其自身的含水量,而这个水分的含量很低,因此,上述 C 和 H_2O 的表面反应并不重要。

所以,考虑到烧结床内的实际情况,焦炭表面发生的反应只有反应式(3.14),其他表面反应式(3.13)、式(3.17)和式(3.18)不加以考虑。

(2)气相反应。

在烧结烟气中可以检测到少量的 CO,其体积分数一般在 2%左右,如图 3.9 所示,这说明在焦炭燃烧过程中有 CO 的生成。而 CO_2 的含量则高达 10%～20%。如上所述,在烧结床内焦炭的表面氧化反应可以认为只生成了 CO,而不是 CO_2。因此,可以得出结论:焦炭表面氧化生成的 CO 大部分在气相中被氧气氧化为 CO_2,并且氧化反应进行得很快。

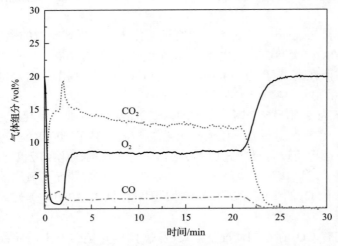

图 3.9 烧结杯实验中典型的烟气成分

CO 的氧化反应相对较为简单,如式(3.15)所示。这个反应只有在有水的情况

下才会进行得很快，这是因为这个反应实际上可以分为两个可逆的步骤[145]，如式(3.22)、式(3.23)所示，式中，$\cdot OH$、$H\cdot$ 和 $HO_2\cdot$ 为自由基。在 1000K 以下的燃烧过程中，$HO_2\cdot$ 是一个重要的自由基，而在 1000K 以上，它的重要性逐渐被 $\cdot OH$ 取代[145]。H 元素存在于水中，空气和烧结床的混合料中都含有水，因此，反应式(3.22)、式(3.23)使 CO 的氧化反应很容易进行。

$$CO + \cdot OH \Longleftrightarrow CO_2 + H \cdot \tag{3.22}$$

$$CO + HO_2 \cdot \Longleftrightarrow CO_2 + \cdot OH \tag{3.23}$$

Jensen 等[168]给出了 CO 氧化反应的总观反应速率：

$$R_{CO} = k_{CO} \cdot C_{CO} \cdot C_{O_2}^{1/2} \cdot C_{H_2O}^{1/2} \cdot \exp\left(-\frac{E}{R_u T}\right) \tag{3.24}$$

式中，C_{CO}、C_{O_2}、C_{H_2O} 分别为 CO、O_2、H_2O 的摩尔浓度，$kmol/m^3$；k_{CO} 为反应速率常数，其值为 $3.25 \times 10^7 m^3/(kmol \cdot s)$；$E$ 为反应活化能，其值为 15098J/mol。

2) 考虑颗粒核心变化的焦炭燃烧模型

对于煤和焦炭燃烧模型而言，研究者已经开展了大量有意义的工作。归纳起来，随着炭燃烧的进行，炭颗粒的质量、粒径、颗粒密度将根据以下规律变化[169]：

$$m_c = m_{c_0}(1-f) \tag{3.25}$$

$$d = d_0(1-f)^\alpha \tag{3.26}$$

$$\rho_p = \rho_{p_0}(1-f)^\beta \tag{3.27}$$

$$3\alpha + \beta = 1 \tag{3.28}$$

式中，m_c 为瞬时炭粒质量，kg；m_{c_0} 为初始炭粒质量，kg；f 为炭的燃烬度；α 和 β 为模型常数；d 为瞬时炭粒直径，m；d_0 为初始炭粒直径，m；ρ_p 为瞬时炭粒密度，kg/m^3；ρ_{p_0} 为初始炭粒密度，kg/m^3。

根据不同的 α 和 β 值，可以将焦炭燃烧模型分为以下几种形式。

(1) 未反应收缩核模型。

在这种情况下，颗粒的粒径变小，密度不变（$\beta=0$，$\alpha=1/3$），燃烧过程在颗粒的最外层表面进行，如图 3.10 所示。

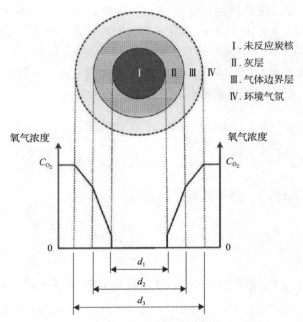

图 3.10　未反应收缩核模型示意图[169]

　　该模型适用于颗粒表面的化学反应速率高于氧气在多孔炭粒内扩散速率的情况[169]，因此可以认为化学反应只在颗粒的最外层表面进行。随着燃烧过程的进行，在未反应收缩核模型中，灰分可能会脱落或者堆积在颗粒外层，由此形成两类不同的收缩核模型——渐进核模型和灰脱落模型[170]。这两类模型的区别在于对灰分的考虑不同。一般来说，在流化床燃烧中，床内颗粒不停运动，颗粒之间及颗粒和壁面可能会发生相互碰撞，因此在这种情况下应该使用不考虑灰分的收缩核模型[169]。对于烧结固定床或床内的燃烧而言，床内颗粒之间及颗粒和壁面之间都保持相对静止，因此这种情况下应该采用考虑灰分的收缩核模型。

　　(2) 反应核模型。

　　在这种情况下，颗粒的密度减小而粒径不变 ($\alpha=0$，$\beta=1$)，这是因为化学反应在颗粒的内部多孔结构内进行。就反应核模型而言也有两种类型，这取决于灰分是脱落还是堆积，如图 3.11 所示。

　　(3) 渐进转化模型。

　　除以上两类模型之外的其他所有焦炭燃烧模型都可以归结为渐进转化模型[167]。在这种情况下，燃烧在颗粒内部靠近表面的反应区域内进行，而未反应的核仍然存在，在核内无炭和氧气的反应。

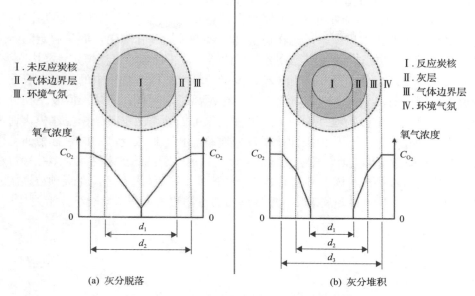

图 3.11　两种不同的反应核模型示意图[169]
图中给出了氧气沿颗粒径向的分布和几个不同区域

3) 焦炭燃烧子模型

许多文献中模拟焦炭颗粒的燃烧时都做出了固有假设，认为烧结中的燃烧行为类似于煤粉或流化床燃烧器中的燃烧行为[100,102,114,128]。然而，严格来说并非如此，因为大多数焦炭颗粒在经过制粒转鼓中混粒过程后，被整合到颗粒中或由薄层细粒包裹。以前的结果表明，当焦炭燃烧子模型中包括细粒层(颗粒周围)和灰层(随着燃烧进行而增加)的影响时，其燃烧行为会显著改变，火焰锋面的性质也会改变。

第 2 章已经阐述了烧结混合料中形成的颗粒的结构可以分为 S、S′、P 和 C 四类[55]，各类颗粒的结构形式如图 2.9 所示。Hida 等[55]发现，典型的颗粒状烧结混合料分别具有约 70wt%、20wt%和 10wt%的 S、C 和 P 型焦炭颗粒。在烧结混合料中，很少观察到具有 S′型的焦炭，并且具有 P 型的焦炭量仅为约 10wt%。出于建模目的，有必要简化这四种类型的颗粒，它们中的三个都可以看作是 S 型的变体，例如，没有黏附层的 S′型是 S 型。当焦炭粒度小时，S 型接近 P 型。另外如果假设主体气体中的氧气更容易用于黏附层中的焦炭颗粒而不是核焦炭颗粒，则 C 型焦炭的燃烧行为变得类似于没有黏附层的 S 型焦炭的燃烧行为。基本上，S 和 C 型颗粒约占烧结混合料的 90wt%，因此，可以基于 S 型焦炭导出一般数学模型，然后进行小的调整以校正 S′、P 和 C 型。各类型颗粒之间的主要差异是核颗粒位置(尺寸的函数)和黏附层厚度，这两者都是根据经过充分验证的制粒模型确定的[44,53]。

因为固体燃料的孔隙率对燃烧性能和烧结性能具有很大影响，因此将焦炭孔隙率和内表面反应影响纳入燃烧子模型也是必要的。尽管焦炭颗粒具有高孔隙率，但大多数可用的烧结模型未考虑在燃烧期间氧气扩散到孔隙中，而是假定随着质量转化的增加，焦炭尺寸按照三分之一幂律减小，并且颗粒密度恒定。严格来说，收缩核模型仅适用于非多孔燃料颗粒，或者当氧气扩散到颗粒中的速度比表面反应速度慢得多时。实际上，氧气将穿透一定距离进入颗粒，氧化反应发生在外围层内而不是仅发生在颗粒外表面上。这种现象可以使用渐进转换模型建模，通常被称为西勒建模方法[171]。内表面化学反应速率与孔隙扩散速率的比率称为西勒模数。当西勒模数足够大时，表明化学反应速率远远高于孔隙扩散速率对多孔炭颗粒燃烧的影响，收缩核心模型可以通过渐进转换模型来近似[172,173]。在炭颗粒燃烧的数值模拟中，颗粒半径和表观颗粒密度通常通过幂律关系与未燃炭组分相关[174]：

$$\frac{\rho_c}{\rho_{c_0}} = \left(\frac{m_c}{m_{c_0}}\right)^{\alpha} \tag{3.29}$$

$$\frac{r_c}{r_{c_0}} = \left(\frac{m_c}{m_{c_0}}\right)^{\beta} \tag{3.30}$$

式中，r_c 为瞬时炭粒半径，m；r_{c_0} 为初始炭粒半径，m；ρ_c 为瞬时炭粒表观密度，kg/m^3；m_c 为瞬时炭粒质量，kg。

对于球形颗粒，$\alpha + 3\beta = 1$ 是有效关系。$\alpha = 1$ 和 $\alpha = 0$ 时分别对应于体系 I 和体系 III 中的燃烧。众所周知，在许多系统中，燃烧发生在体系 II 中，即炭颗粒的大小和密度同时发生变化。在这种情况下，α 和 β 值更难确定。因此，在数值建模中，α 和 β 的值可以根据经验选择或从实验数据导出，并且在整个燃烧过程中假定为恒定。然而，Haugen 等[174,175]已经揭示出 α 和 β 值不会保持不变，而是随炭转化而变化，这些变化与有效因子有关。Haugen 等[174]提出，当西勒模数较大时，α 等于有效因子。当预测等温无灰炭颗粒的转化时，这种假设仅产生一个小误差。基于这一发现，在炭尺寸、密度和炭转化率之间建立了新的关系。本节将尝试改善这种关系，并建立适用于铁矿石烧结的新燃烧速率模型。

尽管该模型以焦炭作为固体燃料，但模型的方法和结果也适用于其他固体燃料，如低挥发性生物质炭或木炭。所提出的混合模型基于上述讨论的颗粒结构和以下假设：

(1) 焦炭颗粒在燃烧过程中保持球形对称。

(2) 焦炭由炭和灰组成，模型中不考虑灰的催化效应。

(3) 核焦炭颗粒由黏附层包裹，阻碍氧气扩散。黏附层中焦炭颗粒的阻力较小，因此可以忽略不计。不考虑焦炭与其他固体材料之间的反应。

(4)烧结床的最高温度接近 1400℃，因此根据反应 $C + \nu O_2 \longrightarrow CO$ 形成 CO(而非 CO_2)，其中，$\nu = 0.5$。

(5)对于焦炭颗粒，内表面积比外表面积大得多。因此，可以假设焦炭氧化只发生在内表面。假设焦炭的内表面积在燃烧过程中保持不变，以降低建模的复杂性。

(6)燃烧的焦炭颗粒周围形成的灰层不会破裂。

(7)燃烧颗粒上的温度分布是均匀的。颗粒包括焦炭核、灰层和黏附层三个区域，且三个区域具有各自特定的有效氧气扩散系数。

(8)对于大多数气固反应，都假设气相中存在伪稳态。

(9)焦炭氧化与炭浓度无关，并假定焦炭氧化是氧的一级反应。

对于多孔焦炭颗粒而言，其外表面的氧浓度最高，并逐渐向颗粒核方向降低，如图 3.12 所示。氧浓度的这种变化也意味着氧化反应速率在外层是最高的。当外层的炭被完全消耗时，就会形成一层灰层，从而形成另一种阻碍氧扩散的阻力。因此，焦炭颗粒的燃烧必须考虑两个阶段：灰分层形成之前和之后(或第一阶段和第二阶段)。

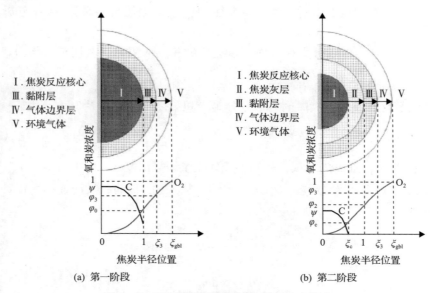

(a) 第一阶段　　　　　　　　　(b) 第二阶段

图 3.12　不同燃烧区域的炭和氧气浓度分布

根据以上分析，结合考虑灰层阻力的未反应收缩核模型，可以将烧结床内的焦炭燃烧模型表达如下。

第一阶段的焦炭燃烧反应速率为

$$R_c = \frac{4\pi r_{c0}^2 C_\infty / \nu}{\dfrac{1}{k_{pr}} + \dfrac{1}{k_{al}} + \dfrac{1}{k_{gbl}}} \tag{3.31}$$

式中，C_∞ 为气体中的氧气摩尔浓度，kmol/m³；ν 为炭和氧反应的化学计量系数（无量纲）；k_{pr} 为考虑孔隙扩散和表面反应共同作用的传质系数，m/s；k_{al} 为黏附层传质系数，m/s；k_{gbl} 为气体边界层传质系数，m/s。分母 $\dfrac{1}{k_{pr}}$、$\dfrac{1}{k_{al}}$、$\dfrac{1}{k_{gbl}}$ 三项分别表示内部多孔扩散和反应阻力、黏附层扩散阻力和气体边界层传质阻力。应注意，第一阶段的反应速率与时间无关。在这个阶段，炭颗粒尺寸不会随着燃烧的进行而改变，但其密度会降低。

第二阶段的焦炭燃烧反应速率为

$$R_c = \frac{4\pi r_{c0}^2 \xi_c^2 C_\infty / \nu}{\dfrac{1}{k_{pr}} + \dfrac{1}{k_{ash}} + \dfrac{1}{k_{al}} + \dfrac{1}{k_{gbl}}} \tag{3.32}$$

式中，ξ_c 为第二阶段的瞬时无量纲炭半径；k_{ash} 为黏附层传质系数，m/s。分母 $\dfrac{1}{k_{pr}}$、$\dfrac{1}{k_{ash}}$、$\dfrac{1}{k_{al}}$、$\dfrac{1}{k_{gbl}}$ 四项分别代表内部多孔扩散和反应阻力、灰层扩散阻力、黏附层扩散阻力和气体边界层传质阻力。

在炭转化的整个持续时间内，区分第一和第二阶段的临界时间 τ_c 为

$$\tau_c = 1 / \varphi_0 \tag{3.33}$$

式中，φ_0 为第一阶段焦炭颗粒初始半径处无量纲氧浓度。

在第一阶段中，炭颗粒大小是恒定的，从式(3.31)的总反应速率可以计算出平均表观密度为

$$\frac{dr_c}{dt} = 0 \tag{3.34}$$

$$\frac{d\rho_c}{dt} = \frac{dm_c}{dt} \frac{1}{V_c} \tag{3.35}$$

式中，$\dfrac{dm_c}{dt} = -R_c W_c$；$V_c = 4/3 r_c^3$，为炭颗粒体积，m³；$W_c$ 为碳摩尔质量，kg/kmol。

在第二阶段，炭尺寸的减小取决于多孔扩散和内在反应的竞争效应，即

$$\frac{d\rho_c}{dt} = \frac{dm_c}{dt}\frac{3(1-3\beta)}{4\pi r_c^3} \tag{3.36}$$

$$\frac{dr_c}{dt} = \frac{dm_c}{dt}\frac{r_c}{m_c}\beta \tag{3.37}$$

其中，α、β 的计算公式：

$$\alpha = 1 - \frac{9\phi_c^2}{\varphi_0^2 \xi_c^2 \eta_2^2}\left(1 - \frac{\eta_2}{\phi_c}\right) \tag{3.38}$$

$$\beta = \frac{3\phi_c^2}{\varphi_0^2 \xi_c^2 \eta_2^2}\left(1 - \frac{\eta_2}{\phi_c}\right) \tag{3.39}$$

式中，ϕ_c 为第二阶段 r_c 处无量纲氧浓度；φ_0 为基于初始焦炭半径的西勒模数；η_2 为第二阶段的有效因子。

另外，一氧化碳的总观燃烧速率由 Jensen 等[168]给出，如式(3.24)所示，这里不再赘述。

2. 烧结床石灰石分解模型

1)石灰石的特性

就传热的重要性而言，石灰石分解所吸收的热量占到烧结床内焦炭燃烧放热量的 10%～20%，因此，它是一个重要的过程，需要加以详细考虑。

石灰石是烧结过程中的一种重要熔剂，其主要作用是在高炉内使矿物中的脉石造渣。铁矿石中脉石的成分多数以 SiO_2 为主，所以常用的碱性熔剂是 CaO 和 MgO。其中，CaO 主要来自石灰石、生石灰、白云石；MgO 主要来自白云石和蛇纹石。

不同石灰石的特性相差很大。根据晶体特点，石灰石分为两类[139]：一类是方解石，一类是霰石(文石)，其中大多数石灰石是方解石。许多石灰石包含白云石成分[139]。绝大多数石灰石具有一定的孔隙率，为 1%～30%。而白云石的孔隙率一般为 1%～10%[139]。在分解后，得到的氧化钙的孔隙率将变大。

在烧结床内石灰石分解过程是否会产生收缩，对其模拟过程假设有重要影响。如果没有收缩，无孔方解石(石灰石)在分解后可能得到孔隙率为 36%的氧化钙。在 750～1000℃，如果煅烧时间小于 2h，并且石灰石中不含一些主要杂质的条件下，石灰石分解不会发生收缩的假设就是成立的[139]。

2)石灰石分解的化学反应速率

石灰石分解是一个复杂的过程，涉及石灰石在 CaO-CaCO₃ 界面的分解及 CO_2 在 CaO 产物层内的扩散和气体边界层内的扩散过程[176]。温度、总压、CO_2 分压、颗粒粒径和水分都会影响到其分解的快慢。分解过程中的三个主要阻力：①由颗粒到反应区域的传热；②分解释放的 CO_2 在多孔 CaO 产物层内的扩散；③化学反应。有时，颗粒外部边界层内的传质过程也可能成为阻力。石灰石的分解反应是个吸热反应[177]，反应热为 182.1kJ/mol。这意味着其分解在高温下更容易进行。同时，这个反应只有在颗粒外部的气氛中 CO_2 分压低于 CaO 分解压的条件下才可以进行。石灰石的分解压[单位 atm，（1atm =101325Pa）][178]为

$$P_{eq} = 1.826 \times 10^7 \times \exp(-19680/T) \tag{3.40}$$

在只考虑化学反应阻力的情况下，石灰石的分解速率可以表达为以下形式[177]，单位 $mol/(m^2 \cdot s)$：

$$R_{cal} = k_{cal}(P_{eq} - P_i) \tag{3.41}$$

式中，k_{cal} 为分解反应速率常数，$mol/(m^2 \cdot s \cdot atm)$；$P_{eq}$ 为石灰石分解压，atm；P_i 为环境气氛中的 CO_2 分压，atm。

其中，分解反应速率常数 k_{cal} 由 Silcox 等[178]给出：

$$k_{cal} = 1.22 \exp(-4026/T) \tag{3.42}$$

以上是只考虑化学反应阻力，而不考虑其他阻力的情况。这在石灰石分解的初期是合理的。而随着分解的进行，分解反应由颗粒表面向颗粒内部推进，分解反应的阻力也变大，开始出现多孔 CaO 产物层的扩散阻力及气体边界层的扩散阻力。在烧结床的情况下，还会出现另一个阻力，即包覆物料层传质阻力，这和焦炭燃烧的情况一样，因此其分解情况将更为复杂。

3) 二氧化碳分压对石灰石分解速率的影响

García-Labiano 等[179]研究了 CO_2 分压对石灰石分解速率的影响。在 1173K，总压 0.1Mpa 下，对于粒径 0.8～1mm 的 Blanca 石灰石颗粒的转化率随 CO_2 分压的变化示于图 3.13 中。可以看出，CO_2 分压对石灰石分解速率的影响十分重要。在 80%的 CO_2 分压下，整个分解过程需要 8min 以上才能完成，而在 20%的 CO_2 分压下，90%的石灰石在 1min 以内就转化为 CaO。这和烧结床内的情况类似，在烧结床内的高温燃烧区域，会产生大量的 CO_2，其分压可以达到 10%～20%，温度可以达到 1600K，石灰石的颗粒粒径为 1～3mm。可以看出，在高温区的烧结床内，其分解也将在很短的时间内完成。

4) 粒径大小对石灰石分解速率的影响

由于颗粒粒径影响颗粒的传热及传质，因此其对石灰石分解过程必然有较大的影响。对于非常小的颗粒（1～90μm）而言，传质速度很快，石灰石分解的速度主要由化学反应控制。当颗粒粒径大于 6mm 时，传热过程将变得很重要。当粒径

介于二者之间时，化学反应和颗粒内部传质则是主要的控制因素。

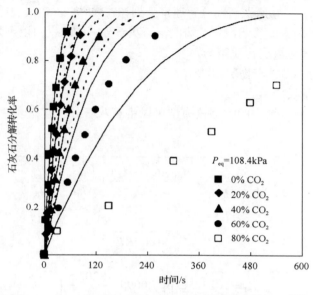

图 3.13　CO_2 分压对 Blanca 石灰石分解转化率的影响[179]

Ar 和 Doğu[180]对 10 种不同的石灰石样品进行了高温分解实验研究，他们发现对于粒径为 1.015mm 的颗粒，分解速率主要受化学反应控制。他们给出了石灰石粒径对分解转化率的影响，如图 3.14 所示。可以看出，随着颗粒粒径的减小，分解速率越来越快。在图示的实验条件下，分解反应开始于 620℃，在 820℃左右基本完成。

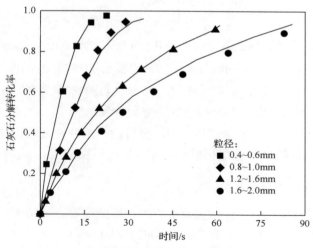

图 3.14　石灰石粒径对分解转化率的影响[180]

5) 本模型的石灰石分解速率子模型

根据上面的讨论，石灰石的分解速率受到颗粒粒径、温度、孔隙率、环境气氛中 CO_2 的浓度等因素的影响，一般情况下石灰石分解的速率由以下几个环节控制：

(1) 颗粒外部边界层传质阻力。

(2) 颗粒内部 CaO 产物层传质阻力。

(3) 分解化学反应阻力。

采用类似于焦炭燃烧的收缩核模型可以将石灰石分解速率表达为[117]

$$R_{cal} = \frac{A_{ls0} \cdot W_{ls} \cdot (C_{CO_2}^* - C_{CO_2})}{\dfrac{d_{ls0}}{Sh_{ls} \cdot D_{CO_2}} + \dfrac{d_{ls0}(d_{ls0} - d_{ls})}{d_{ls} \cdot D_s} + \dfrac{C_{CO_2}^*}{k_1} \cdot \left(\dfrac{d_{ls0}}{d_{ls}}\right)^2} \tag{3.43}$$

$$C_{CO_2}^* = \frac{K_1}{1000RT_s} \tag{3.44}$$

$$K_1 = 101325 \exp\left(7.0099 - \frac{8202.5}{T_s}\right) \tag{3.45}$$

$$D_s = \frac{\theta_{ls,in} \cdot D_{CO_2}}{\tau} \tag{3.46}$$

$$\tau = \theta_{ls,in}^{-0.41} \tag{3.47}$$

$$k_1 = 1.52 \times 10^3 \exp\left(-\frac{20143.4}{T_s}\right) \tag{3.48}$$

式中，A_{ls0} 为石灰石比表面积，m^2/m^3；W_{ls} 为石灰石摩尔质量，kg/kmol；$C_{CO_2}^*$ 为石灰石分解的平衡浓度，$kmol/m^3$；C_{CO_2} 为环境气氛中的 CO_2 浓度，$kmol/m^3$；d_{ls0} 为石灰石粒径，m；Sh_{ls} 为谢尔伍德数；D_s 为 CO_2 的扩散系数，m^2/s；k_1 为化学反应速率常数，m/s；K_1 为石灰石分解的平衡常数。

在石灰石分解反应的速率表达式中，分母的三项分别表示颗粒外部边界层传质阻力、颗粒内部 CaO 产物层传质阻力和分解化学反应阻力。

3. 烧结床白云石分解模型

白云石是除石灰石外另一种重要的熔剂，因此需要在烧结模拟中加以考虑。白云石的分解是个吸热过程，其产物是 CaO、MgO 和 CO_2。

目前，文献中对于石灰石分解模型的研究较多，而对白云石分解模型的研究则相对较少。Hartman 等[181]在 TGA 条件下研究了白云石的分解速率，并将其表达为温度和转化率的函数：

$$\frac{dX}{dt} = 1.628 \times 10^7 \exp\left(-190.67 \times 10^3 / R_u T_s\right) \cdot (1-X)^{0.4043} \tag{3.49}$$

式中，X 为白云石的分解转化率。

4. 烧结床水分干燥和凝结模型

1) 烧结床内水分传输的特点

就传热而言，烧结床内水分（自由水和结合水）干燥所吸收的热量约占烧结床内焦炭燃烧放热量的 20%。另外，床内水分传输影响气体中的水蒸气含量，这会进一步影响 CO 的氧化反应，对焦炭燃烧产生影响。

一般认为，来自高温燃烧区域的热气流进入床下部的湿区后会加热其中湿的物料，此后气流将带着蒸发的水分继续流动到床的下部。当热气流与湿冷的混合料充分接触，并进行传热和传质后，气流被冷却下来，当达到某个温度时，气流中的水蒸气将冷凝下来，水分被释放到床下部的固体物料表面。在烧结杯实验中，烧结床底部的烟气温度一般为 55~62℃，而且在绝大多数烧结杯实验中都发现了类似的结果。一般认为，在烧结床下部的湿区内，水分、固体物料和气体之间达到了一个平衡露点温度[106]。

澳大利亚必和必拓公司纽卡斯尔技术中心对铁矿石烧结过程中水分的传输规律做了大量细致的理论和实验研究工作[106]。图 3.15 给出了他们的烧结杯实验中典

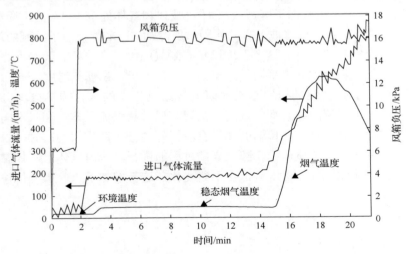

图 3.15　必和必拓烧结杯实验中典型的负压、烟气温度、进口气体流量在整个烧结过程中的变化规律[106]

型的负压、烟气温度、进口气体流量在整个烧结过程中的变化规律，根据实验研究结果，可以得出铁矿石烧结中水分传输过程的特点如下[106]。

(1)典型工况下，在点火开始之后的 4min 内，烧结杯尾部的烟气温度从环境温度开始上升，并很快达到一个稳态的温度，并一直维持整个温度直到火焰锋面接近烧结杯底部。Loo 等将这个温度称为稳态烟气温度(steady-state waste gas temperature，SSWGT)。稳态烟气温度在烧结过程的大部分时间内基本保持不变，且在绝大多数的烧结杯实验中其值都为 55~62℃[106]。他们认为，当稳态烟气温度出现时，可以认为烧结床下部的湿区就完全形成了，而当烟气温度开始升高时，湿区开始消失。

(2)烧结杯尾部的烟气在离开烧结床时达到了完全饱和的状态。欠饱和的状态只有在烧透时才会出现，不会出现过饱和状态。

(3)在烧结床下部的湿区，其含水量将由于凝结作用而增加。

(4)烧结床烟气离开烧结床底部时，只能"带走"一定量的水分(水蒸气形式)，其他的水分由气体以液体形式被物理性地"带走"。

(5)热气流在离开干燥区域时温度为 100℃，此时气流为非饱和状态。

(6)在干燥区域下的湿区应该被进一步划分成两个子区域：第一个区域是平衡状态子区域，这个区域就位于干燥区域下面。在这个区域内，固体、液体和气体被热气流及凝结放热量加热到 100℃。在第一个子区域的下方是第二个区域，被称为非平衡状态子区域，这里的气体和液体处于露点温度(一般典型的是 57℃)，而固体，特别是固体的核心则处于更低的温度下。随着时间的推进，固体的核心温度也将慢慢达到和气体、液体相同的温度，并达到平衡状态。

(7)在第一个平衡状态子区域内，固体、液体和气体处于 100℃的平衡温度下。之后，高温的未饱和气体将被下方的冷固体所冷却。在平衡状态子区域的最下部，气体达到完全饱和的状态。这个温度比稳态烟气温度稍高一些。而在非平衡状态子区域内，气体和液体处于平衡状态，其温度接近于稳态烟气温度。

以上必和必拓公司的研究结果对研究烧结过程中的水分传输机理有积极作用。研究结果中强调的稳态烟气温度的出现，以及热气流从非饱和状态向饱和状态的转变过程的分析对水分传输的建模有着很好的指导性作用。同时可以看出，水分传输涉及传热、传质过程。随着烧结过程的进行，床内气体、固体温度、床内压力分布、固体和气体含水量都在不断变化，这都增加了床内水分传输机理研究的复杂性。

2)烧结床水分传输模型

(1)水分的干燥。

对于烧结床内水分的干燥过程模拟而言，有的研究[97,112,113]简单地假设干燥过程在 100℃左右开始一步完成(或称为单步干燥模型)；有的研究[98,99,117]则假设干燥过程分两个阶段进行：恒速干燥阶段和降速干燥阶段(或称为两步干燥模型)；也有少数研究[116]将干燥过程按照三个阶段来处理(或称为三步干燥模型)。下面就单步和两步干燥模型加以介绍，三步干燥模型应用较少，这里不展开讨论。

　　Nath 等[112,113]认为，烧结床内的水分干燥过程从 370K 开始，一步完成。当温度升高时，水分吸收热量开始蒸发。水分蒸发的速率由一个简单的关系得出：

$$R_{\text{drying}} = 0.005(T_s - 370) \cdot \rho_s \tag{3.50}$$

式中，ρ_s 为固体密度，kg/m^3；T_s 为固体温度，K。

　　Nath 等[112,113]没有说明式中系数是如何给出的。这种干燥处理方式十分简单，仅考虑了固体温度、固体密度的影响。这里认为干燥开始于 370K(97℃)，事实上，干燥过程在更低的温度下就可以进行。干燥速率也与固体颗粒粒径、对流换热等因素紧密相关。因此，这个计算模型在原理上不够全面。

　　Ramos 等[123]假设干燥过程分两个阶段进行，恒速干燥阶段和降速干燥阶段，干燥速率可以由以下关系式表达。

　　在恒速干燥阶段 $(W_s \geqslant W_c)$：

$$R_{\text{drying}} = \frac{h_{\text{conv}} \cdot (T_g - T_s)}{H_w} \tag{3.51}$$

　　在降速干燥阶段 $(0 < W_s < W_c)$：

$$R_{\text{drying}} = \frac{h \cdot (T_g - T_s) \cdot W_s}{H_w \cdot W_c} \tag{3.52}$$

式中，h_{conv} 为对流换热系数，$W/(m^2 \cdot K)$；T_g 为气体温度，K；H_w 为气化潜热，J/kg；W_s 为固体含水量；W_c 为临界含水量。

　　由式(3.51)和式(3.52)可知，恒速和降速干燥阶段的临界点由固体的含水量来确定。当含水量高于临界含水量时，干燥处于恒速阶段，而低于该值时则处于降速阶段。

　　Ramos 等[123]的干燥模型较 Nath 和 Mitra[112,113]的模型在物理意义上更为合理，考虑了气固对流换热对干燥过程的影响。

　　一个物理意义更合理、更明确的烧结床内水分干燥模型由 Patisson 等[98]提出。他们通过烧结床内物料干燥过程的实验研究，提出了该模型。该模型同时考虑了对流换热和传质过程对水分传输的影响。他们在实验中发现，烧结床内的干燥过程可以划分为两个阶段，即恒速和降速阶段。

　　(2) 水蒸气的凝结。

　　烧结床内水蒸气凝结过程的模拟研究较少。Cumming[96]忽略了传质过程的影响，认为一旦气体达到饱和，水蒸气就开始凝结。为简化模拟，他们假设，水蒸气凝结速率的大小由保证气体不能过饱和的条件来确定。

Toda 和 Kato[100]将水蒸气的凝结速率表达为

$$R_{\text{conden}} = P_{\text{c}} \cdot \frac{W_{\text{g}} - W_{\text{d}}}{\Delta t} \tag{3.53}$$

式中，P_{c} 为水蒸气凝结的概率；W_{g} 为气体的湿度；W_{d} 为气体饱和湿度；Δt 为时间，s。其中，水蒸气凝结的概率由床的孔隙率和气体流量来确定，其具体表达式没有给出。显然该凝结模型具有一定的经验性。

3) 本模型的烧结床水分传输子模型

由前面的讨论可以看出，由于烧结床内水分传输过程复杂，现有的部分模型也具有一定的经验性。综合考虑已有的模型，对烧结床内水分传输过程做如下假设：

(1) 为简化模拟过程，认为水分传输过程由传质过程决定。

(2) 水分干燥和水蒸气凝结过程是否进行，取决于固体表面水分的饱和蒸气压和气流中的实际水蒸气分压的相对大小。当饱和蒸气压大于水蒸气分压时，进行干燥过程，反之则进行凝结过程。

(3) 烧结床内水分干燥过程可由两步干燥模型来描述。

基于以上假设，可以将烧结床内水分传输(干燥和凝结)速率表达为

干燥速率：

$$R_{\text{drying}} = \gamma \cdot k_{\text{H}_2\text{O}} \cdot W_{\text{H}_2\text{O}} \cdot A_{\text{s}} \cdot (P_{\text{H}_2\text{O}}^* - P_{\text{H}_2\text{O}}) / (R_{\text{u}} T_{\text{g}}) \tag{3.54}$$

其中，γ 的表达式为

$$\gamma = \begin{cases} 1, & \psi > 1 \\ 1 - (1 - \psi) \cdot (1 - 1.796\psi + 1.0593\psi^2), & \psi \leqslant 1 \end{cases} \tag{3.55}$$

$$\psi = M_{\text{H}_2\text{O}} / M_{\text{cr}} \tag{3.56}$$

凝结速率：

$$R_{\text{conden}} = k_{\text{H}_2\text{O}} \cdot W_{\text{H}_2\text{O}} \cdot A_{\text{s}} \cdot (P_{\text{H}_2\text{O}} - P_{\text{H}_2\text{O}}^*) / (R_{\text{u}} T_{\text{g}}) \tag{3.57}$$

式中，γ 为水分蒸发速率系数；$k_{\text{H}_2\text{O}}$ 为水分传质系数，m/s；$W_{\text{H}_2\text{O}}$ 为水的摩尔质量，kg/kmol；$M_{\text{H}_2\text{O}}$ 为固体含水量；M_{cr} 为临界含水量；A_{s} 为颗粒比表面积，m^2/m^3；$P_{\text{H}_2\text{O}}^*$ 为水的饱和分压力，Pa；$P_{\text{H}_2\text{O}}$ 为气流中水蒸气分压，Pa；ψ 为水分蒸发状态系数。

当 $P_{H_2O}^* > P_{H_2O}$ 时，水分开始干燥；当 $P_{H_2O}^* < P_{H_2O}$ 时，水蒸气开始凝结。干燥速率 R_{drying} 表达式中的水分蒸发状态系数 ψ 定义了蒸发过程处于恒速干燥还是降速干燥阶段。当 $\psi > 1$ 时，处于恒速干燥阶段，其水分蒸发速率系数 γ 为 1；当 $\psi \le 1$ 时，处于降速干燥阶段，水分蒸发速率系数 γ 为 0～1，该表达式取自 Patisson[98] 针对铁矿石颗粒干燥实验的实验关联式。

5. 磁铁矿氧化模型

当烧结床的混合料中含有磁铁矿(Fe_3O_4)时，磁铁矿的氧化过程对烧结床内温度场、气体组分分布的影响就必须被考虑进来。磁铁矿氧化反应为 $4Fe_3O_4 + O_2 \longrightarrow 6Fe_2O_3$，这是一个放热反应，会导致烧结床内温度的升高。

磁铁矿氧化反应的速率可以由式(3.58)给出[182]：

$$R_{M\text{-}H} = \frac{4\pi \cdot d_M^2 \cdot W_M \cdot (C_{O_2} - C_{O_2}^*)}{\dfrac{d_{M0}}{Sh \cdot D_{O_2}} \cdot \left(\dfrac{d_M}{d_{M0}}\right)^2 + \dfrac{d_M / 2(d_{M0} - d_M)}{d_{M0} \cdot D_{HP}} + \dfrac{1}{k_{M\text{-}H}}} \tag{3.58}$$

$$C_{O_2}^* = 101325 K_{M\text{-}H} / (R_u \cdot T_s \times 1000) \tag{3.59}$$

$$K_{M\text{-}H} = \exp(-70649.22 / T + 40.69) \tag{3.60}$$

$$D_{HP} = \frac{D_{O_2} \cdot \varepsilon_{HP}}{\tau_{HP}} \tag{3.61}$$

$$k_{M\text{-}H} = 3 \times 10^2 \exp(-6000 / T_s) \tag{3.62}$$

式中，d_M 为瞬时颗粒粒径，m；d_{M0} 为初始颗粒粒径，m；W_M 为磁铁矿的摩尔质量，kg/kmol；C_{O_2} 为氧气浓度，kmol/m³；$C_{O_2}^*$ 为氧气平衡浓度，kmol/m³；Sh 为谢尔伍德数；D_{O_2} 为氧气扩散系数，m²/s；$K_{M\text{-}H}$ 为平衡常数；$k_{M\text{-}H}$ 为化学反应速率常数，m/s。

6. 矿物熔化和凝固模型

1) 矿物熔化和凝固过程的复杂性

与前面提到的焦炭燃烧、石灰石和白云石分解及水分传输过程相比，烧结过程中矿物熔化和凝固可能是烧结过程机理中最为复杂的部分，也是最难开展数值模拟的部分。

在熔化过程中涉及固-固、固-液相等复杂的化学反应,生成铁-氧体系、铁酸钙体系、硅酸钙体系和钙铁橄榄石体系等液相熔体[12],产生了固-液-气三相共存的体系[87]。液相熔体生成量受到烧结温度、烧结气氛、配料碱度、混合料化学成分等因素的影响[87]。

在凝固过程中涉及结晶与再结晶等复杂的化学反应,形成磁铁矿、赤铁矿、浮氏体等含铁矿物及铁酸钙、铁橄榄石、钙铁橄榄石等黏结相矿物[12],产生了多孔的烧结矿。烧结矿矿物组成和结构受到燃料用量、烧结矿碱度、脉石成分和添加物、操作工艺等因素的影响[87]。

由此可见,烧结过程中的矿物熔化和凝固涉及的化学反应非常多,反应产物种类也极其复杂,过程的影响因素也非常多。因此,如果逐个考虑每个化学反应发生的机理来模拟矿物熔化和凝固过程,那么模拟工作将无法进行。因此,必须寻求其他简化的方法。目前的铁矿石烧结模型都对熔化和凝固过程进行了一定的简化,有的甚至不考虑该过程,如 Yang 等的模型[114]。在这种情况下,忽略详细的化学反应机理而只考虑其热力学特性,即忽略化学反应动力学而只考虑反应热力学的做法对于传热模拟是可行的,条件是需要知道反应总体消耗或释放的热量。下述关于文献报道的熔化和凝固模型的介绍,将表明该条件是可以满足的。

2) 矿物熔化和凝固模型

Nath 等[112,113]将熔化和凝固模型进行了简化,认为当固体温度高于熔点温度时,熔化过程开始,当固体由于冷却导致温度低于熔点温度时,冷却过程开始。在熔化过程中,吸收的熔化潜热($\Delta H = 255$kJ/mol)将在凝固时被放出。根据 Sato 等[125]的实验关联式,熔点温度 T_M 被表达为矿物中 Al_2O_3、SiO_2 和溶剂(Flux)含量的函数。Nath 和 Mitra[112,113]的熔化与凝固速率分别为

$$R_{melt} = 0.001(T_s - T_M) \cdot \rho_s \qquad (3.63)$$

$$R_{sld} = 0.001(T_M - T_s) \cdot \rho_s \qquad (3.64)$$

$$T_M = 1380 + 21.22 W_{Al_2O_3} + 3.35 W_{SiO_2} - 1.8 W_{Flux} \qquad (3.65)$$

该模型十分简单。和水分蒸发凝结模型一样,Nath 和 Mitra[112,113]也没有说明速率表达式中的系数 0.001 是如何得来的。另外,这里假设熔化和凝固的分界线为熔点温度,其合理性有待商榷。

Ramos 等[112,113]给出了一个更为合理的模型。他们假设熔化过程开始于熔化开始温度 T_M,而结束于熔化完成温度 T_E。他们认为混合料颗粒是由铁矿石核心和其外层的黏附粉构成的,熔化开始温度 T_M 为 1100℃,而熔化完成温度 T_E 则根据矿物中 CaO 含量由 CaO-Fe_2O_3 相图查出,如图 3.16 所示。

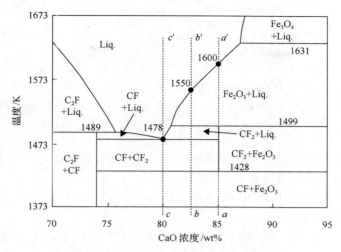

图 3.16 Ramos 等 [112,113]模型中用于得出熔化完成温度的 CaO-Fe$_2$O$_3$ 相图

熔体的生成量由式(3.66)给出：

$$V_{melt} = \frac{T_s - T_M}{T_E - T_M} \quad (3.66)$$

该模型的不足之处在于假设只有黏附粉才可以熔化，而铁矿石核心不可以熔化。然而实际烧结过程中，铁矿石是可以熔化的。总体来说，Ramos 等[27,28]的熔化和凝固模型比 Nath 和 Mitra[112,113]的更为合理。

Patisson[99]提出了另一个熔化和凝固模型。他们将熔化速率表达为

$$R_{melt} = \rho_b \cdot \frac{d\beta}{dT_s} \cdot \frac{\partial T_s}{\partial t} \quad (3.67)$$

式中，ρ_b 为烧结床的表观密度，kg/m^3；β 为液相熔体份额；T_s 为固体温度，K；t 为时间，s。

其中，液相熔体份额 β 是温度和矿物化学成分的函数，由关系式(3.68)给出[99]：

$$\beta = (1 - Y_h)[a_0 + a_1(T_s - T_M) + a_2(T_s - T_M)^2 + a_3(T_s - T_M)^3] \quad (3.68)$$

式中，Y_h 为 CaO-Fe$_2$O$_3$-SiO$_2$ 中赤铁矿的质量分数；T_M 为熔化开始温度，K；T_s 为固体温度，K；a_0、a_1、a_2、a_3 为由碱度确定的液相熔体份额拟合系数。

当熔体被冷却时，凝固过程开始，Patisson[99]将凝固速率表达为

$$R_{sldf} = \rho_a \cdot \frac{d\beta}{dT_s} \cdot \frac{\partial T_s}{\partial t} \quad (3.69)$$

$$\beta = \beta_M \frac{T_s - T_{fs}}{T_{sM} - T_{fs}} \tag{3.70}$$

式中，β_M 为最大液相熔体份额；T_{fs} 为凝固完成温度，K；T_{sM} 为最高温度，K。

可以看出，该模型的物理意义更为合理、明确，且在模拟中具有可操作性。但该熔化和凝固模型需要对不同的矿物组成给出相应的液相熔体份额 β 的表达式。

3) 本模型的矿物熔化和凝固子模型

根据前面对烧结过程中矿物熔化和凝固机理的分析和讨论，对本模型中的矿物熔化和凝固子模型做出如下假设：

(1) 随着烧结床温度的升高，当温度达到 T_M 时，矿物开始熔化，当温度达到 T_E 时，矿物被全部熔化。

(2) 在熔化过程中液相熔体份额 β 根据温度和相变因子 α 给出，该相变因子考虑了矿物孔隙率、颗粒大小等影响熔化速率的因素。

(3) 当温度开始下降时，矿物开始凝固。

(4) 在熔化和凝固过程中有潜热的吸收和释放。

在熔化和凝固过程中液相熔体份额由式(3.71)给出：

$$\beta = \begin{cases} 1, & T_s > T_E \\ \left(\dfrac{T_s - T_M}{T_E - T_M}\right)^{\alpha}, & T_M \leqslant T_s \leqslant T_E \\ 0, & T_s < T_M \end{cases} \tag{3.71}$$

为了获得在熔化和凝固过程中的相变，对已有相关研究结果进行了总结，结果示于表 3.4 中。由该表可以看出，熔化过程的潜热为 0.234~0.275MJ/kg，取其平均值 0.254MJ/kg。关于凝固潜热的公开报道很少，根据 Ellis 等[183]的实验结果，取其值为 0.117MJ/kg，应用于本模型中。

表 3.4   文献中报道的熔化和凝固潜热数值及本模型所采用的值

熔化潜热/(MJ/kg)	凝固潜热/(MJ/kg)	研究者
0.2543	未报道	Ramos 等[123]
0.234~0.275	未报道	Toda 和 Kato[100]
0.254	未报道	Young[117]
0.2625	0.117	Ellis 等[183]
0.254	0.117	本模型采用的值

在液相熔体份额确定后，熔化和凝固热量可以写为

$$\dot{q}'''_{s,ms} = -\frac{\partial}{\partial t}(\beta \cdot L \cdot \rho_b) \tag{3.72}$$

式中，L 为熔化或凝固潜热，J/kg。

矿物熔化和凝固过程是造成烧结床结构和颗粒形态变化的主要因素，因此，该过程将直接影响下面将提到的传热传质过程。这里提出的矿物熔化和凝固模型具有可以方便地与传热传质过程相耦合的优点。

7. 烧结床传热传质模型

根据 3.2.2 节模型基本假设第 7 条，本模型中考虑的烧结床内的传热方式包括气-固对流换热、固体导热和固体辐射。

1）对流换热

烧结床内的对流换热量可以由式(3.73)表示：

$$\dot{q}'''_{conv} = h_{conv} \cdot A_s \cdot (T_s - T_g) \tag{3.73}$$

这里需要讨论的是对流换热系数 h_{conv}。

烧结过程中随着火焰锋面向下移动，其所到之处烧结床结构和颗粒形态都发生了巨大的变化。这种结构和形态上的变化必然影响床内的传热和传质过程，也给传热和传质的模拟带来了很大的难度。

既然烧结床内的结构和形态变化的主要原因是矿物熔化和凝固，而烧结床内的结构和形态变化直接影响传热和传质，那么将传热、传质和熔化、凝固过程联系起来则是合理的。基于这一考虑，可以把对流换热系数和液相熔体份额联系起来。

本模型采用 Kunii-Suzuki 的关联式[184]来计算对流换热系数，这是因为在 Kunii-Suzuki 的关联式中包含一个渠道因子 η，该因子可以和液相熔体份额 β 关联起来。Kunii-Suzuki 的对流换热系数关联式[184]为

$$h_{conv} = \frac{\Phi_s \cdot \rho_g \cdot u_0 \cdot C_{p_g}}{6(1-\varepsilon) \cdot \eta} \tag{3.74}$$

式中，Φ_s 为颗粒球状因子；ρ_g 为气体密度，kg/m³；u_0 为气体速度，m/s；ε 为床的孔隙率；C_{p_g} 为气体比热，J/(kg·K)；η 为渠道因子。

在本模型中，渠道因子 η 被当作液相熔体份额 β 的函数，即 $\eta = \eta(\beta)$，认为 η 由其初值 $\eta_{ini} = 1$（对应于初始混合料床）随着 β 线性地增加到其终值 η_{end}。Cumming[96]在其模型中取 $\eta_{end} = 20$，而 Patisson 等[99]发现 $\eta_{end} = 9$ 可以获得较好的实验对比结果。本模型中 η_{end} 取 7 可以获得很好的实验温度场对比结果，因此该值被采用。

对于传质系数而言，Kunii-Suzuki 的传质系数关联式[184]也相应地被采用。

2) 烧结床固体导热和辐射

与气-固对流换热相比，固体导热和辐射换热量较小。在多数烧结模型中[100,116,117,121,123]，辐射换热都被忽略，或者通过修改对流换热系数的方法来考虑辐射换热[95,96]，而只有 Yang 等[102,114,128]显式地考虑了辐射换热。Yang 等[102,114,128]的辐射换热模型是一个双通量模型，它属于辐射换热离散坐标模型忽略散射相后的简化模型[185]。该辐射模型在物理意义上十分明确，但考虑到数值模拟的复杂性（需要单独求解辐射换热方程），本模型不采用这种方法，而采用另一种简化的方法来模拟辐射换热过程。此外，固体导热和辐射都被加以考虑。

一种简化处理烧结床内固体辐射换热的方法是采用有效导热系数 $k_{s,eff}$[157,186,187]，即将固体的辐射换热量在一定的简化条件下表达成与固体导热项类似的扩散形式，从而将辐射和导热换热组合起来，用一个同时考虑辐射和导热两项传热的系数 $k_{s,eff}$ 来模拟辐射换热的方法。根据 Thunman 和 Leckner 等[157]的方法，有效导热系数 $k_{s,eff}$ 可以表达为

$$k_{s,eff} = k_{s,cond} + k_{s,rad} \tag{3.75}$$

其中，方程右边第一项考虑了固体自身导热的作用，第二项考虑了固体辐射换热的作用，它们的表达式分别为

$$k_{s,cond} = (1 - \varepsilon)k_s \tag{3.76}$$

$$k_{s,rad} = 4\sigma \cdot \omega \cdot d_p \cdot T_s^3 \tag{3.77}$$

式中，$k_{s,eff}$ 为固体有效导热系数，$W/(m \cdot K)$；$k_{s,cond}$ 为考虑固体自身导热作用的项，$W/(m \cdot K)$；$k_{s,rad}$ 为考虑固体辐射换热作用的项，$W/(m \cdot K)$；ε 为床的孔隙率；k_s 为固体自身导热系数，$W/(m \cdot K)$；σ 为玻尔兹曼常量，$W/(m^2 \cdot K^4)$；ω 为固体发射率；d_p 为固体颗粒粒径，m；T_s 为固体温度，K。

3.2.6 中试规模烧结杯实验

本节将介绍用于模型验证的中试规模烧结杯实验，包括实验装置、实验流程，以保证实验结果可以用于提出模型的验证。

本节所用的实验数据均来自必和必拓。NTC 的中试规模烧结杯实验室占地面积约 500m²，配备铁矿石烧结实验的全套实验设备，主要包括烧结杯，点火器，烧结风机，制粒装置，破碎装置，水分测量设备，岩相、化学成分和冶金性能测量设备，温度、压力、气体流量、气体成分测量仪器和一系列控制系统。

1. 烧结杯实验流程

如图 3.17 所示，必和必拓 NTC 烧结杯实验的基本流程主要包括干混、制粒、烧结和落下处理四个环节。下面对这四个环节加以介绍。

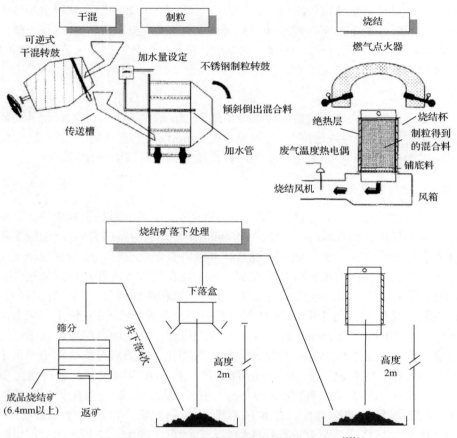

图 3.17　NTC 中试规模烧结杯实验的基本流程[92]

1) 干混

将按照一定比例配好的原料放入干混转鼓中，转鼓以设定的转速转动，使得各种原料充分混合。这里的原料包括铁矿石、返矿、熔剂(如石灰石、白云石、蛇纹石)、燃料(主要是焦炭)。干混过程中不加入水分。

2) 制粒

各种原料经干混充分混合后，将混料经过传输槽加入制粒转鼓中，加水进一步混合制粒，得到混合料。加水量可以根据实验需要来调节。制粒得到的混合料倾斜倒出，转移到烧结杯中，完成填料过程。

3) 烧结

在烧结杯中填好混合料后，燃气点火器从烧结杯的顶部开始点火，同时，烧结杯底部风箱内由抽风机造成一定的负压(一般是 6kPa)。点火的作用是使混合料中的焦炭颗粒着火燃烧形成火焰锋面。点火过程一般持续 90s。点火结束后，撤掉点火器，同时调整风箱负压(一般是增大，负压为 6～20kPa)，使得火焰锋面继续在负压抽吸作用下向下缓慢移动，直至火焰锋面到达床底部，完成整个烧结过程。在烧结过程中，三个料层深度处的温度、风箱内气体温度、风箱内气体负压、烟气成分都被连续地记录下来。

4) 落下处理

烧结得到的整块烧结矿需要经过距离地面 2m 的地方下落 4 次，将其砸碎，得到小块的烧结矿，再经过筛分，得到粒径在 5mm 以上的矿则为成品烧结矿，5mm 以下的矿则作为返矿，作为下一次烧结杯实验的铺底料或配料使用。

2. 烧结杯装置介绍

NTC 的烧结杯装置示意图如图 3.18 所示。烧结杯由耐热钢制成筒体，NTC 的标准烧结杯内径约 300mm，高度为 600mm。杯体的内壁略有斜度(上细下粗)，以便顺利卸出烧结饼。为了隔热，烧结杯外壁附有绝热材料。烧结杯顶部是一个气流罩，气流罩在点火结束后被放在烧结杯上。在气流罩上开有热线风速仪的测孔，用来测定烧结过程的进口空气流量。在气流罩和杯体顶部之间放有密封垫片，防止在测量流量时有空气漏入。杯体部分开有三个温度测孔(分别位于离床顶部向下 100mm、300mm、500mm 处)，用来插入热电偶，烧结床内的温度场由这三个热电偶给出。如图 3.19 所示，烧结床内混合料熔化、凝固后可能会将热电偶牢牢黏在其内部[图 3.19(a)]。同时，烧结床会产生横向和纵向收缩，使得热电偶在拔出的过程中很容易被折断[图 3.19(b)]。考虑到这种情况，为保护热电偶同时保证温度测量结果的准确性，在 NTC 实验中，热电偶外部加一个铝质套筒[108][图 3.19(c)]。杯体底部装有炉箅托住物料。在炉箅上铺上粒径较大的返矿以防止被高温的火焰烧坏。炉箅下部连接着风箱，风箱通过管道连接到风机和除尘器。风箱内的负压由风机抽吸产生。在风箱上开有烟气温度测孔，用来测量烟气温度。在烟道上装有压力和气体成分测孔，用来测量风箱负压。烟气成分由 Gasmet DX-4000 烟气分析仪和傅里叶变换红外光谱仪(Fourier transform infrared spectrometer，FTIR)测量，可测气体组分有 CO_2、CO、O_2、CH_4、NO、N_2O、SO_2 等。

值得指出的是，在烧结过程中，烧结矿会发生收缩，使原本相互紧密接触的杯体和烧结矿之间产生缝隙，这样在烧结过程中就会有空气从此缝隙漏入，导致气体流量测量的误差及烧结结果发生变化。为了减小由于烧结床收缩带来的影响，在 NTC 的实验中[135,136]，在填料时就在杯体内壁和混合料之间加入一层细沙。加

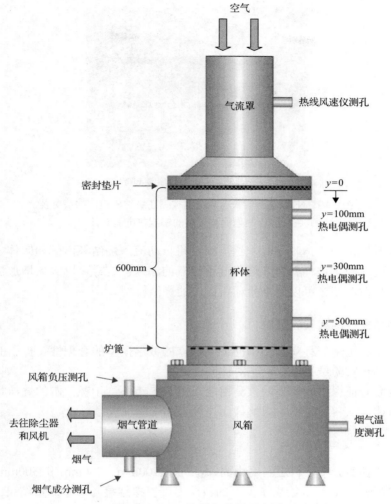

图 3.18 NTC 烧结杯装置示意图

(a) 热电偶被黏在烧结矿内部的情况

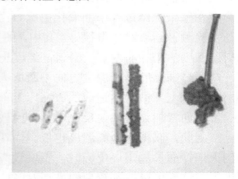

(b) 被折断的热电偶

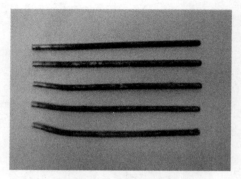

(c) 防止热电偶被折断的铝制套筒

图 3.19　NTC 烧结实验中热电偶被黏在烧结矿内部的情况及
用于防止热电偶被折断的铝制热电偶套筒

入这层细沙后，当床体收缩时，这层细沙将自动流入烧结杯内壁和床体之间的缝隙中去填满缝隙。这样就有效地降低了空气的漏入。这样可以大大增加烧结实验结果的可靠性，使之可以用来验证所提出的烧结模型。

3.2.7　烧结模型的实验验证

本节将利用烧结杯实验结果验证所建立的数学模型的合理性。提出的数学模型将和烧结杯实验结果进行一一对比验证。

为全面验证提出的模型的预测性能，选取 25 组不同工况范围的烧结杯实验数据进行对比，从料层温度、火焰锋面速度方面来验证模型。

1. 料层温度曲线验证

在烧结杯实验中，料层温度由离顶部向下 100mm、300mm 和 500mm 处的三个热电偶测量。图 3.20 给出了典型的料层温度模拟结果与实验测量结果的对比。在该图中，横坐标为时间，纵坐标为料层温度值。这里对比的是在给定位置处料层温度在整个烧结过程中的变化情况。由图可以看出，所提出的烧结模型模拟结果与实验测量结果对比得很好。其中，图 3.20（a）中模拟温度和测量温度曲线都随着料层深度的增加而变宽，且最高温度也都增大。

料层最高温度沿床深度方向不断增大及温度曲线变宽，这主要是由空气进入料层后在床上部被预热造成的。在床上部，空气被预热的距离很短，因此当其到达火焰锋面参加焦炭燃烧反应时，温度较低，使得焦炭燃烧反应在较低的温度下进行，因此，获得的最高温度也低。而在床下部，空气被预热的距离很长，当它达到火焰锋面参加燃烧反应时，温度较高，使得焦炭燃烧反应可以在较高的温度下进行，这样可以达到较高的最高温度。

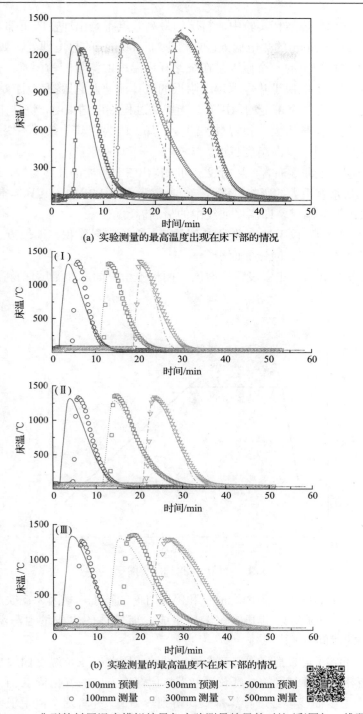

(a) 实验测量的最高温度出现在床下部的情况

(b) 实验测量的最高温度不在床下部的情况

——— 100mm 预测　　······ 300mm 预测　　— · — 500mm 预测

○ 100mm 测量　　□ 300mm 测量　　▽ 500mm 测量

图 3.20　典型的料层温度模拟结果与实验测量结果的对比(彩图扫二维码)

　　然而，在部分烧结杯实验中，料层的最高温度不是出现在床下部 500mm 处，而是在床中部 300mm 的热电偶处，或者上部 100mm 的热电偶处，如图 3.20(b) 所示。出现这种情况的一个原因是在烧结杯内温度的测量较为困难。热电偶的读数，在很大程度上取决于热电偶顶端附近的气体流速及它距离发生放热或吸热反应颗粒的远近。另一个可能的原因是，当烧结过程临近结束时，烧结床阻力变小，烧结床进口气体流量增大，使得料层温度下降。因为在其他条件不变的情况下，空气流量越大，料层最高温度越低。

　　对于料层温度曲线而言，从曲线上可以得出三个重要的曲线参数，这三个参数对烧结矿的质量有很大的影响。将这三个参数示于图 3.21 中，其具体定义如下[93]。

　　参数 1：最高温度，即温度曲线中的最高温度值。

　　参数 2：1100℃ 以上温度曲线闭合面积，简称闭合面积，即温度曲线下方和 T=1100℃ 直线之间闭合区域的面积。

　　参数 3：1100℃ 以上温度停留时间，简称停留时间，即温度保持在 1100℃ 以上的时间。

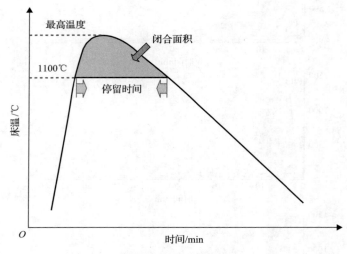

图 3.21　烧结床温度曲线中的三个参数

　　之所以选择 1100℃ 作为闭合面积和停留时间的基准，是因为在铁矿石烧结过程中一般认为 1100℃ 以上开始有熔体生成，而熔体的生成量也与温度停留在 1100℃ 以上的时间有关[188]。

　　每一次烧结杯实验都将得出三个温度曲线，因此有三个温度曲线参数产生。考虑到烧结杯内温度测量的难度及温度沿料层深度方向的变化特点(上部低、下部高)，对三个温度曲线参数进行算术平均得到一个值，并将这个值用于表征该次实验的温度曲线特点和模型的验证。下面将对这 25 组实验的三个温度曲线参数与模拟结果进行对比。

1）最高温度对比

图 3.22 给出了模型模拟的最高温度值和 25 个实验结果的对比。如前所述，这里的最高温度是床顶部、中部和底部三个最高温度的平均值。由图示的对比可以看出，模型模拟结果与实验结果比较接近。模型和实验测量的最高温度结果都在 1200～1400℃。床内最高温度主要受传热传质、焦炭燃烧、熔剂分解及水分干燥和凝结等关键子模型的影响，图 3.22 的对比结果表明以上四个子模型是合理的。

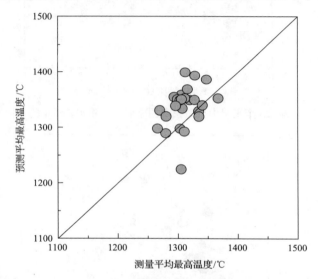

图 3.22　25 个工况中模型预测的最高温度值和实验结果的对比

2）停留时间对比

图 3.23 给出了模型预测的停留时间和 25 个实验结果的对比。可以看出，总体上模型结果与实验结果符合得较好。停留时间在一定程度上反映了固体热容的大小、对流换热的快慢及化学反应的快慢。停留时间的对比结果表明本模型可以较好地预测停留时间。

3）闭合面积对比

图 3.24 给出了 25 个工况下模型预测的闭合面积值和实验结果的对比情况。由图对比可以看出，模型预测的闭合面积值比实验测量值略高。这是由于闭合面积是最高温度和停留时间的函数，因此，在最高温度和停留时间中的计算误差会累积到闭合面积中，导致误差的扩大。然而考虑到实验条件范围很广且实验中温度测量的难度较大，可以认为模型预测结果是合理的。

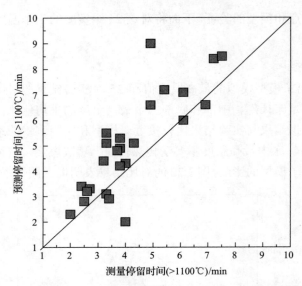

图 3.23　25 个工况中模型预测的停留时间和实验结果的对比

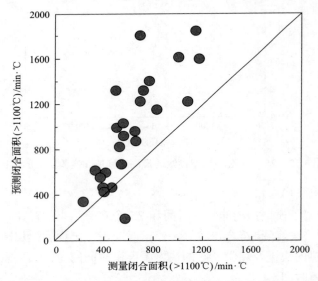

图 3.24　25 个工况中模型预测的闭合面积和实验结果的对比

　　模型预测结果的偏差可能是在模型中没有考虑床体的散热，导致预测温度偏高和闭合面积偏大。另外，熔化和凝固子模型可能会影响闭合面积，因为熔化和凝固过程会影响熔体的生成量，进而改变烧结床结构、传热传质过程，最终影响床内的最高温度和闭合面积的大小。和其他烧结模型一样，本模型将矿物熔化和凝固过程处理为简单的纯热力学过程，而忽略了其中的动力学过程。显然，在熔化和凝固模型中加入动力学的因素后将可能改变温度结果。熔化和凝固子模型可能是子模型中最需要改进的部分。另外在铁矿石烧结过程中，除了上面所提到的化学反应外，还存在着一些其他的化学反应，例如，铁的高价氧化物的还原和分解及低价氧化物的氧化过程。这些氧化还原和分解过程也都涉及化学反应的吸收和释放，也会影响床内温度分布，改变闭合面积的大小。

2. 火焰锋面速度验证

在铁矿石烧结生产中，火焰锋面速度是一个很重要的变量，它决定了烧结生产的利用系数(单位时间内单位烧结面积上生产出的成品烧结矿的质量)和烧结矿的质量。如式(3.78)所示，火焰锋面速度被定义为烧结床高度 H_{bed} 与烧结时间 t_{sinter} 的比值，即

$$FFS = \frac{H_{bed}}{t_{sinter}} \tag{3.78}$$

式中，烧结时间被定义为从开始点火到烟气温度出现最高值所经过的时间，如图 3.25 所示。

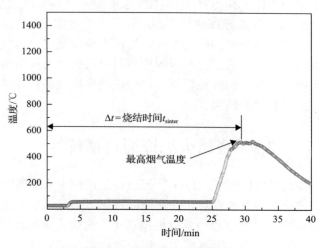

图 3.25 烧结时间定义示意图

图 3.26 给出了 25 个工况中模型预测的火焰锋面速度 FFS 和实验测量结果的对比。由对比结果可以看出，模型预测值和实验值符合得很好。这表明传热传质及气体流动方程的求解是合理的。

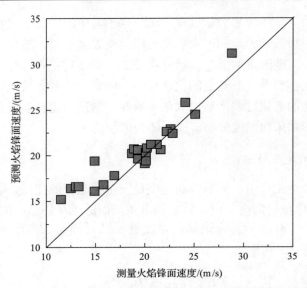

图 3.26 25 个工况中模型预测的火焰锋面速度和实验结果的对比

3. 模型验证结论

本节将烧结模型的结果和 NTC 烧结杯实验数据在料层温度（包括最高温度、停留时间、闭合面积）、火焰锋面速度方面进行了一一对比，此烧结数值模型更完善，考虑了气体流动模型和全部传热方式，提出了物理意义更为完整的焦炭燃烧和矿物熔化与凝固模型，并将熔化和凝固模型与对流换热及床结构变化等耦合起来。对比结果表明，所建立的烧结模型可以合理地模拟铁矿石烧结过程中重要的物理化学变化，给出合理的结果。

3.3 烧结火焰锋面传播特性

火焰前锋为焦炭燃烧的区域，Loo[107]提出烧结过程中火焰前锋存在前缘和尾缘，焦炭在火焰前锋前缘开始燃烧，在火焰前锋尾缘燃尽。尽管这是一个十分精确的定义，但是在实际烧结过程中难以根据这个定义确定火焰前锋。龙红明[1]提出烧结过程中 700℃ 至最高温度区域为火焰前锋。而在实际过程中焦炭开始燃烧的温度可能更高，并非 700℃ 而是 800℃ 左右[39]。也有其他一些方法定义火焰前锋，如定义原材料与燃烧区域的交界面为火焰前锋或是定义焦炭开始燃烧的区域为火焰前锋等[128]。赵加佩[19]定义焦炭燃烧速率大于最高燃烧速率 1% 的燃烧区域为火焰前锋。而对于层流或是紊流的预混气体燃烧，火焰前锋被定义为化学反应剧烈的薄层[128]。根据烧结过程中的温度-时间曲线可定义烧结床的各区域。图 3.27

为利用烧结模型计算得到的某一时刻沿烧结床高分布的温度曲线[189]。根据该图烧结床可以分为六个区域：已烧结区、燃烧区、熔融区、干燥预热区、水分冷凝区和原料区。从图中可以看出火焰前锋位于燃烧区中，焦炭在该区域发生剧烈燃烧。

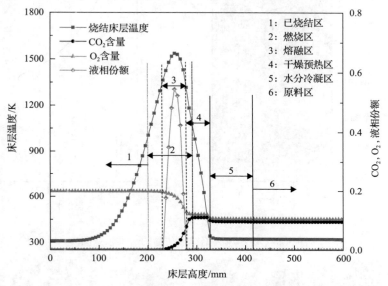

图 3.27　烧结床层结构示意图[189]

铁矿石烧结过程是一种同向无焰的多孔介质床层燃烧[72,190,191]。图 3.28 为烧结床中火焰锋面传播的示意情况。在铁矿石烧结过程中，火焰前锋的传播速度主要受到高温区流动阻力的影响。当负压一定时，烧结高温区流动阻力减小，有利于提高烧结过程中传热速率，增加烧结过程中火焰前锋的传播速度，影响烧结过程的产率与烧结矿质量。而火焰前锋速度变化与床层在 1100℃ 以上高温的停留时间和高温区厚度紧密相关，这将改变高温区形成的液相量及液相的参数，影响液相行为，从而反过来又能够影响高温区的流动阻力。因此，对烧结高温区流动阻力的研究十分必要。烧结过程中影响高温区流动阻力的两大主要因素为床层结构和床层温度。其中，床层温度主要与添加的焦炭质量分数、熔剂(如石灰石、白云石等)的添加量、烧结料的水分等相关。另外如图 3.29 所示，在烧结过程中高温区的床层结构会发生变化，从而使烧结床的阻力直至焦炭烧透仍维持一个相对稳定的值。影响烧结高温区床层结构的机理性因素主要有高温区液相的生成，气流的驱动力、流动性及床层的孔隙率。

烧结点火以后，烧结风量相比于预点火风量急剧减少，这主要是由于点火后焦炭发生燃烧，形成高温并伴有液相的高温区。Loo 等[108,192]通过实验研究建立了烧结过程中预点火风量与烧结风量之间的关系，用一个 k_5 值来表征高温区形成后

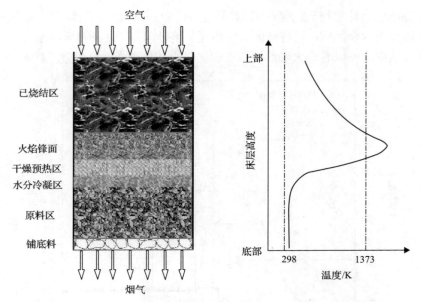

图 3.28　烧结床火焰锋面传播的一维示意图

图 3.29　烧结生料(a)和烧结完成后的烧结矿(b)的照片

对烧结床流动阻力的影响，同时也可反映点火后形成的高温区流动阻力，该值对于化学成分一定的烧结料为常量[108]。该模型虽然能够体现烧结床点火后由于高温区的形成而带来的流动阻力的变化，但必须同时得到烧结预点火风量与烧结稳定风量；另外对于实际烧结过程中影响高温区流动阻力的因素，如液相、床层孔隙、驱动力等，也并未能体现。烧结过程中流动阻力直接影响烧结过程中的风量，对烧结过程的风机控制影响很大，同时流动阻力也影响烧结过程的速度、烧结机的终点，乃至影响烧结矿的质量。而随着我国烧结设备不断大型化的趋势，常规的手工控制已经不能适应烧结的发展趋势，需要不断提高烧结工艺的自动化控制及人工智能化的水平。因此，提出一个能够较为全面地展现烧结过程中影响流动阻力变化的因素，并且能够嵌入自动化或人工智能化控制中的新模型十分必要。

目前国内外已发展了较多描述铁矿石烧结的数值模型，对于烧结床各区域主要的物理化学变化的机理描述也日趋深入[123,128,193-198]。需要指出的是，因为火焰锋面中熔融相的生成及流动，作为气流通道的多孔结构一直处于动态演变中。在文献报道的烧结模型中，Ergun 方程中的一维参数很难对随机无序的多孔结构进行精确的量化表征。有的烧结模型理想化，并未考虑多孔结构的变化，有的烧结模型则做出了一些简要的尝试突破。例如，Wang 等[198]将床层结构演变分为床层高度收缩、床层孔隙率增加和平均颗粒粒径增加三大部分，但该模型中演变前后的结构参数均为输入的固定值，仍远远偏离实际情况，这些参数应与烧结床的化学成分、燃烧状况和流动条件等联立变化。在实验研究方面，简化的一维烧结杯中试实验已被广泛认可为研究铁矿石烧结过程的可靠装置。对于火焰锋面作用导致的烧结床层结构变化，在线检测具有非常大的难度，大多数学者均在烧结杯实验后采用金相显微镜观察成品烧结矿样品的孔隙、矿相、密度等来侧面评估火焰锋面的影响程度[199-202]。Loo 和 Heikkinen[199]发现烧结矿的密度与生料床的堆积密度具有强线性相关关系，而烧结矿的矿相、孔隙等则主要由火焰锋面的温度特性决定[199,201,202]。然而，金相显微镜观测的烧结矿尺寸一般为 4～21mm，孔隙尺寸一般为 0～200μm，这些孔隙对于表征烧结矿的冶金性能指标意义较大，但不适用于研究烧结床中气体流动的多孔通道。

对于火焰锋面的气流阻力特性，Loo 等[108,192]宏观地采用生料床和点火后烧结时的两个气流量的差值来表征；Oyama 等[203]则测量了一维烧结杯各床高处的压力分布，核算出当火焰锋面到达某一位置时，烧结床各区域的具体压降值。总体上，火焰锋面是烧结床对气流阻力最大的区域，随后依次是水分冷凝区、干燥预热区、原料区、已烧结区[203,204]。火焰锋面的气流阻力受烧结床多孔结构、燃烧状况等复杂因素的影响，直接决定着火焰锋面的传播速度[70,192]。

3.3.1　高温区流动阻力及床层结构的影响因素

前已述及，床层温度和床层结构是烧结过程中影响高温区流动阻力的两大主要因素。本节通过烧结杯实验一方面研究了焦炭、碱度、MgO 含量和焦炭粒径这些重要烧结参数对高温区流动阻力的影响，另一方面对液相量及驱动力、液相黏度和生料床透气性等影响高温区床层结构的机理性因素进行了探究。

1. 烧结杯实验介绍

1) 研究方法

如图 3.30 所示，烧结过程中火焰前锋到达烧结床底部，烧结风量一直较为稳定，因此实际烧结过程中在负压维持恒定下，烧结风量是可以作为表征流动阻力的指标的。

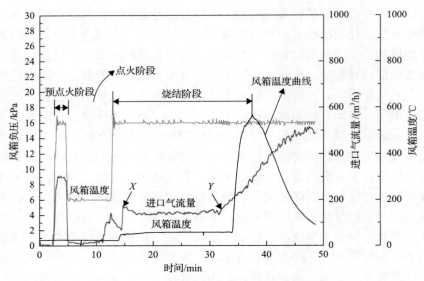

图 3.30　典型的烧结杯实验温度风量曲线

采用刘子豪等[70,205]提出的一种特殊的烧结床层结构——夹心烧结床层结构来研究烧结过程中影响高温区床层结构变化的因素。夹心烧结床层结构如图 3.31所示。刘子豪等[205]通过同插入热电偶测量方法及数值模拟方法的结果比较，验证了夹心烧结床层结构用于烧结实验的可行性。在夹心烧结床层结构中，中层烧结料相比于其他层烧结料成分或结构发生变化，如中层烧结料焦炭含量更高或者更低等，因此当高温区进入中层以后，其会遇到一个阶跃性扰动，这将会影响其烧结床层流动阻力，烧结风量发生变化，从而根据烧结风量变化并结合烧结床层温度变化可以得出烧结床层结构的变化量。

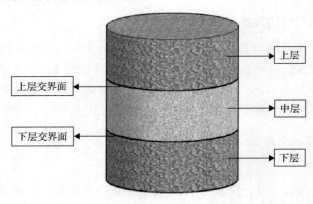

图 3.31　夹心烧结床层结构

2) 烧结过程中高温区位置的确定

为准确计算各层的平均烧结风量，必须获得高温区通过交界面的时间。采用两种方法来确定高温区通过交界面的时间，如图 3.32 所示。图 3.32(a) 显示了烧结床层各交界面处被插入 S 型热电偶，用来记录烧结床层的温度。根据床层的温度曲线，可确定高温区通过交界处的时间。如图 3.32(b) 所示，由于采用了夹心烧结床层结构进行实验，如果烧结过程中特殊烧结参数发生改变，如焦炭含量，当高温区移动到交界处时，烧结废气的成分会发生一个突变，因此可以根据烧结烟气的成分来判断高温区进入交界处的时间。当焦炭含量增加至 4.55wt% 或 4.25wt% 时，烟气成分没有被测定并且热电偶也未被插入，但由于烧结过程中烧结风量非常稳定，因此采用平均烧结速度计算每层的风量。

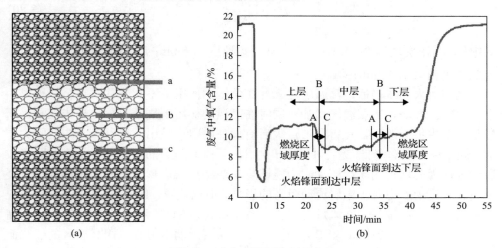

图 3.32　决定高温区位置的方法

a. 热电偶位于烧结顶部下游 100mm；b. 热电偶位于烧结顶部下游 300mm；c. 热电偶位于烧结顶部下游 500mm；
A. 燃烧区域上沿；B. 烧结料层交界面；C. 燃烧区域下沿

3) 烧结预点火风量的确定

为评估高温区流动阻力的变化，需获取烧结预点火风量。由于采用的是三层夹心床层结构，因此实验过程测定的预点火风量有时并不能完全代表每层的预点火风量。如果改变烧结参数对于生料床的透气性影响不大，那么采用实验过程测定的烧结预点火风量可作为每层的预点火风量。而当中层烧结料被改变的参数能够明显影响烧结料透气性时，如变化制粒水分能够增加生料床透气性，增加预点火风量，此时实验中测定的预点火风量不能作为每层的预点火风量，必须修正预点火风量，从而计算出准确的高温区流动阻力。Ergun 方程适用于计算生料床的压降变化，预点火过程中 Re 大约为 200(多孔介质中开始出现紊流的 Re 为 50～75[72])，气流处于紊流状态，式(2.29) 的 Ergun 方程可以进一步被简化为式(3.79)。

因此采用图 3.31 实验中的预点火风量通过式 (3.79) 计算得出每层的预点火风量，即

$$\Delta P_{\text{pre}} = k_2 \frac{(1-\varepsilon)\rho}{\varepsilon^3 d} u^2 H \qquad (3.79)$$

式中，H 为料层高度；ΔP_{pre} 为烧结过程中的压降，通常为一定值。

2. 重要烧结参数对于高温区流动阻力的影响

烧结过程中生料床的透气性常常采用式 (3.80) 表示，对于给定的烧结生料床，烧结过程中的风量由负压决定[206]，即

$$P = v \left(\frac{l}{\Delta p} \right)^{0.6} \qquad (3.80)$$

式中，P 为床层透气性，JPU；v 为表观气流速度，m/min；l 为床层高度，mm；Δp 为烧结风箱负压，mmH_2O。

烧结点火完毕以后，高温区建立并在负压的作用下不断下移，直至烧透。由于焦炭发生燃烧，床层温度增加，同时在高温的作用下烧结料熔化形成液相，床层结构发生很大改变，使得烧结点火后有额外的阻力被引入烧结床，床层阻力增加，烧结风量显著降低[192]。可以看出，点火后流动阻力的增加主要是高温区形成所造成，因此增加的床层流动阻力能够反映烧结点火后形成高温区流动阻力，展示高温区流动阻力对于床层流动阻力的影响。前已述及，Loo 和 Hutchens[108]发现了烧结预点火风量与烧结风量之间的联系。如式 (3.81) 所示，当 $k_5 = 0$ 时，表明高温区流动阻力与生料床流动阻力相同，整体床层流动阻力并未因高温区的建立而发生变化；相反，当 $k_5 > 0$ 时，k_5 值越大反映了高温区流动阻力越大，对床层流动阻力的影响越大。

$$V_s = V_{\text{pre}} - k_5 V_s^3 \qquad (3.81)$$

式中，V_{pre} 为预点火风量，m^3/h；V_s 为烧结风量，m^3/h；k_5 为表征高温区流动阻力的特征参数。

由于采用了夹心烧结床层结构，同时烧结过程的风量被用来表征高温区流动阻力变化，将实验过程中的烧结风量与基准料的烧结风量进行对比，可以得出烧结重要参数对于烧结过程高温区流动阻力的影响。

1) 焦炭含量对高温区流动阻力的影响

增加烧结混合料中焦炭的含量能够增加烧结床的温度[19,128]。温度增加将导致高温区的气流发生膨胀，同时由于床层温度增加，高温区的厚度趋于增加[19,128,207]，高温区形成的液相也将增加[88,104]。因此，如果高温区床层结构不发生变化，高温

区的阻力将增加，烧结风量将减少。图 3.33 显示当焦炭含量增加时，除了低负压的下层以外高温区流动阻力并未有显著的变化，这表明高焦炭配比时高温区的气流通道结构已经发生了变化，以保持流动阻力相对稳定。图 3.33 中也显示在 8kPa 负压下当焦炭含量增加时下层的高温区的流动阻力明显增加。通过与高负压下的实验结果比较，可以发现负压对高温区流动阻力的影响很大。烧结负压主要影响气流速率，高速率的气流具有更大的动量，能够更容易地拓展高温区的气流通道，从而有利于降低高温区的阻力。

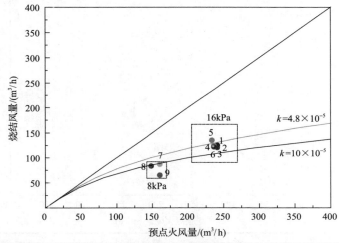

数据点（DP）	烧结实验工况	
1	上层烧结风量（焦炭配比：4.55wt%, 4.05wt%, 4.55wt%)	16kPa
2	中层烧结风量（焦炭配比：4.05wt%, 4.55wt%, 4.05wt%)	16kPa
3	下层烧结风量（焦炭配比：4.55wt%, 4.05wt%, 4.55wt%)	16kPa
4	上层烧结风量（焦炭配比：4.85wt%, 4.05wt%, 4.85wt%)	16kPa
5	中层烧结风量（焦炭配比：4.05wt%, 4.85wt%, 4.05wt%)	16kPa
6	下层烧结风量（焦炭配比：4.85wt%, 4.05wt%, 4.85wt%)	16kPa
7	上层烧结风量（焦炭配比：4.85wt%, 4.05wt%, 4.85wt%)	8kPa
8	中层烧结风量（焦炭配比：4.05wt%, 4.85wt%, 4.05wt%)	8kPa
9	下层烧结风量（焦炭配比：4.85wt%, 4.05wt%, 4.85wt%)	8kPa

图 3.33　不同负压和焦炭配比下预点火风量与烧结风量的关系

2) 碱度对高温区流动阻力的影响

从图 3.34 中可以看出，增加烧结料的碱度不会引起高温区流动阻力的增加。图 3.34 也表明，当碱度增加时，不论是否增加烧结料中的焦炭质量分数，上层的高温区阻力均未有明显的变化，而中层和下层的阻力降低。当降低碱度时，下层阻力增加，而中层阻力降低，上层高温区阻力与基准状态下阻力相似。在烧结过程中，碱度能够同时影响烧结床温度与液相黏度及液相份额[58,104]。增加烧结料的碱度，一方面能增加高温区气流通道并使通道表面更加平滑，另一方面烧结床温也将被影响。如果烧结料中焦炭含量保持不变，由于需要更多的能量去分解石灰石，床层温度将降低。上述两方面的影响均会降低烧结过程中高温区的流动阻力。无论烧结碱度增加或降低，上层的阻力均未有明显的变化，这可能是由于上层蓄热作用不够，温度较低，从而弱化了碱度对于液相黏度及流动性的影响。从图 3.34 中可以看出，同时增加焦炭与碱度对高温区阻力的影响与只增加碱度的影响相似。

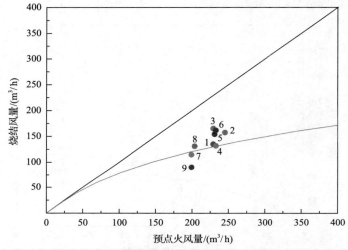

数据点（DP）	烧结实验工况
1	上层烧结风量（各层碱度 2.4, 1.9, 2.4）
2	中层烧结风量（各层碱度 1.9, 2.4, 1.9）
3	下层烧结风量（各层碱度 2.4, 1.9, 2.4）
4	上层烧结风量（各层碱度 2.4, 1.9, 2.4，变化碱度料层焦炭 4.35wt%）
5	中层烧结风量（各层碱度 1.9, 2.4, 1.9，变化碱度料层焦炭 4.35wt%）
6	下层烧结风量（各层碱度 2.4, 1.9, 2.4，变化碱度料层焦炭 4.35wt%）
7	上层烧结风量（各层碱度 1.4, 1.9, 1.4）
8	中层烧结风量（各层碱度 1.9, 1.4, 1.9）
9	下层烧结风量（各层碱度 1.4, 1.9, 1.4）<采用下层最低风量>

图 3.34　不同碱度（CaO/SiO_2）下预点火风量与烧结风量的关系

3）MgO 含量对高温区流动阻力的影响

图 3.35 显示了当烧结料中 MgO 的含量增加时，上层和下层的阻力增加得较为明显，而中层高温区阻力却未有明显变化。增加 MgO 含量能够降低烧结床温，增加液相的熔点及黏度。增加液相的熔点意味着烧结过程中形成的液相减少并且黏度增加，高黏度将降低液相的流动性，这都将不利于烧结过程中气流通道的形成及气流通道曲折度与粗糙度的降低。而烧结床温的降低，能够使通过高温区的

气流体积减小，流速降低，有利于阻力的降低。烧结过程中这两方面的影响共同作用并决定高温区阻力的变化。结果显示，上层和下层黏度及液相量对高温区阻力的影响更大，而中层两方面的影响相当，致使当增加 MgO 的含量时烧结阻力并未有显著变化。

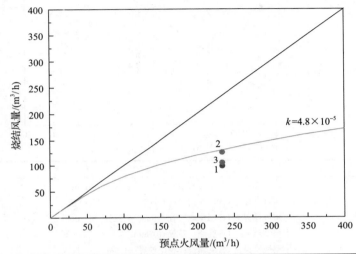

数据点（DP）	烧结实验工况
1	上层烧结风量（各层 MgO 含量 2.4wt%, 1.7wt%, 2.4wt%）
2	中层烧结风量（各层 MgO 含量 1.7wt%, 2.4wt%, 1.7wt%）
3	下层烧结风量（各层 MgO 含量 2.4wt%, 1.7wt%, 2.4wt%）

图 3.35 不同 MgO 含量时预点火风量与烧结风量的关系

4) 焦炭粒径对高温区流动阻力的影响

焦炭粒径变化后将改变床层的生料床透气性。如图 3.36 所示，比较具有相同生料透气性的基准料，采用粗焦炭粒径时上层的高温区阻力增加，而中层和下层的高温区阻力降低。上层阻力增加可能主要由于高温区厚度的增加，而中层和下层由于床层孔隙增大并且高温区厚度有所减小，床层阻力降低。

3. 影响高温区床层结构的机理性因素

图 3.33～图 3.36 通过阻力曲线图考察了重要烧结参数在上、中、下三层对于高温区流动阻力的影响，能够用来指导烧结生产，从而提高烧结产率。本节结合上面的分析结果，分析烧结参数变化后的连续风量曲线及风量变化量和膨胀量，进一步总结分析出影响高温区床层结构的机理性因素。通过上面的讨论可知，变化烧结参数主要改变了高温区液相的生成及气流的驱动力、流动性和床层的孔隙率，下面将讨论上述三方面对于高温区床层结构的影响。

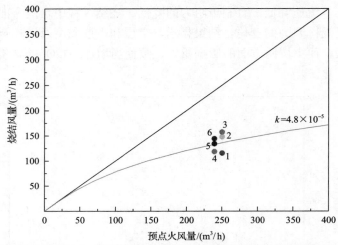

数据点(DP)	烧结实验工况
1	上层烧结风量(各层焦炭粒径+1mm，全粒径，+1mm)
2	中层烧结风量(各层焦炭粒径全粒径，+1mm，全粒径)
3	下层烧结风量(各层焦炭粒径+1mm，全粒径，+1mm)
4	上层烧结风量(各层焦炭粒径+0.5mm，全粒径，+0.5mm)
5	中层烧结风量(各层焦炭粒径全粒径，+0.5mm，全粒径)
6	下层烧结风量(各层焦炭粒径+0.5mm，全粒径，+0.5mm)

图 3.36 采用粗焦炭时预点火风量与烧结风量的关系

1) 液相量及驱动力对高温区床层结构的影响

从图 3.37~图 3.39 并结合图 3.33 可以看出，在高负压下增加焦炭含量以后，

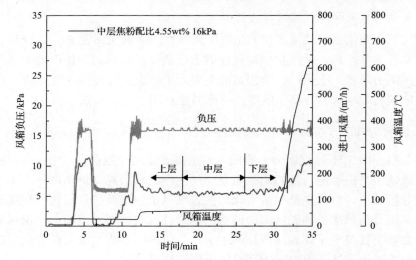

图 3.37 中层高焦炭配比(4.55wt%)下的风量曲线

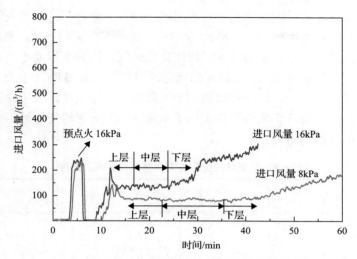

图 3.38　中层高焦炭配比(4.85wt%)下的风量曲线

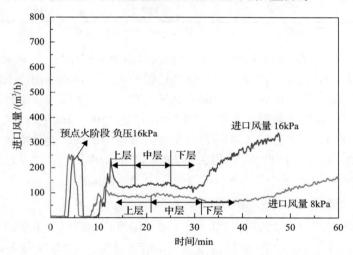

图 3.39　上层与下层高焦炭配比(4.85wt%)下的风量曲线

高温区流动阻力相对稳定，没有太多的变化。但在 8kPa 负压下，当下层的焦炭含量增加至 4.85wt%时，烧结风量显著下降，约减少 25%。焦炭含量增加，烧结床层的温度升高[19]。由于烧结过程中各层的绝对压力相对变化较小，当烧结床层的温度升高时，高温区的气流将发生膨胀，体积增加，趋向于使高温区阻力增加。同时温度增加，烧结过程的液相增加[39,88,104]，这有利于高温区气流通道结构的拓展及打通和增加气流通道内壁的光滑度，能够降低气流通道的曲折度，有利于降低高温区阻力。

表 3.5 显示了当焦炭配比增加时高温区气流量的变化与计算得到的气流膨胀量。从表 3.5 中可以看出，除了 8kPa 下含有 4.85wt%焦炭的下层、碱度 1.4 工况的下层外，高温区烧结风量的减少量均比高温区气流的膨胀量要小，这说明实际上高温区的气流量相对增加，高温区的气流通道增加。而 8kPa 下含有 4.85wt%焦炭的下层风量显著降低，减少量明显高于计算的气流膨胀量，表明此时高温区气流通道明显减少。表 3.5 的结果也表明了高温区的气流通道能够被扩大或增加，从而降低烧结过程的阻力。

表 3.5　气流量的变化与高温区气流体积的膨胀

	床层	高温区气流量的变化/%	高温区气流体积的膨胀量/%		床层	高温区气流量的变化/%	高温区气流体积的膨胀量/%
焦炭含量 4.85wt% 8kPa	上层	−0.4	6.4	焦炭含量 4.85wt% 16kPa	上层	−7.1	6.2
	中层	−4.3	7.5		中层	1.0	5.6
	下层	−25.3	7.8		下层	−9.1	10.7
MgO 2.4wt%	下层	−4.9	—	碱度 1.4	下层	−18.7	2.9

注：烧结过程中风量十分稳定，计算风量变化时以上层基准料平均风量为基准。

图 3.39 显示了在 8kPa 负压下，提高焦炭含量至 4.85wt%，风量显著降低，而高负压下风量相对稳定，波动较小。烧结过程中由于蓄热的作用，下层床层温度很高，正常情况下最高可以达到 1300～1400℃[19]。如果下层的焦炭含量进一步增加至 4.85wt%，烧结床的温度会进一步增加，可达 1500～1600℃，这会导致高温区有大量的液相存在，液相太多将会抑制气流通道的形成，并且增加高温区的厚度，从而增加高温区阻力[91,208]。图 3.39 与表 3.5 的结果表明，烧结过程中气流量（即驱动力）对于气流通道的打通与扩展有着十分重要的作用。

2）液相黏度对高温区床层结构的影响

图 3.40 显示当下层烧结料为高 MgO 或低碱度烧结料时，下层的风量显著减少。当下层碱度为 1.4wt%时烧结风量减少 18.7%，而下层 MgO 为 2.4wt%时烧结风量下降 4.9%。当烧结料中含有高 MgO 时，由于需要更多的能量分解白云石，因此床层温度将降低，结合表 3.5 中结果说明了烧结风量的减少量明显高于由于温度变化引起的气流量的变化。增加 MgO 的含量和降低碱度均能够增加熔点并使液相的黏度增加[39,88,104]。结合前面的讨论与图 3.40 的实验结果，可以得知烧结过程中液相量及液相黏度对高温区阻力有着十分重要的影响，不足的液相量及高黏度的液相均能够增加高温区阻力，适量的、具有良好流动性的液相有利于高温区气流通道的形成与气流通道的曲折度和表面粗糙度的降低，在高温区扮演着润滑剂的角色[39]。

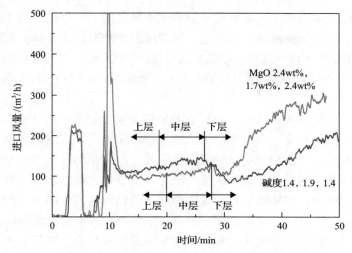

图 3.40　低碱度与高 MgO 在上层与下层时的气流风量曲线

3) 生料床透气性对高温区床层结构的影响

表 3.6 表明,中层高温区的气流量随着烧结生料床透气性的改善而增加。在负压一定时,烧结气流量增加表明床层流动阻力下降。比较具有相同透气性的基准生料床,图 3.36 显示通过改变焦炭粒径来增加生料床透气性,不同层的高温区流动阻力可能不变甚至降低。根据前面的讨论,高温区阻力与烧结过程驱动力(负压)、床层孔隙、液相量及流动性相关。增加焦炭颗粒的粒径能够增加生料床的透气性,但烧结过程中气流通道增加与否取决于烧结过程中液相的形成与高温区的厚度。图 3.36 表明了增加焦炭粒径后中下层的气流通道增加,这主要是由于床层孔隙率较高,以及烧结过程中由于细焦炭的去除高温区变薄[39,108]。

表 3.6　不同透气性下烧结过程的预点火风量及烧结风量

项目		风量/(m³/h)		生料床透气性/JPU*	
		上层	中层	上层	中层
石灰石粒径	全粒径, +1mm, 全粒径	110.3	136.4	18.6	21.9
石灰石粒径	全粒径, +0.5mm, 全粒径	109.7	125.9	18.8	22.0
焦炭粒径	全粒径, +1mm, 全粒径	129.2	149.7	19.6	23.3
焦炭粒径	全粒径, +0.5mm, 全粒径	125.3	137.4	20.4	22.3

*JPU 根据计算得到的预点火风量计算而来。

4. 降低烧结过程中流动阻力的方法

通过实验研究发现,影响烧结过程中高温区流动阻力的因素分为两大块:床层温度及床层结构。如果床层结构保持不变,当床层温度增加时床层流动阻力增加。床层结构发生变化，也能够在一定程度上降低阻力。烧结过程中适当的液相量能够有助于高温区气流通道的形成，降低高温区流动阻力。降低液相的黏度也有利于气流通道的形成、通道内壁的光滑及曲折度的降低，从而降低高温区流动阻力。提高床层初始孔隙率有利于增加高温区气流通道，也有利于高温区流动阻力的降低。

采用烟气循环技术能够利用烟气中的显热及回收烟气中的 CO，从而有利于提高上层烧结料的温度。前面的分析已指出烧结床上层由于温度降低，液相生成量较低，黏度较高，不利于高温区阻力的降低。烟气循环技术由于能够提升上层烧结料的温度，有利于降低高温区流动阻力。适当提高制粒水分能够增加制粒后原材料的平均粒径，增加床层初始孔隙率，降低高温区流动阻力。但水分过多会造成粒子的黏附层过厚，填料过程中容易发生变形，反而会降低烧结床层的孔隙率。另外适当增加烧结料碱度，有利于增加高温区液相量及降低液相黏度和床层温度，降低高温区阻力。

3.3.2　高温区对于烧结床流动阻力影响的新模型

前已述及，随着我国烧结设备的不断大型化和智能化，有必要提出一个能够较为全面地展现烧结过程中影响流动阻力变化的因素，以嵌入自动化或人工智能化控制中。本节在 Loo[107] 的研究基础上，结合 3.3.1 节对影响高温区流动阻力的因素及影响高温区床层结构的因素的研究，提出了一个能够较好体现影响高温区流动阻力的因素并能够嵌入自动化控制的新 k_5 模型。

1. 新 k_5 模型

烧结点火后，烧结床层流动阻力的增加主要由所形成的高温区造成。由 Ergun方程可知，气流通过高温区多孔介质床层时，其流动阻力主要与床层的气流通道结构及床层温度相关。影响高温区床层结构的主要因素为驱动力、液相份额、液相黏度、高温区厚度等。烧结过程中气流动量能够拓宽或者打通高温区的气流通道，从而使烧结宏观通道增加，烧结气流阻力降低，流量增加。更好的液相黏度和适当的液相份额有利于高温区气流通道的形成和降低流道的粗糙度及曲折度，从而降低高温区的流动阻力，但过多的液相将会增加高温区的流动阻力。另外，烧结生料床的透气性对烧结过程的风量有着较大的影响，生料床的初始床层孔隙大，烧结过程的风量也趋向增加。综上所述，高温带建立后对床层流动阻力的影响可表示为温度及高温区床层结构的函数，即

$$k_5 = f(\text{temperature}) \cdot f(\text{structure}) \tag{3.82}$$

求解模型的思路如下，首先考虑烧结过程中高温区床层结构不会发生变化时，

根据式(3.83)计算得到此时的烧结风量，从而得到此时的床层所增加的阻力，如式(3.87)所示；其次由于烧结过程中高温区发生复杂的物理化学反应并生成液相，高温区床层结构发生明显变化，使高温区阻力发生变化，因此通过采用 $f(\text{structure})$ 函数来修正床层结构不变时的阻力，从而得到实际烧结过程中的 k_5 模型。

$$u_{\text{post}} = \frac{\left(4CD + B^2\right)^{1/2} - B}{2D} \tag{3.83}$$

$$B = \frac{k_1(1-\varepsilon)}{d}\left(\mu_1 l_1 + \mu_2 l_2 \frac{T_2}{T_1}\right) \tag{3.84}$$

$$C = \left[k_1 \frac{(1-\varepsilon)\mu}{d} u_{\text{pre}} + k_2 \rho u_{\text{pre}}^2\right] H \tag{3.85}$$

$$D = k_2 \rho_1 l_1 + k_2 \rho_1 \frac{T_2}{T_1} l_2 \tag{3.86}$$

式中，u_{pre} 为烧结预点火气流风速；u_{post} 为点火后床层结构不变时的气流速度；ε 为床层孔隙率；d 为颗粒有效直径；ρ 为气体密度；H 为料层高度；ρ_1 为常温区气流密度；k_1 为黏度阻力系数，k_2 为惯性力阻力系数，其值分别为 150 和 1.75；μ_1 为常温区气体动力黏度；μ_2 为高温区气体动力黏度；l_1 为常温区厚度；l_2 为高温区厚度；T_1 为常温区温度；T_2 为高温区温度。

$$k_5' = f(\text{temperature}) = \frac{V_{\text{pre}} - V_{\text{post}}}{V_{\text{post}}^3} \tag{3.87}$$

式中，V_{pre} 为预点火风量，m^3/h；V_{post} 为当床层结构不变时的烧结风量，m^3/h。

$$f(\text{structure}) = f(\beta, \mu, \gamma, \xi_0, h) \tag{3.88}$$

式中，β 为液相份额；μ 为液相黏度；γ 为初始床层单位压降；ξ_0 为生料床孔隙率；h 为高温区床层厚度。

式(3.88)表示床层结构发生的变化，用来修正式(3.87)得到的烧结过程中真实的 k_5。

2. 新 k_5 模型中的关键子模型

1)液相份额模型

烧结料熔化过程涉及固-固、液-固等之间的复杂化学反应，是烧结过程最为复杂的过程之一[19]。新 k_5 模型中，采用 3.2.5 节提出的矿物熔化和凝固模型中的

式(3.71)计算液相份额。同时采用式(3.89)计算得到融化开始温度，相比前人使用固定融化温度更为准确，即

$$T = 1106 - 3.19W_{CaO} - 3.35W_{SiO_2} + 21.22W_{Al_2O_3} \tag{3.89}$$

2) 液相黏度模型

在烧结过程中随着床层温度的升高，颗粒外的附着层首先开始熔化，而后随着同化作用的不断进行，包有附着粉的核心颗粒开始不断熔化。核心颗粒将被液相包裹，直至核心颗粒完全熔化。而在烧结过程中当气流通过高温区时，气流主要与核心颗粒外的液相相接触，通过改变液相的流动从而影响高温区的气流通道的形成，因此核心颗粒外形成的液相的黏度对于高温区阻力有着很大的影响。虽然烧结过程中形成的液相为悬浮液，但是由于液相中固体颗粒的质量分数难以计算，并且考虑到气流实际通过高温区的状态，对液相黏度的计算进行简化，计算核心颗粒外层的纯液相黏度以供阻力模型使用。

目前虽然有不少研究者研究烧结过程形成的液相黏度，但由于其过程的复杂性，提出计算烧结过程液相黏度的模型较少。目前烧结过程中应用较为广泛的计算黏度的模型为 Machida 等[209]根据 Iida 等[210]提出的计算高炉炉渣黏度模型改进而得到的新模型[211]，如式(3.90)所示：

$$\mu = A\mu_0 \exp\left(\frac{E}{B_i^*}\right) \tag{3.90}$$

其中

$$A = 1.745 - 1.962 \times 10^{-3}T + 7.000 \times 10^{-7}T^2 \tag{3.91}$$

$$E = 11.11 - 3.65 \times 10^{-3}T \tag{3.92}$$

$$B_i^* = \frac{\alpha_{CaO}W_{CaO} + \alpha_{MgO}W_{MgO}}{\alpha_{Fe_2O_3}W_{Fe_2O_3} + \alpha_{SiO_2}W_{SiO_2} + \alpha_{Al_2O_3}W_{Al_2O_3}} \tag{3.93}$$

$$\mu_0 = \sum \mu_{0i} X_i \tag{3.94}$$

式中，B_i^* 为修订组分的碱度值；μ_{0i} 和 α_i(i=CaO, Fe$_2$O$_3$, FeO, MgO, SiO$_2$, Al$_2$O$_3$)分别为单分子系统的液相黏度及特性系数；X_i 为摩尔分数；W_i 为质量分数。

烧结过程中为交替的氧化还原气氛，并且 FeO 含量较高，为 5%～7%，而 FeO 含量能够影响液相中 Fe^{3+}/Fe^{2+}的比例，对液相影响很大，故式(3.93)可以改写为

$$B_i^* = \frac{\alpha_{CaO}W_{CaO} + \alpha_{MgO}W_{MgO} + \alpha_{FeO}W_{FeO}}{\alpha_{Fe_2O_3}W_{Fe_2O_3} + \alpha_{SiO_2}W_{SiO_2} + \alpha_{Al_2O_3}W_{Al_2O_3}} \tag{3.95}$$

模型中采用的各成分的 μ_{0i} 和 α_i 如表 3.7 所示。

表 3.7 各成分单分子系统液相黏度及特性系数[138,139]

化合物	酸碱性	$\mu_{0i}/(\mathrm{mPa\cdot s})$							α_i
		1200℃	1250℃	1300℃	1350℃	1400℃	1450℃	1500℃	
CaO	碱性氧化物	44.05	38.18	33.03	27.91	23.82	20.67	17.83	1.53
SiO₂	酸性氧化物	5.68	5.15	4.67	4.19	3.76	3.43	3.11	1.48
Fe₂O₃	酸性氧化物	0.95	0.91	0.88	0.84	0.81	0.78	0.75	0.083
FeO	碱性氧化物	4.67	4.39	4.12	3.86	3.59	3.43	3.07	0.96
MgO	碱性氧化物	76.91	66.02	56.51	47.08	39.66	34.01	28.96	1.51
Al₂O₃	酸性氧化物	12.85	11.46	10.22	8.98	7.95	7.12	6.36	0.667

3) 支持向量机模型

建立模型时，必须获得函数 f(structure) 与液相份额、液相黏度、初始床层单位压降、生料床孔隙率及高温区厚度之间的关系。考虑到支持向量机(SVM)模型在处理小样本数据、欠学习与过学习、局部极小点等问题上较传统学习方法有着独特的优势[212,213]，故采用 SVM 模型构建 f(structure) 与液相份额、液相黏度、初始床层单位压降、生料床孔隙率及高温区厚度之间的关系。

(1) 支持向量机原理。

SVM 是一种基于统计学理论及结构风险最小化的学习模型，具有良好的学习及泛化能力[214-218]。SVM 模型能够广泛地被用来进行数据回归、模式分类及预测[214-216]。具体的 SVM 回归原理如下[214-218]。

SVM 回归主要是在高维或低维空间中构建一个超平面使得数据能够被线性回归。当所回归的数据为非线性数据时，首先将样本数据采用适当的内积函数 $k(x_i, x_j)$ 从低维空间映射到高维空间，从而令样本数据能够在高维空间中采用超平面进行线性回归[213]。

对于一个给定的 n 个样本数据 $\{(x_1, y_1), (x_2, y_2), \cdots, (x_n, y_n)\}$，其中 $x_i(i=1, 2, \cdots, n)$ 为 m 维向量，y_i 为分类标签，其值为 1 或-1，其回归函数可表示为[213,216]

$$f(x) = w\phi(x) + b \tag{3.96}$$

为了保证所有样本点距离超平面的总偏差最小，必须寻找一个最小的 w，因此上述问题可表示为[213]

$$\min_{w,b} \frac{1}{2}\|w\|^2 \tag{3.97}$$

式 (3.97) 的约束条件为

$$\left| y_i - <w\phi(x)> -b \right| < \varepsilon \tag{3.98}$$

考虑到拟合误差的问题，引入松弛因子，回归问题可表示为

$$\frac{\min}{w,b,\xi}\frac{1}{2}\|w\|^2 + C\sum_{i=1}^{n}\left(\zeta_i + \zeta_i^*\right) \tag{3.99}$$

式 (3.99) 的约束条件为

$$\left| y_i - <w\phi(x)> -b \right| < \varepsilon + \zeta_i \tag{3.100}$$

$$\zeta_i^* \geqslant 0, \ \zeta_i \geqslant 0, \ i = 1, 2, \cdots, n \tag{3.101}$$

式中，C 为惩罚系数；ζ_i 为松弛因子。

通过拉格朗日乘子法求解式 (3.99) 的具有约束条件的二次线性规划问题，并通过对偶变换得到[212,213]：

$$\min \frac{1}{2}\sum_{i,j=1}^{n}(a_i - a_i^*)(a_j - a_j^*)<\phi(x_i),\phi(x_j)> + \sum_{i=1}^{n}a_i^*(\varepsilon + y_i) + \sum_{i=1}^{n}a_i(\varepsilon - y_i) \tag{3.102}$$

约束条件为

$$\sum_{i=1}^{n}(a_i - a_i^*) = 0 \tag{3.103}$$

$$a_i^*, a_i \in [0, C] \tag{3.104}$$

(2) 核函数。

由于实际运算过程中，找到明确的表达式的 ϕ 并不容易，为了简化运算，SVM 回归中引入了核函数的概念。核函数是定义在低维空间里的函数，其满足[213,219]

$$k(x_i, x_j) = <\phi(x_i), \phi(x_j)> = <x_i', x_j'> \tag{3.105}$$

式中，x_i 和 x_j 为低维空间的两个向量；x_i' 和 x_j' 分别为 x_i 和 x_j 映射到高维空间下的两个向量。

SVM 中常用的核函数主要有以下几个[213,219]。

线性核函数：

$$k(x_i, x) = <x_i \cdot x> \tag{3.106}$$

多项式核函数：

$$k(x_i, x) = (\lambda <x_i \cdot x> + d)^m \tag{3.107}$$

径向基核函数：

$$k(x_i, x) = \exp(-\gamma \|x_i - x\|^2) \tag{3.108}$$

Sigmoid 核函数：

$$k(x_i, x) = \tanh[v(x_i \cdot x) + c] \tag{3.109}$$

3. 模型的验证

1) SVM 模型的验证

采用 SVM 回归来获得函数 $f(structure)$ 与液相份额、液相黏度、初始床层单位压降、生料床孔隙率及高温区厚度之间的关系主要步骤一般如下。

(1) 首先对样本数据进行分类，将样本数据分为训练样本和测试样本。训练样本用于模型的训练，寻找出各参数的内在关系，从而建立模型。

(2) 样本数据归一化。样本数据与测试数据均被归一化处理至[0, 1]。

(3) 模型参数的选择，SVM 中核函数对于模型的预测准确性有着极为重要的影响，采用拥有较好学习能力、偏差较小的径向基核函数，如式(3.108)所示。

(4) SVM 模型中核函数参数(γ)与惩罚因子(C)对于模型的建立有着十分重要的影响，为了寻找最优的核函数参数与惩罚因子，采用网格寻优的方法来进行查找，并通过交叉验证获得最优核函数参数与惩罚因子。

(5) 通过测试样本验证模型的准确性及可靠性。模型建立以后需要对其可靠性及准确性进行测试，此时采用测试样本数据对其进行验证。

采用 Zhao[19]的 19 个烧结杯实验的 56 组数据验证模型。56 组数据被随机分成两类，其中 50 组用来训练样本数据，构建函数 $f(structure)$ 模型；6 组数据被用来测试所构建的 SVM 模型的准确性与可靠性。图 3.41 展示了 SVM 模型的 $f(structure)$ 预测值与实际值之间的对比。从图中可以看出，SVM 模型能够准确可靠地预测 $f(structure)$。

2) 新 k_5 模型的验证

烧结风量对于烧结过程中的传热十分重要，其影响烧结速度及烧结质量，同时对于烧结风机等的控制有着重要的影响。建立新模型的主要目的在于预测烧结过程中的风量，从而实现烧结的自动控制系统。如前所述，模型可用式(3.111)表述，点火后床层流动阻力的变化主要由高温区温度及高温区床层结构决定，$f(temperature)$ 可以根据假设当床层结构不变时，通过简化的压降模式式(3.83)得到此时的烧结风量计算得到，$f(structure)$ 采用 SVM 进行回归拟合可建立模型，因此 k_5 可用式(3.110)计算得到。通过式(3.110)得到 k_5，然后根据式(3.111)就可计算得到烧结风量。图 3.42 显示了预测的烧结风量与实际烧结风量的对比。从图中

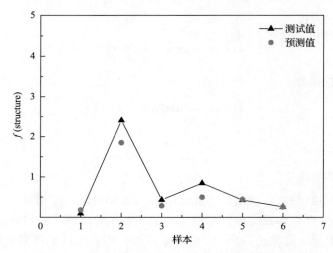

图 3.41   SVM 预测值与实际值的比较

$$k_5 = f(\text{temperature}) \times f(\text{structure}) = \frac{V_{\text{pre}} - V_{\text{post}}}{V_{\text{post}}^3} \times f(\beta, \mu, \gamma, \xi_0, h) \quad (3.110)$$

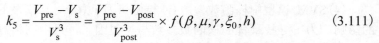

$$k_5 = \frac{V_{\text{pre}} - V_{\text{s}}}{V_{\text{s}}^3} = \frac{V_{\text{pre}} - V_{\text{post}}}{V_{\text{post}}^3} \times f(\beta, \mu, \gamma, \xi_0, h) \quad (3.111)$$

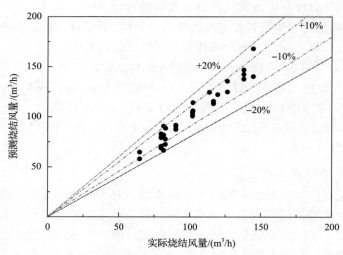

图 3.42   预测烧结风量与实际烧结风量的对比

可以看出,预测风量与实际风量的误差均在±20%以内,大部分预测值在±10%以内,能较好地满足工程上的应用。这也证明了采用 k_5 模型预测实际烧结过程中的风量是可行的、可靠的。

3.3.3　火焰锋面的多孔结构演变及气流阻力

物料颗粒堆积形成的多孔介质能提供较大的比表面积供传热传质，能提供氧气扩散至反应区域的流道，并具备热绝缘潜力以减少热损失。物料堆积的床层燃烧在铁矿石烧结、垃圾焚烧、生物质热解等领域均有广泛应用。铁矿石烧结中氧气流与火焰锋面的传播方向相同，相比于垃圾焚烧和生物质热解的反向燃烧方式，因为氧气流能被多孔介质预热，且燃烧的气体产物能预热未燃烧的燃料，能源效率将更高。需要指出的是，上述的多孔床层中物料一方面作为多孔结构的基质，一方面作为多相反应的反应物，物料甚至会在局部高温区熔融凝并，造成多孔结构的随机无序演变，与多相反应的耦合非常复杂。相比于结构不变的多孔介质燃烧过程，这类过程的复杂性限制了研究从经验层面到机理揭示和建模优化层面的发展。目前文献中关于三维真实多孔结构的报道数据严重缺乏，采用 X 射线显微断层扫描技术（XCT）技术能够更直观地了解床层结构演变中形成的气流通道参数，结合烧结杯中试实验，可以研究气流通道形成与火焰锋面的压降阻力、传播速度及最终的烧结矿产量和质量的规律。

1. 焦炭配比对烧结床压力分布的影响

图 3.43 比较了高低焦炭配比情况下测定的床层压力分布曲线及温度曲线等。床层温度的急速上升与负压分布曲线的快速下降都表明了烧结床中火焰锋面可自维持的稳定传播。床层固相物料被火焰锋面快速加热，其温度以 600～700K/min 的速度上升，在达到极值后迅速下降，表明此时焦炭颗粒已基本被燃烧殆尽，火焰锋面的厚度并不厚，约为 100mm。在火焰锋面到达使床层固相物料温度急速上升前，温度曲线存在一段较长时间的约 60℃的平稳期，这对应于烟气中水分在低温的原料区冷凝的露点温度[89]。

对于床层压力分布曲线，任一床层位置高度，在火焰锋面到达前，该处的负压值保持着缓慢减小的趋势，高焦炭工况此阶段的斜率要大于低焦炭工况。在火焰锋面从该处离开时，该处的负压值快速降低，且更为接近大气压力。对于 5.00wt%焦炭配比工况而言，因为更多的焦炭含量意味着更多的物料消耗，床层收缩量明显，其 100mm 处的负压值基本为 0，压力值与大气压已一致。

当火焰锋面从烧结床底部穿透时，低焦炭工况时，底部床层的负压值有一个快速的上升阶段，这主要是由于烧结气流量的快速增加。然而，对于高焦炭工况而言，这个快速上升阶段并不存在。在冷却阶段，低焦炭工况时，床层各位置的负压值分布得较为均匀，但高焦炭工况时，床层蓄热量增加，主要的压降明显位于底部床层，床层上部与底部的热特征差别要更大。

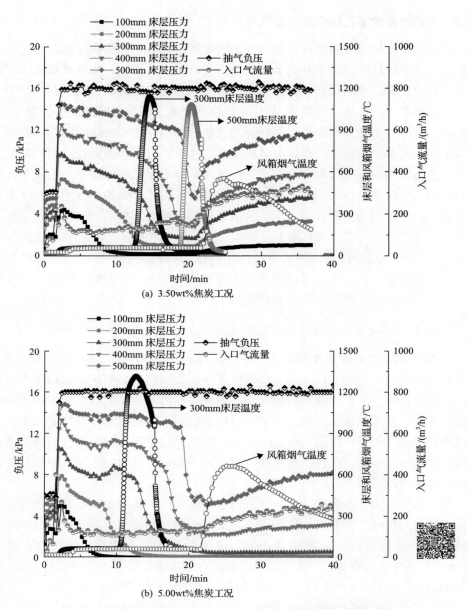

图 3.43　烧结杯床层压力、温度、气流量等曲线结果(彩图扫二维码)

2. 生料床与已烧结床的孔隙特征对比

图 3.44 比较了生料床与已烧结床的固相分布、孔洞通道骨架、闭孔分布等。

从图 3.44(a) 可见，生料床固相物质较为均匀，而已烧结床则已看不出明显的颗粒状形态。生料床和已烧结床的孔洞通道都十分复杂且随机无序，但已烧结床的气流通道孔径明显比生料床中的气流通道孔径要大，气流通道分布也更不规则 [图 3.44(b)]。大多数生料床中的孔隙互相连通，以致扫描的区域中仅有少数闭塞的单孔分布，然而，已烧结床中则具有大量闭孔，且闭孔的直径要大。这是因为

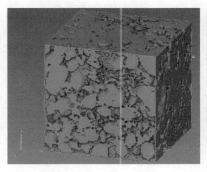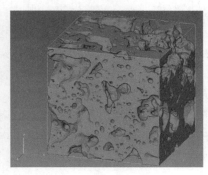

(a) 固相三维重建

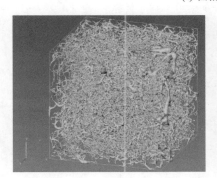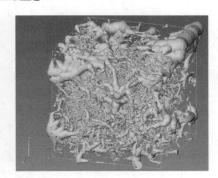

(b) 孔洞通道骨架

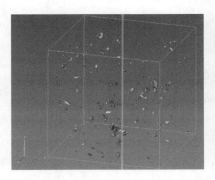

(c) 闭孔分布

图 3.44 生料床(左列)与已烧结床(5.50wt%焦炭)的孔隙特征对比(彩图扫二维码)

火焰锋面中的固相-熔融液相-孔隙的三相物质的凝并,火焰锋面厚度很薄,仅仅2~4min 即离开,大多数正在形变的孔隙将被捕捉在固化的熔融液相中,并不能充分被气流冲击成连通的气流通道。

　　图 3.45 比较了生料床与已烧结床的孔隙的量化统计参数。已烧结床的孔隙总体积明显大于生料床,这主要是由于烧结过程中的物料损失,包括焦炭颗粒的燃烧、碳酸盐的分解、水分的蒸发等。测试的工况中,生料床的孔隙率约为 37%,而已烧结床的孔隙率约为 48%。孔隙的平均直径对应地从生料床的 0.05mm 增加到已烧结床的 0.06mm 左右。对于孔隙骨架的段数而言,已烧结床的段数要远小于生料床,这主要由于熔融液相的形成和凝并。因为已烧结床中的大多数孔隙通道为堵塞的,仅有少数孔隙通道为连通的,所以已烧结床的孔隙平均长度也比生料床的孔隙平均长度要小。除此之外,已烧结床的孔隙平均长度有着随焦炭配比的增加而略微减小的趋势,这可能是由于烧结床中生成的热量更多,能够形成的气流通道则越少。

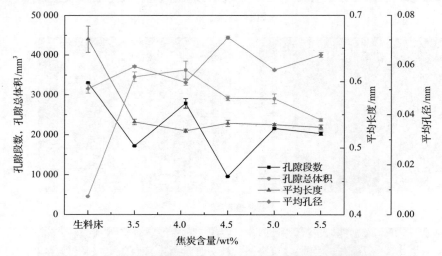

图 3.45　生料床与不同焦炭含量下已烧结床的孔隙统计参数对比

　　图 3.46 展示了已烧结床不同区域计算的透气性指数情况。透气性指数值越小意味着该区域对气流的阻力越大。对于 3.50wt%的低焦炭配比工况,其已烧结床各区域的透气性指数值基本都在 40 的相近水平。然而,对于 5.50wt%的高焦炭配比工况,其已烧结床的透气性指数值从上部床层的 200 左右快速下降至底部床层的 20 左右。烧结过程中燃料产生的热量越大,空气在床层上部和底部的孔洞通道中传播的差异就越大。相比于上部床层,底部床层更易于阻滞气流,表明底部床层区域形成的气流通道要少。

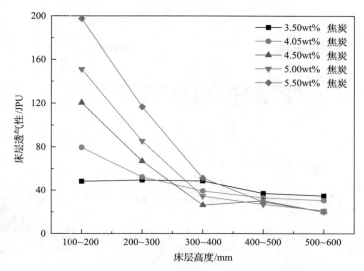

图 3.46　无火焰锋面的已烧结床的不同区域的透气性指数值

3. 火焰锋面的结构及阻力情况

图 3.30 基于温度分布和组分分布展示了火焰锋面的结构示意图。同向的烧结床依据发生的物理、化学变化的差异可分为多个区域：已烧结区为熔融相已固化了的热烧结矿，此区域主要是吸入的空气与热烧结矿发生热交换。燃烧区和熔融区分别定义为固相的温度在 1000K 和 1373K 的区域[89,128]。在燃烧区，焦炭颗粒因达到其着火温度而燃烧。在熔融区，低熔点矿物相形成熔融液相并在气流的携带冲击作用下流动，重新分布，且随温度的降低而固化黏结物料。燃烧区与熔融区相互重合，但燃烧区先于熔融区发生。燃烧后的热烟气将干燥预热位于燃烧区下的原料，干燥预热区中主要为碳酸盐的分解。继续往底部传播的烟气中的水分接触温度较低的物料将冷凝，形成水分冷凝区。

将图 3.30 的火焰锋面结构与图 3.43 中的负压分布曲线相比较，可见负压曲线快速下降的区域主要位于反应发生段。从 600～800℃的碳酸盐分解开始，然后到焦炭燃烧和熔融相的生成，当温度降至 1100℃，熔融相开始凝固时结束。假定烧结过程中火焰锋面传播的速度稳定不变，则负压值对时间的导数即沿床层高度的压降梯度，如图 3.47 所示。在火焰锋面到达前，床层各位置的压降梯度随床层高度的增加而略微增加，这主要是因为底部床层有较多的水分冷凝，填充在准颗粒的间隙，阻滞了气流的流动[188,220]。当火焰锋面到达时，压降梯度的最小值随着床层高度的增加而显著降低。一方面，随着火焰锋面往下传播，蓄热作用导致火焰锋面的最高温度和燃烧区厚度均增加。另一方面，结合前面的分析结果，底部床层的多孔结构演变中生成的气流通道要少，对气流的阻力作用明显。

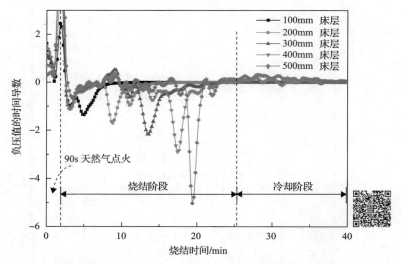

图 3.47　各床层高度处负压值对时间的导数（5.50wt%焦炭）（彩图扫二维码）

图 3.48 展示了火焰锋面传播时各区域的具体压降值。为简化处理，烧结床被进一步划分为三个区域，即已烧结区、高温区和过湿区[192]。其中高温区主要包括火焰锋面的燃烧区和熔融区，而过湿区涵盖了水分冷凝和原料区。随着火焰锋面的传播，过湿区的厚度持续减小而已烧结区的厚度则成比例地增加。结合图 3.47，高温区的压降梯度显著高于已烧结区和过湿区。因为 600mm 高床层的总压降在烧结过程中固定为 16kPa 不变，高温区的具体压降值从在上部床层时的 3kPa 左右增

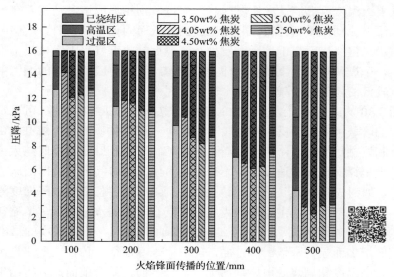

图 3.48　烧结床火焰锋面传播时已烧结区、高温区、过湿区的压降（彩图扫二维码）

加至在下部床层时的 7kPa 左右，这正好补偿了透气性好的已烧结区替换透气性差的过湿区所释放出来的压降值。约 100mm 厚的高温区是决定整个床层对气流阻力的关键，尤其是高温区中的熔融区。

根据 Ergun 方程，多孔介质中的压降是关联气流特性和流体通道特性的函数。在高温区，气流速度将因温度升高、气体膨胀而产生更大的压降。此外，在固相-熔融液相-孔隙的三相系统中发生结构的演变也会产生较大的阻力。气流通道的形成、移动和破坏等主要受两方面影响，其一为气流施加的惯性力，其二为熔融液相的物理特性，包括液相量、黏度和表面张力等。高温区中更高的气流速度有利于熔融液相的移动并冲击形成气流通道。但是，过多的高黏度的液相量将减小通道生成的概率，即便生成了也易被堵塞而不连通。当床层中含有更多的焦炭时，床层最高温度和高温区停留时间均会增加，形成更多的熔融液相。因此，在图 3.48 的高焦炭工况中，高温区的热气流具有更大的湍流强度，更易被气流通道的演变所阻滞，高温区的压降值也将更大。

第4章 烧结过程污染物的生成及脱除

2019 年 4 月，生态环境部、发展和改革委员会等五部委联合印发的《关于推进实施钢铁行业超低排放的意见》[30]将烧结(球团)烟气中颗粒物、SO_2、NO_x 的超低排放限值分别规定为 10mg/m³、35mg/m³、50mg/m³，要求到 2020 年底前，重点区域钢铁企业力争 60%左右产能完成改造。对于重金属、二噁英、H_2S 等非常规污染物的排放限值也将逐步加强管控。各科研院所和生产企业围绕超低排放的要求已做了大量工作并取得了很大的进展，包括源端减量、过程控制、尾端治理的多种技术。本章将结合燃烧过程论述烧结中各类典型污染物包括 SO_x、NO_x、二噁英、粉尘和重金属等的生成机理，并对各类污染物的主要脱除技术进行优缺点评述。

4.1 硫 氧 化 物

4.1.1 烧结过程中 SO_x 的生成

铁矿石中的硫元素主要以硫化物和硫酸盐的形式存在，以硫化物形式存在的有 FeS_2、$CuFeS_2$、CuS、ZnS 和 PbS 等，以硫酸盐形式存在的有 $BaSO_4$、$CaSO_4$ 和 $MgSO_4$ 等。此外，燃烧过程中由燃料(如煤粉、生物质等)带入的硫多以单质硫或者有机硫的形式存在。

在铁矿石烧结过程中，以单质和硫化物形式存在的硫通常在氧化反应中以气态硫化物的形式释放，以硫酸盐形式存在的硫则在分解反应中以气态硫化物的形式释放。

硫在铁矿石中主要以黄铁矿(FeS_2)的形式存在。黄铁矿的氧化在 280℃开始，在温度较低时，从黄铁矿着火(366～437℃)到 556℃，硫的蒸气分解压比较小，发生的氧化反应如下[221]：

$$2FeS_2 + 11/2O_2 =\!=\!= Fe_2O_3 + 4SO_2 + 1668900J \qquad (4.1)$$

$$3FeS_2 + 8O_2 =\!=\!= Fe_3O_4 + 6SO_2 + 2380238J \qquad (4.2)$$

FeS_2 具有较大的分解压，在空气中加热到 565℃时会分解出一半的硫，所以在烧结条件下可分解出硫。当温度高于 565℃时，黄铁矿发生分解，生成的 FeS 和 S 的燃烧同时进行，其反应式如下：

$$2FeS_2 == 2FeS + 2S - 113965J \qquad (4.3)$$

$$S + O_2 == SO_2 + 296886J \qquad (4.4)$$

$$2FeS + 7/2O_2 == Fe_2O_3 + 2SO_2 + 1230726J \qquad (4.5)$$

在 1250～1300℃时，FeS 的燃烧主要按照式(4.5)进行，生成 Fe_2O_3。

当温度更高时，反应按式(4.6)进行，生成 Fe_3O_4，因此在这种情况下，Fe_2O_3 的分解压开始明显增大。

$$3FeS_2 + 8O_2 == Fe_3O_4 + 6SO_2 + 2380238J \qquad (4.6)$$

$$2FeS_2 + 11/2O_2 == Fe_2O_3 + 4SO_2 + 1668900J \qquad (4.7)$$

在有催化剂(Fe_2O_3 等)存在的情况下，SO_2 可以进一步氧化成 SO_3。

$$SO_2 + 1/2O_2 == SO_3 \qquad (4.8)$$

由热力学分析可知，FeS、ZnS 和 PbS 中的硫比较容易释放。CuFeS、Cu_2S 的稳定性比较高，它们的氧化需要较高的温度。硫酸盐的分解需要较高的温度及较长的时间，其分解一般发生在烧熔带的界面，但是 $CaSO_4$ 在有 Fe_2O_3(SiO_2 和 Al_2O_3 等)存在，$BaSO_4$ 有 SiO_2 存在的情况下，其分解的热力学条件可以大大改善。

$$CaSO_4 + Fe_2O_3 \longrightarrow CaO \cdot Fe_2O_3 + SO_2 + 1/2O_2 \qquad (4.9)$$

$$BaSO_4 + SiO_2 \longrightarrow BaO \cdot SiO_2 + SO_2 + 1/2O_2 \qquad (4.10)$$

固体燃料中的硫大多数以有机硫的形式存在，这种硫的分解需要在较高的温度下进行。在干燥预热带锋面上焦炭经历迅速升温的热解过程，相当量的硫分已经析出。其中一部分有机硫以 CS_2 和 H_2S 类气体析出，一部分无机硫以元素硫的形式随着焦炭燃烧时碳的晶阵的破坏而同步析出，然后立刻和 O_2 反应变为 SO_2 气体。而其余一部分有机硫和无机硫则较稳定地存在于焦炭中。

几乎 90%以上的硫化物在干燥预热带和烧熔带被氧化成硫的气态化合物而释放，85%左右的硫酸盐在热分解过程中被脱除。

4.1.2　烧结过程中 SO_2 的行为

烧结过程伴随着复杂的物理化学变化，导致烧结过程中硫元素存在形态的多样性及含硫物质分布的不均匀性。SO_2 在烧结时经历析出、被吸收和再析出的复杂物理化学过程。

图 4.1 为烧结料层垂直方向上温度和 SO_2 浓度的变化曲线。

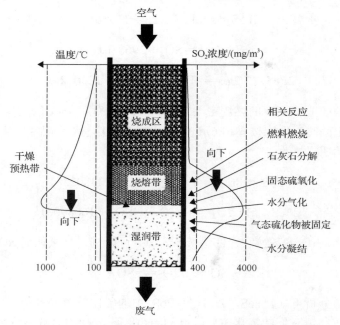

图 4.1　烧结料层垂直方向的温度和 SO_2 浓度分布曲线[222]

按物料的烧结状态，烧结料层自上而下可分为四个区域：烧成区、燃烧熔融带（烧融带）、干燥预热带和湿润带。热量自上而下传递。湿润带温度小于 100℃，含自由水，距燃烧熔融带底面很近，仅几厘米。处于两带之间的干燥预热带被自上而下的高温烟气快速加热，其在干燥预热带的停留时间约 2min，在这一过程中，SO_2 被吸收剂吸收，生成 $CaSO_3$ 和 $CaSO_4$。之后的燃烧熔融带，燃料颗粒开始燃烧，放出的热量进一步加热物料，使温度达到 1300℃左右，部分物料发生熔融、流动。当温度在 800~1000℃时，烧结混合物中硫化物和有机硫发生氧化，当温度超过 1000℃时亚硫酸盐/硫酸盐发生分解，烟气中的 SO_2 几乎都来自这一阶段[223]。停止燃烧后床层开始冷却，熔融物再一次固化，烧结完成。

若按烧结过程中 SO_2 的行为来分，烧结料层自上而下也可以分为三个区域：SO_2 扩散析出区、SO_2 燃烧析出区和 SO_2 吸收区。SO_2 主要在 SO_2 燃烧析出区产生，对应干燥预热带和燃烧熔融带。以单质和硫化物形式存在的硫在干燥预热带以气态硫化物的形式释放，发生氧化反应；以硫酸盐形式存在的硫在燃烧熔融带受热发生分解反应以气态硫化物的形式释放。生成的 SO_2 大部分会扩散到烟气中，有一小部分会被液相或固相包纳或被碱性助剂再吸收生成稳定的物质（如 CaS 等）。SO_2 扩散析出区对应于烧成区，该区域不存在生成 SO_2 的化学反应，主要是烧结矿块中已生成的 SO_2 向烟气中的扩散。SO_2 吸收区对应于湿润带，该区域由于烧结原料中碱性物质和液态水的存在，大部分 SO_2 被吸收，但随着烧结过程的进行，该区域的上端面下移，其吸收能力和容纳能力逐步降低，在烧结末期该区域消失。SO_2 在该区域被吸收后生成的硫酸盐或亚硫酸盐在通过干燥预热带和燃烧熔融带时会受热发生分解，再次释放出 SO_2。

在一些烧结厂中会将含有低 SO_2 浓度的烟道气再循环至烧结过程，实现废气中 SO_2 含量的降低，这有利于当前的烟道气脱硫过程。其中 SO_2 的行为值得特别注意。

在湿润带，烧结混合物中有大量的水分和潮湿的熟石灰，具有很强的 SO_2 吸收能力。循环烟气中的 SO_2 和新生成的 SO_2 大部分被该区域的湿原料吸收，并以 $CaSO_3$ 和 $CaSO_4$ 的形式固定。当含有 SO_2 的循环烟气通过干燥预热带时，一小部分 SO_2 会被干燥的熟石灰吸收，同时硫化物的氧化及 $CaSO_3$ 的分解会导致 SO_2 的产生。在燃烧熔融带，由于焦炭的燃烧和高温下硫酸盐的分解，会产生大量的 SO_2，但在之后的冷却过程中，循环烟气中的 SO_2 会被新结晶的矿物质如铁酸钙和生成的 CaO 吸收。在烧成区，在潮湿的循环烟气条件下，部分 SO_2 会被烧结矿中残留的 CaO 吸收，导致上层烧结矿中残余硫增加[224]。

图 4.2 是烧结机各风箱位置对应烟气中 SO_2 浓度的变化曲线。从图中可以看出，在烧结点火段有一个 SO_2 的浓度峰。该处出现浓度高峰的主要原因是点火燃料中有一定量的含硫物质，它们在燃烧过程中释放；同时，在点火段中润湿带尚未发育形成，对 SO_2 的吸收能力也相对较弱。在烧结的后段，由于润湿带逐渐消失，对 SO_2 的吸收作用也随之消失，同时料层中富集的硫也全部被释放，造成了极高的 SO_2 排放浓度。SO_2 浓度值一般在 2500mg/m³ 左右，最大值能够达到 3000mg/m³，该最大值点与烟气温度的最大值点相接近[222]。

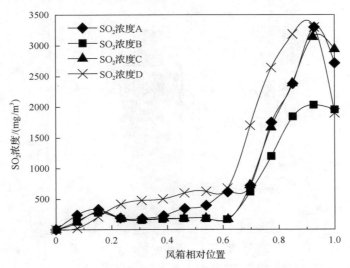

图 4.2 烟气中 SO_2 浓度随烧结机风箱位置的变化曲线[222]

图中 A～D 代表四次不同的测试

4.1.3　烧结烟气 SO₂ 的脱除

目前，工业上对 SO₂ 进行脱除净化处理的技术主要有湿法、干法和半干法三种。

湿法烟气脱硫技术，采用碱性吸收液或是使用含光触媒粒子的溶液作为烟气中的 SO₂ 脱硫剂，生成相关的湿态脱硫生成物。在工业生产中，此类技术具备硫容量高、工艺技术操作期间弹性大、硫元素的处理性能高的特点，适合应用于含硫气体的净化领域中。但是，湿法烟气脱硫存在废水处理问题、初投资大、运行费用也较高[225]。

干法烟气脱硫技术，脱硫吸收和产物处理均在干状态下进行。该法具有无污水和废酸排出、设备腐蚀小、烟气在净化过程中无明显温降、净化后烟温高、利于烟囱排气扩散等优点，但脱硫效率低、反应速率较慢、设备庞大[226]。

半干法烟气脱硫技术，将脱硫剂(通常采用石灰粉消化制浆)以湿态加入，利用烟气显热蒸发浆液中的水分。在干燥过程中，脱硫剂与烟气中的 SO₂ 发生反应，生成干粉状的产物。半干法具有脱酸、除尘效率高，无废水排出，无二次污染，占地面积小，原料廉价等优点。但是其吸收剂利用率低于湿法脱硫工艺，对干燥过程控制要求很高[227]。

1. 石灰石-石膏法

图 4.3 为石灰石-石膏法技术流程图。该技术最早发展于 20 世纪 70 年代的

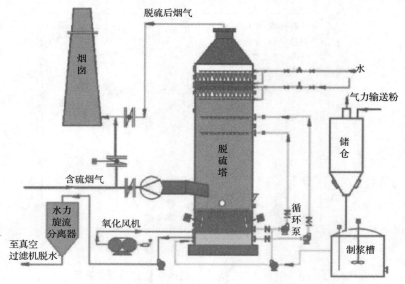

图 4.3　石灰石-石膏法技术流程图[225]

美国和德国等国家，是目前国际领域中较为成熟的技术，也是应用范围和领域最广的脱硫技术。该技术采用石灰石的浆液作吸收剂，烟气通过管道排入吸收塔，SO_2与吸收塔内部的吸收剂逆向接触喷淋洗涤，生成 $CaSO_3$，之后与通入的空气中的O_2反应生成脱硫副产物 $CaSO_4 \cdot 2H_2O$。脱除 SO_2 后的烟气经除雾器除雾后排入大气。

　　脱硫过程涉及的主要反应如下：

$$CaCO_3 + 2SO_2 + H_2O \longrightarrow Ca(HSO_3)_2 + CO_2 \tag{4.11}$$

$$Ca(HSO_3)_2 + 1/2O_2 + H_2O \longrightarrow CaSO_4 \cdot 2H_2O + SO_2 \tag{4.12}$$

$$Ca^{2+} + SO_4^{2-} + 2H_2O \longrightarrow CaSO_4 \cdot 2H_2O \tag{4.13}$$

1）浆液 pH 对脱硫效率的影响[228]

　　高 pH 浆液有利于吸收 SO_2，但易结垢；低 pH 有利于 Ca 的析出，但不利于SO_2 的吸收且易腐蚀。将浆液 pH 维持在一定范围内对保证稳定的脱硫效率、防止吸收塔结垢堵塞具有重要意义。某烧结厂脱硫系统现场检测数据见表 4.1，pH 变化与脱硫效率的关系见图 4.4。

表 4.1　pH 变化与脱硫效率的关系

pH	5.46	5.53	5.62	5.75	5.83	5.85
脱硫效率/%	84.32	88.64	92.12	96.03	96.10	96.14

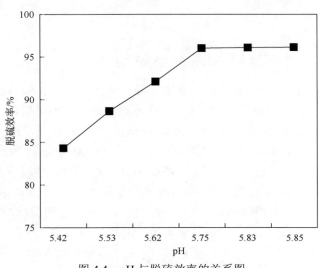

图 4.4　pH 与脱硫效率的关系图

　　浆液 pH 在 5.4 以下时，脱硫效率急剧下降，浆液 pH 在 5.6 以上时，脱硫效率在 90% 以上，但浆液 pH 超过 5.75 以后脱硫效率增加不明显。

2) 反应塔液位对脱硫效率的影响[228]

反应塔内液位的高低影响系统阻力损失和脱硫效率，需精确控制。改变液位是调控系统脱硫效率的有效手段，液位过高将会导致系统压损和能耗急剧增加。某烧结厂脱硫系统现场监测数据见表 4.2，浆液液位变化与脱硫效率的关系见图 4.5。

表 4.2　浆液液位与脱硫效率的关系

浆液液位/m	5.4	5.5	5.6	5.8	6
脱硫效率/%	79.9	84.3	92.7	96.2	96.2

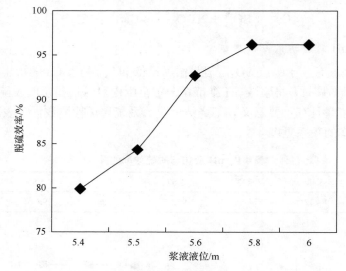

图 4.5　浆液液位与脱硫效率的关系图

液位在 5.4m 以下时，脱硫效率急剧下降，浆液液位在 5.6m 以上时，脱硫效率在 90%以上，但浆液液位超过 5.8m 以后脱硫效率增加不明显。

山钢股份莱芜分公司炼铁厂 $2×105m^2$ 烧结机采用石灰石-石膏法烟气脱硫，与烧结机同步运行率达 96%以上，出口 SO_2 浓度小于 $200mg/m^3$，脱硫效率达 95%，能够长期稳定运行。工程初期投资约 3500 万元，经测算，脱硫量超过 5000t/a，运行时间约 8000h/a，运行费用 1000 万元/a，脱除 1t SO_2 平均约 2000 元。但该系统产生的废水中含有高浓度的氯离子，对冲渣设备有一定的腐蚀[229]。

宝钢三烧烟气脱硫采用石灰石-石膏法，工程采用气喷旋冲脱硫塔+烟道除雾器[230]，脱硫后 SO_2 浓度小于 $40mg/Nm^3$[231]。但实际运行时系统并不稳定，在气喷旋冲脱硫塔入口及内部易结垢。烟囱雨非常明显，会对周边设备及建筑物造成腐蚀。

石灰石-石膏法技术成熟，硫脱除率可以达到 95%以上，具有设备运行稳定性高、控制简单，吸收剂分布广泛且廉价易得等优点，并且副产品石膏也有广阔的市场需求。不过,该方法通常占地面积较大、初期投资高、工况适应性差、烟囱排白雾严重,容易结垢发生堵塞,还容易造成设备的腐蚀,对于产生的废水还需要增设废水处理系统等[232]。此外,在传统的石灰石-石膏法脱硫技术的基础上,Altun[233]以大理石废料作为吸收剂代替传统方法中的石灰石吸收剂,降低了生产成本。

2. 氧化镁法

氧化镁法烟气脱硫的基本原理是用氧化镁为脱硫剂吸收烟气中的 SO_2,生成含水亚硫酸镁和少量硫酸镁,然后将其送入流化床加热分解,如图 4.6 所示。分解生成的氧化镁可再用于脱硫,释放出的 SO_2 可回收利用加工成经济效益高的液体 SO_2 或硫磺。工艺过程主要包括:氧化镁浆液制备、SO_2 吸收、固体分离和干燥、亚硫酸镁再生[234]。

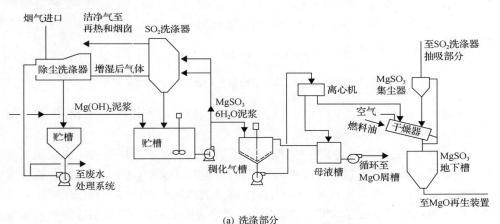

(a) 洗涤部分

(b) 吸收剂再生部分

图 4.6　氧化镁脱硫工艺流程示意图[234]

烟气经过预处理后进入吸收塔，在塔内 SO_2 与吸收液 $Mg(OH)_2$ 和 $MgSO_3$ 反应[235]：

$$Mg(OH)_2 + SO_2 \longrightarrow MgSO_3 + H_2O \tag{4.14}$$

$$MgSO_3 + SO_2 + H_2O \longrightarrow Mg(HSO_3)_2 \tag{4.15}$$

其中，$Mg(HSO_3)_2$ 还会与 $Mg(OH)_2$ 反应：

$$Mg(HSO_3)_2 + Mg(OH)_2 \longrightarrow 2MgSO_3 + 2H_2O \tag{4.16}$$

在生产中常有少量 $MgSO_3$ 被氧化成 $MgSO_4$，$MgSO_3$ 与 $MgSO_4$ 在沉降下来时都呈水合结晶态，它们的晶体大而且容易分离，在分离后再被送入干燥器制取干燥的 $MgSO_3/MgSO_4$，以便输送到再生工段。在再生工段，$MgSO_3$ 在煅烧中经 815.5℃高温分解，$MgSO_4$ 则以碳为还原剂进行反应：

$$MgSO_3 \longrightarrow MgO + SO_2 \tag{4.17}$$

$$MgSO_4 + 1/2C \longrightarrow MgO + SO_2 + 1/2CO_2 \tag{4.18}$$

从煅烧炉出来的 SO_2 气体经除尘后被送往制硫或制酸，再生的 MgO 与新增加的 MgO 经加水熟化成氢氧化镁，循环送去吸收塔。

氧化镁法工艺简单、初期投资低。脱硫剂来源丰富，价格便宜。脱硫剂活性强，脱硫效率较高，可以达到 95%以上，且无论是 $MgSO_3$ 还是 $MgSO_4$ 都有很大的溶解度，因此不存在如石灰/石灰石系统常见的结垢问题，终产物采用再生手段既节约了吸收剂又省去了废物处理的麻烦。但作为脱硫剂的 $Mg(OH)_2$ 浆液的浓度一般为 25%～30%，对管道及设备的磨损较大。

3. 双碱法

通常，烟气双碱脱硫工艺是相对于石灰石-石膏法来说的，石灰石-石膏法虽然脱硫效率较高，但是存在石灰石溶解问题，易导致结垢堵塞吸收系统的管道，双碱法采用两种不同的脱硫剂 NaOH(或 Na_2CO_3)和石灰，该方法成功解决了结垢堵塞的问题。

双碱脱硫工艺具体过程包括吸收脱硫和再生两步[237]。以 NaOH(或 Na_2CO_3)溶液为脱硫剂，该溶液作为循环脱硫液进入烧结厂的脱硫系统进行脱硫。吸收烟气中的 SO_2 之后循环液进入沉淀池，通过沉淀等去除烟尘之后进入反应池，在反应池中投加石灰进行反应，置换出 NaOH(或 Na_2CO_3)，再次进入循环脱硫系统。工艺流程如图 4.7 所示。

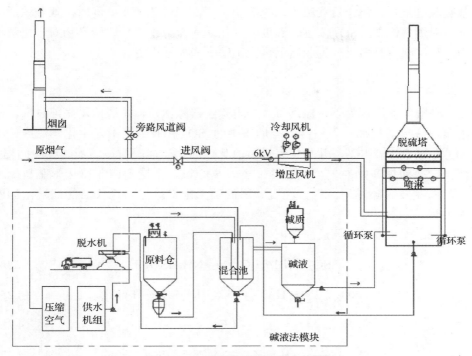

图 4.7 双碱法脱硫的工艺流程[236]

吸收常用的碱是 NaOH 和 Na$_2$CO$_3$，反应如下。

脱硫过程：

$$Na_2CO_3 + SO_2 \longrightarrow Na_2SO_3 + CO_2 \tag{4.19}$$

$$2NaOH + SO_2 \longrightarrow Na_2SO_3 + H_2O \tag{4.20}$$

$$Na_2SO_3 + SO_2 + H_2O \longrightarrow 2NaHSO_3 \tag{4.21}$$

再生过程：

$$2NaHSO_3 + Ca(OH)_2 \longrightarrow Na_2SO_3 + CaSO_3 \cdot 1/2\,H_2O + 3/2H_2O \tag{4.22}$$

$$Na_2SO_3 + Ca(OH)_2 + 1/2H_2O \longrightarrow 2NaOH + CaSO_3 \cdot 1/2\,H_2O \tag{4.23}$$

NaOH 可循环使用。

　　某公司烧结分厂 90m^2 烧结机采用双碱法脱硫系统，进口 SO$_2$ 排放浓度为 1809mg/m^3，出口烟气 SO$_2$ 最高排放浓度为 112mg/m^3，脱硫效率为 93.8%[236]。双碱法的优点在于产物溶解度大、吸收剂的再生在脱硫塔之外的反应池进行，避免了塔的堵塞和磨损，提高了运行的可靠性，降低了操作费用。钠基吸收剂相对于钙基吸收剂来说，属于液相吸收，速度快，提高了脱硫效率。同时，双碱法适应性强，对烟气流量、SO_2 浓度、温度的变化适应能力极强。脱硫产物石膏也便于利用。该法缺点是多了一道脱硫剂再生工序，增加了投资。

4. 氨法

氨法脱硫的原理如下，原烟气经静电除尘器除尘后，由脱硫塔底部进入，氨水溶液从脱硫塔顶部喷入塔内，与烟气中的 SO_2 在脱硫塔中发生化学反应，吸收 SO_2 生成 $(NH_4)_2SO_3$，并与空气进行氧化反应，生成硫酸铵溶液，经中间槽、过滤器、硫铵槽、加热器、蒸发结晶器、离心机、干燥器即制得化学肥料硫酸铵，从而完成脱硫过程。烟气经脱硫塔的顶部出口排出，净化后的烟气由烟囱排入大气。

脱硫过程涉及的主要反应如下：

$$SO_2 + NH_3 \cdot H_2O \longrightarrow NH_4HSO_3 \tag{4.24}$$

$$SO_2 + 2NH_3 \cdot H_2O \longrightarrow (NH_4)_2SO_3 + H_2O \tag{4.25}$$

$$(NH_4)_2SO_3 + SO_2 + H_2O \longrightarrow 2NH_4HSO_3 \tag{4.26}$$

$$NH_4HSO_3 + NH_3 \cdot H_2O \longrightarrow (NH_4)_2SO_3 + H_2O \tag{4.27}$$

$$2(NH_4)_2SO_3 + O_2 \longrightarrow 2(NH_4)_2SO_4 \tag{4.28}$$

以武钢四烧为例[238]，介绍氨法脱硫的主要工艺，如图 4.8 所示。武钢四烧采用的是吸收塔单塔设计、空塔喷淋、塔内结晶和塔外循环过滤除尘的工艺路线。烧结烟气经增压风机增压后进入吸收塔，经过浆液喷淋吸收后，再经除雾器除雾，除雾后的干净烟气经塔顶直排湿烟囱排出。脱硫剂为氨水，氨水被注入塔底浆液池中，通过浆液喷淋吸收烟气中的 SO_2 和其他酸性气体。吸收塔底设有扰动喷管和氧化空气管，使浆液池中的固体颗粒保持悬浮状态，将吸收 SO_2 后得到的亚硫酸铵氧化成硫酸铵，并在吸收塔内结晶。当浆液中硫酸铵过饱和时，浆液从吸收塔底浆液池中泵出，进入硫酸铵制备系统，制备硫酸铵固体。在脱硫塔进、出口烟道及旁路烟道上都装有烟气在线监测系统，检测烟气是否符合排放要求。

氨法脱硫的优点在于脱硫效率高，出口 SO_2 浓度可降到 $50mg/Nm^3$ 以下，脱除效率可达 95% 以上[238]，可以将脱硫与焦化厂脱氮相结合。但此方法不适合无焦化厂企业，存在外购液氨成本高、不安全，投资成本高，占地面积大，腐蚀设备等缺点，同时还存在氨逃逸隐患。

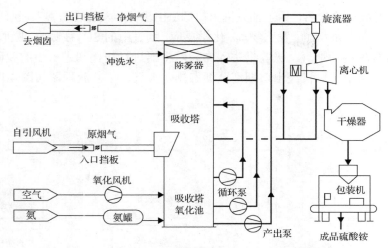

图 4.8　氨法单塔塔内结晶脱硫工艺流程图[238]

5. 旋转喷雾干燥法

旋转喷雾干燥法（spray dryer absorber，SDA）的原理是利用机械或气流的力量将吸收剂分散成极细小的雾状液滴，雾状液滴与烟气形成比较大的接触表面积，在气液两相之间发生的一种热量交换、质量传递和化学反应的脱硫方法。如图 4.9 所示，所用的吸收剂一般是碱液、石灰乳、石灰石浆液等，目前绝大多数装置都使用石灰乳作为吸收剂。吸收剂浆液在雾化器快速旋转的离心力作用下被雾化成粒径为 20～50μm 的细小雾滴。

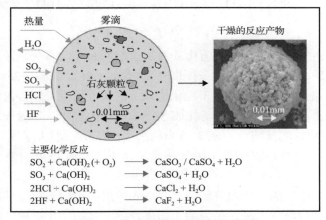

图 4.9　旋转喷雾脱硫原理示意图

旋转喷雾干燥烟气脱硫系统主要包括脱硫塔、制浆系统、脱硫塔除尘灰储仓、除尘器、风机房、给排水泵房、高压配电室、低压配电室及进出口烟道等。

　　烟气经静电除尘后，由主抽风机出口烟道引出，送入旋转喷雾干燥吸收塔，与被雾化的石灰浆液接触，发生物理、化学反应，烟气中的 SO_2 被吸收。吸收了 SO_2、经干燥后含粉料的烟气从吸收塔进入布袋除尘器进行净化和进一步的脱硫反应，干净的烟气由增压风机经出口烟道至烟囱排入大气，工艺流程图如图 4.10 所示。

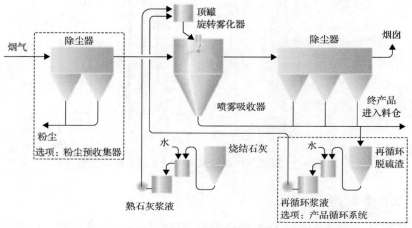

图 4.10　旋转喷雾干燥法工艺流程图[239]

脱硫过程涉及的主要反应为

$$SO_2 + Ca(OH)_2 \longrightarrow CaSO_3 + H_2O \tag{4.29}$$

小部分 SO_2 会进行如下反应：

$$SO_2 + 1/2O_2 + Ca(OH)_2 \longrightarrow CaSO_4 + H_2O \tag{4.30}$$

$$CaSO_3 + 1/2O_2 \longrightarrow CaSO_4 \tag{4.31}$$

　　石灰浆液由生石灰定量加入消化罐并加水配制而成，石灰浆液经振动筛筛分后自流入浆液罐，配制成合格的石灰浆液(含固率一般为 20%～25%)。根据原烟气 SO_2 浓度由浆液泵定量送入置于脱硫塔顶部的浆液顶罐，顶罐内浆液自流入脱硫塔顶部雾化器，浆液经雾化器雾化成 30～60μm 的雾滴，与脱硫塔内烟气接触迅速完成吸收 SO_2 的反应。石灰浆液为极细小的雾滴，增大了脱硫剂与 SO_2 接触的比表面积。同时，烧结机头废气热量迅速干燥喷入塔内的液滴，形成干固体粉状料。

　　经脱硫并干燥后的粉状颗粒部分沉入塔底排出，由刮板机及斗式提升机送入储灰仓，其余颗粒随气流进入布袋除尘器进行进一步的净化处理，除尘器除下的粉尘定期由罐车外运；部分随烟气排出脱硫塔进入布袋除尘器进行气固分离，干净烟气由增压风机抽引，由烟囱排入大气。除尘系统为适应工艺的变化，增压风机采用静叶可调型轴流风机。布袋除尘器入口烟道上留有添加活性炭(或焦炭)

的接口，将来可以增建活性炭(或焦炭)注入装置，以进一步脱除二噁英、Hg 等有害物质。

除采用 Ca(OH)$_2$ 作为脱硫剂外，Na$_2$CO$_3$ 也可用作 SDA 法的脱硫剂。钠法 SDA 的脱硫效率已达到 80%～90%，与湿法石灰浆液法相比，设备投资较低，塔内不结垢，所需用电仅为湿法石灰浆液法的 50%左右，但副产物无用，要废弃，从而增加堆场面积，此外系统也存在磨损、堵塞等问题。

SDA 法脱硫效率受化学计量比(stoichiometric ratio，SR)、绝热饱和温差 (AAST)、入口烟温、脱硫温降等因素的影响较大。以下对比了 Na$_2$CO$_3$ 和 Ca(OH)$_2$ 脱硫剂在这些因素影响下的脱硫效果。

1) 化学计量比对脱硫效率的影响

化学计量比是影响 SDA 工艺脱硫效率的重要运行参数。实验通过改变浆液浓度以调节化学计量比大小，研究其对脱硫效率的影响。不同工况的雾化浆液量保持相同，分别研究化学计量比对 Na$_2$CO$_3$ 和 Ca(OH)$_2$ 两种不同脱硫剂脱硫效率的影响，反应物化学计量比变化范围为 0～3.0，入口烟气中 SO$_2$ 浓度为 100ppm，脱硫剂浓度为 10wt%，其他参数见表 4.3。

表 4.3　变化学计量比、绝热饱和温差实验工况表

工况	$Q/$(L/h)	$T_{in}/℃$	AAST/℃	$T_{out}/℃$
1-1	30.2	180	90	140
1-2	40.0	180	80	130
1-3	50.4	180	70	120
1-4	60.8	180	60	110
1-5	71.4	180	50	100

注：Q 为浆液注入量；T_{in} 为脱硫塔入口烟温；T_{out} 为脱硫塔出口烟温。

化学计量比与脱硫效率定义式见式(4.32)和式(4.33)：

$$SR = \frac{\dot{N}_{Ca(OH)_2,i}}{\dot{N}_{SO_2,i}} \quad 或 \quad SR = \frac{\dot{N}_{Na_2CO_3,i}}{\dot{N}_{SO_2,i}} \tag{4.32}$$

$$\eta = \frac{C_{SO_2,i} - C_{SO_2,o}}{C_{SO_2,i}} \times 100\% \tag{4.33}$$

式中，$\dot{N}_{Ca(OH)_2,i}$、$\dot{N}_{Na_2CO_3,i}$、$\dot{N}_{SO_2,i}$ 分别为 Ca(OH)$_2$、Na$_2$CO$_3$ 和 SO$_2$ 的摩尔流量；$C_{SO_2,i}$、$C_{SO_2,o}$ 分别为脱硫塔入口与出口烟气中 SO$_2$ 浓度。

图 4.11 为在不同的绝热饱和温差条件下，SR 对 Na$_2$CO$_3$ 脱硫效果的影响。从图 4.11 可以看出，随着 SR 的增大，脱硫效率也增大，但是变化的速率不同。SR

对 Na$_2$CO$_3$ 脱硫效率的影响可以大致分为三个不同区间：①线性增长区间（SR＜0.8），此时脱硫效率随 Na$_2$CO$_3$ 用量的增加呈线性增大，其增大速率为 0.4～0.8；②过渡区间（0.8≤SR＜1.5），此时脱硫效率增长速率减缓，SR 对脱硫效率的增益效果逐渐削弱；③饱和区间（SR≥1.5），此时增加 Na$_2$CO$_3$ 的用量对脱硫效率的提高效果并不明显，脱硫效率增长平缓，基本保持不变。

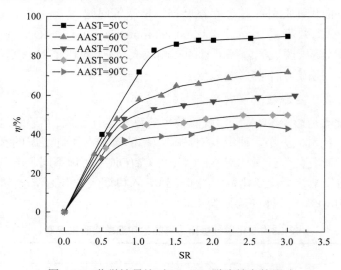

图 4.11 化学计量比对 Na$_2$CO$_3$ 脱硫效率的影响

通过提高浆液浓度以增大反应物 SR，雾化液滴中的碱金属离子浓度增大，单位体积内离子数增多、碰撞机会增多，传质阻力减小，提高了单位时间内发生化学反应的概率，反应速率加快。但是，当 SR 大于反应物的 SR 后，反应物浓度不再是限制反应速率的主要因素。此时其他影响因素，如脱硫塔内气流的组织形式、烟气中 SO$_2$ 的扩散系数及液滴蒸发时长等成为限制脱硫效率增大的主要原因。

此外，图 4.11 显示脱硫效率的增长斜率、脱硫效率的上限值受烟气 AAST 的影响。AAST 越大，增长斜率越小，脱硫效率上限值越低。这是因为当 AAST 增大，蒸发驱动力也增大，雾化液滴的蒸发时长缩短，液相反应时间也随之缩短，导致脱硫反应未完全进行。当 AAST=50℃时，脱硫效率可以达到 86%；当 AAST=90℃时，脱硫效率只能达到 40%左右。

以 Ca(OH)$_2$ 为脱硫剂时，SR 对脱硫效率的作用效果同样可分为三个区间、线性增长区间、过渡区间和饱和区间，如图 4.12 所示。在 SR＜1.5 的范围内，脱硫效率随着脱硫剂用量的增大同样呈线性增大，但是其斜率较小，脱硫效率相对于 SR 的增长斜率为 0.18～0.47。虽然 SR 对 Ca(OH)$_2$ 脱硫效率的影响效果较弱，但是 SR 的作用区间却更长，其线性增长区间为 SR＜1.5。此外，对于相同的绝热饱和温差，Ca(OH)$_2$ 脱硫效率的上限小于 Na$_2$CO$_3$ 脱硫效率的上限值。这是因为 Ca(OH)$_2$ 微溶于水，溶液中的碱金属浓度比较低，所以反应速率比较慢；此外，Ca(OH)$_2$ 与 SO$_2$ 的反应速率常数小于 Na$_2$CO$_3$ 与 SO$_2$ 的反应速率常数。这些因素决定了以 Ca(OH)$_2$ 为脱硫剂时需要有充足的液相反应时长作为保障。但由于实验过程中烟气温度较高，绝热饱和温差较大，因此脱硫塔内雾化液滴的蒸发时长相对较短。以 Ca(OH)$_2$ 为脱硫剂，增大脱硫剂 SR 所带来的脱硫效率上的增益受限于液相反应时长。因而在一个更长的区间内，增大 SR 将使化学反应概率增大，从而有助于脱硫效率的提高。

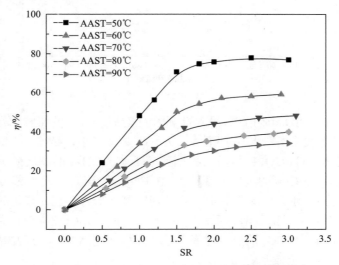

图 4.12　化学计量比对 Ca(OH)$_2$ 脱硫效率的影响

2) 绝热饱和温差对脱硫效率的影响

AAST 是脱硫塔出口烟气温度与烟气绝热饱和温度之间的差值，用于衡量烟气接近绝热饱和状态的程度。AAST 与烟气的温度和湿度有关，烟气温度越高、湿度越小，则烟气 AAST 越大。AAST 对蒸发速率影响很大，因为液滴蒸发速率受液滴周围的温度和相对湿度影响，这两个因素会影响液滴蒸发的传热和传质势差，也就是蒸发驱动力的大小[240,241]。由于脱硫反应主要是在液态下以离子反应的形式进行的，干燥条件下的反应速率只有液相条件下反应速率的千分之几，所以减小烟气的 AAST，有利于延长液滴蒸发时间，维持液相反应环境，实现更高的脱硫效率。工程一般将 AAST 设定为 10℃左右，有关 AAST 的研究也局限于 5～20℃，对于更高 AAST 条件下的脱硫效率的情况，缺少相应的实验研究。为了研究高 AAST 条件下的脱硫效率情况，实验将 AAST 控制为 50～100℃。具体的实验工况如表 4.3 所示，实验测量结果如图 4.13 所示。

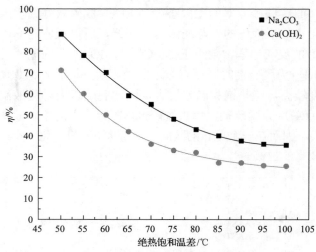

图 4.13　绝热饱和温差对脱硫效率的影响

　　在钙法与钠法 SDA 脱硫中，AAST 的变化对脱硫效率的影响都很大。脱硫效率随 AAST 的增大呈指数形式下降[242]。AAST 数值越小，AAST 的变化对脱硫效率的影响就越大。Na_2CO_3 的脱硫效率明显高于 $Ca(OH)_2$ 的脱硫效率。在相同的 AAST 条件下，Na_2CO_3 的脱硫效率比 $Ca(OH)_2$ 的脱硫效率大约高 20%。这是因为，Na_2CO_3 易溶于水，脱硫浆液中的脱硫剂以离子形式存在，雾化后的脱硫剂与 SO_2 反应过程中省去了溶剂溶解于水的环节；此外，Na_2CO_3 与 SO_2 的反应速率常数要大于 $Ca(OH)_2$ 与 SO_2 的反应速率常数。所以在高 AAST、蒸发时长较短的情况下，Na_2CO_3 的脱硫效率更高。

　　3) 入口烟温对脱硫效率的影响

　　通过调节燃烧器功率改变热烟气温度，使脱硫塔入口烟温在 160～220℃ 变化，通过调节喷浆量维持脱硫塔出口烟温为 100℃。具体实验工况如表 4.4 所示，实验结果如图 4.14 所示。

表 4.4　变脱硫塔入口烟温实验工况表

工况	$Q/(L/h)$	$T_{in}/℃$	AAST/℃	$T_{out}/℃$
2-1	54.3	160	50	97
2-2	62.1	170	50	98
2-3	70.0	180	50	99
2-4	82.8	190	50	100
2-5	91.8	200	50	101
2-6	101.3	210	50	102
2-7	110.7	220	50	103

注：SR 为 1.5，入口烟气中 SO_2 浓度为 100ppm。

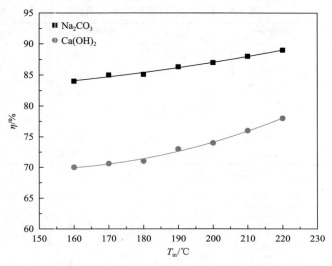

图 4.14　入口烟气温度对 SDA 脱硫效率的影响

图 4.14 显示在保持脱硫塔出口烟气温度不变的条件下，增大脱硫塔入口烟气温度对脱硫效率是有利的。因为增大入口烟气温度后，通过烟气传热也相应地提高了雾滴的温度。由于 SO_2 的溶解度随溶液温度的升高而升高，因此提高入口烟气温度能加快液滴对 SO_2 的吸收速率，从而提高脱硫效率。此外，提高液滴温度有助于提高液滴内部各离子的质量扩散系数，加快反应物之间的物质流动，加快脱硫反应速率。更主要的原因是，入口烟气温度升高需相应地加大雾化浆液量来维持出口烟气温度不变，从而增加雾化液滴数目，反应表面积增大，提高脱硫效率。

依据实验结果，使用 Na_2CO_3 作为脱硫剂，其脱硫效率相比于 $Ca(OH)_2$ 提高了 10%～15%。入口烟气温度的变化对 $Ca(OH)_2$ 的脱硫效率影响更大。因为雾化液滴数目增多，反应表面积增大，提高了单位时间内参与反应的 SO_2 分子数目，缩短了反应时间。而缩短反应时间能确保更大比例的脱硫反应在液滴完全蒸发的时间内完成，对于反应速率较慢的 $Ca(OH)_2$ 所带来的效益更为显著。

4) 脱硫温降对脱硫效率的影响

烟气脱硫之后的 SCR 脱硝对烟温有一定的要求。为了减少因再热烟气所投入的能量消耗，需要在保障 SDA 脱硫效率的情况下，尽量减少脱硫塔内的烟气温降。为了研究不同入口烟气温度条件下温降对脱硫效率的影响，对以 Na_2CO_3 为脱硫剂的脱硫效率进行测量。实验工况如表 4.5 所示，入口烟气温度由 160℃提高到 220℃，脱硫塔内的温降是 20～80℃。实验结果如图 4.15 所示。

表 4.5　变烟气脱硫温降实验工况表

工况	T_{in}/℃	Q/(L/h)	ΔT/℃	T_{out}/℃
3-1	160	20.7~106.0	20~80	80~140
3-2	170	20.2~104.7	20~80	90~150
3-3	180	19.4~104.0	20~80	100~160
3-4	190	18.6~103.2	20~80	110~170
3-5	200	18.1~102.7	20~80	120~180
3-6	220	17.6~102.1	20~80	140~200

注：SR 为 1.5，入口烟气中 SO_2 浓度为 100ppm。

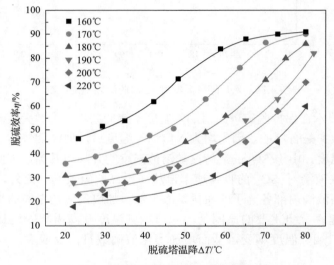

图 4.15　脱硫塔内温降对脱硫效率的影响

由图 4.15 的总体趋势可知，SDA 脱硫效率随着脱硫塔内温降的增大而升高。当入口烟气温度较高、塔内温降较小时，脱硫效率很小，仅有 20%~30%。不过，随着脱硫塔内温降的增大，脱硫效率快速增大。这是因为当入口烟气温度高、烟气脱硫温降较小时，雾化量小，雾滴与烟气温差大，蒸发强烈，大部分的液滴还没来得及与 SO_2 发生反应就已经蒸发，所以脱硫效率很低。随着脱硫塔内雾化浆液量的提高，烟气温降增大，塔内烟气的含湿量也随之增大，脱硫塔内的烟气温度下降，蒸发的传质势差和传热势差减小，蒸发速率下降，脱硫的液相反应时间增长，所以脱硫效率明显增大。从图 4.15 可看出，入口烟气温度越大，脱硫塔效率对烟气脱硫温降的响应区间就越大。

当脱硫塔入口烟气温度小于 170℃时，塔内温降对脱硫效率的增益效果由快速增大到逐渐下降，然后趋于减缓，烟气脱硫温降与脱硫效率呈 S 曲线关系。这是因为，当烟气温降足够大、雾滴蒸发时间足够长，满足了脱硫离子反应所需的雾滴液相滞留时长。此时因减小温降而延长蒸发时长所带来的脱硫效率增益作用达到饱和，此时的脱硫效率主要受 SO_2 气体扩散到液滴表面的扩散速率，脱硫塔内的气流组织形式等其他因素的影响。实验结果表明，当入口烟气温度为 160℃时，烟气脱硫温降为 60℃基本能够满足钠法脱硫所需的液相反应时长，此时脱硫效率可达到 86%。

当脱硫塔入口烟气温度大于 170℃时，脱硫效率随脱硫温降的增大而快速升高。但随着脱硫温降的增大，脱硫效率并不可能无限增大。当脱硫温降超过一定数值，脱硫塔内的蒸发时长得到有效保证之后，脱硫温降所带来的脱硫效率增益效果也将达到饱和。如果入口烟气温度越高，那么脱硫温降增益效果达到饱和所需的脱硫温降值也应相应增大。

6. 干法脱硫技术

干法脱硫技术(solvay dry solution，SDS)的原理是将高效脱硫剂($20\sim25\mu m$)均匀喷射在管道内，脱硫剂在管道内被热激活，比表面积迅速增大，与酸性烟气充分接触，发生物理化学反应，烟气中的 SO_2 等酸性物质被吸收净化[243]。

脱硫过程涉及的主要反应为

$$2NaHCO_3 + SO_2 + 1/2O_2 \longrightarrow Na_2SO_4 + 2CO_2 + H_2O \tag{4.34}$$

$$2NaHCO_3 + SO_3 \longrightarrow Na_2SO_4 + 2CO_2 + H_2O \tag{4.35}$$

与其他酸性物质(如 HCl、HF 等)的反应为

$$NaHCO_3 + HCl \longrightarrow NaCl + CO_2 + H_2O \tag{4.36}$$

$$NaHCO_3 + HF \longrightarrow NaF + CO_2 + H_2O \tag{4.37}$$

图 4.16 为 SDS 法的主要工艺流程，脱硫剂粉末经研磨系统研磨，合格粒径的

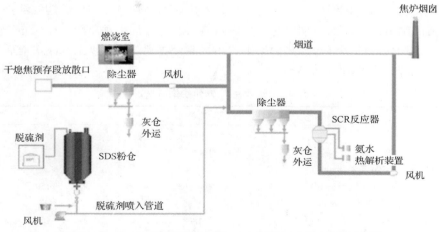

图 4.16　SDS 干法脱硫及中低温 SCR 脱硝工艺的主要流程[243]

脱硫剂($20\sim30\mu m$)经风选进入中间仓，再由风机抽引输送并喷入烟道内。脱硫剂在烟道内被热激活，比表面积迅速增大，与焦炉烟气充分接触，发生化学反应，烟气中的 SO_2 等酸性物质被吸收。经吸收 SO_2 等酸性物质并干燥的含粉料烟气进入布袋除尘器，进行进一步的脱硫反应及烟尘净化，脱硫除尘后的烟气由增压风机抽引经出口烟道至原焦炉烟囱，排入大气中。

影响脱硫效率的因素主要有脱硫剂种类、管道内颗粒停留时间[244]、除尘器类型、进口 SO_2 浓度、粒径、温度[245]、钠硫比（NSR）等。

SDS 脱硫工艺具有良好的、适宜的调节特性，脱硫装置的运行及停运不影响焦炉的连续运行，脱硫系统的负荷范围与焦炉负荷范围相协调，保证脱硫系统可靠和稳定地连续运行。另外，该工艺系统简单，操作维护方便；一次性投资很少，占地面积很小；运行成本低；全干系统、无须用水；脱硫效率高，控制脱硫剂的喷入量可以将 SO_2 的浓度降低到 $30mg/m^3$ 以下；灵活性很高，可以随时适合最严格的排放指标；对酸性物质具有很高的脱除效率；副产物产生量少，硫酸钠纯度高，方便利用。

7. 旋转喷雾干燥烟气脱硫 SDA 技术+钠基干法脱硫 SDS 技术

传统半干法或干法，因为技术发展缓慢，其稳定性及脱硫效率已成为制约脱硫技术发展的关键因素。目前，钢铁冶金行业采用了旋转喷雾干燥烟气脱硫 SDA 技术+钠基干法脱硫 SDS 技术，在传统 SDA 半干法脱硫之后，再增加 SDS 干法脱硫，可以满足 SO_2 排放浓度低于 $30mg/Nm^3$ 的要求。

例如，鞍钢炼焦总厂 7#焦炉的脱硫工艺流程[243,246]：焦炉烟气从机侧、焦侧地下烟道引出，将干熄焦预存段循环烟气汇入焦炉烟道气脱硫脱硝系统进行处理，实现干熄焦烟气脱硫除尘净化，同时保证干熄焦系统稳定运行与安全生产[247]。将干熄焦预存段烟气先经除尘器净化，再并入焦炉烟气管道，与焦炉烟气混合后先通过旋转喷雾装置，而后烟气在管道内与喷入的脱硫剂接触反应，进入布袋除尘器除尘，净化后的烟气与加热炉产生的热气混合达到 180℃以上。改造前后炼焦总厂 7#焦炉烟气情况见表 4.6。

表 4.6　炼焦总厂 7#焦炉烟气情况

指标	处理前	处理后
废气流量/(m^3/h)	14000	
废气流量/℃	$180\sim210$	
废气中 SO_2 浓度/(mg/m^3)	$20\sim150$	<30
废气中 NO_x 浓度/(mg/m^3)	$300\sim630$	<150
废气中颗粒物浓度/(mg/m^3)	<30	<15
干熄焦放散废气 SO_2 浓度/(mg/m^3)	1800	<100
干熄焦放散废气颗粒物浓度/(mg/m^3)	260	<50

该机组于 2017 年 10 月开工建设，2018 年 2 月热负荷试车成功，目前已完成功能考核测试，经过 SDA+SDS+SCR 工艺处理后，烟气能够达到排放标准，即颗粒物、SO_2、NO_x 排放浓度分别有效控制在 $10mg/m^3$、$15mg/m^3$、$50mg/m^3$ 以下。

此技术的优势表现为：脱硫效率非常高；灵活性高，可以通过调节脱硫剂喷入量来满足不同排放标准的要求；脱硫系统工艺简单，操作维护方便，脱硫剂直接喷入管道，不产生废水，减少"白烟"现象；脱硫副产物可回收利用等。

几种不同脱硫方法的整体比较见表 4.7。

表 4.7　几种脱硫方法的比较

方法	石灰石-石膏法	氧化镁法	双碱法	氨法	旋转喷雾干燥法	烟道直喷法
脱硫系统规模	适中	大	小	适中	适中	小
吸收剂/脱硫剂	石灰/石灰石	$Mg(OH)_2$	钠碱及石灰	$NH_3·H_2O$	$Ca(OH)_2$	$Na(HCO_3)_2$
副产物	石膏	$MgSO_3$、$MgSO_4$	石膏	$(NH_4)_2SO_4$	石膏	Na_2SO_4
脱硫效率	高，95%以上	高，90%以上	高，90%以上	高，95%以上	高，90%以上	高，95%以上
系统能耗、经济性	能耗适中，经济性好	能耗高，经济性一般	能耗低，经济性好	能耗适中，经济性好	能耗低，经济性好	能耗低，经济性好
管道腐蚀及结垢问题	腐蚀较轻，但有结垢、堵塞现象	无腐蚀、无结垢	无腐蚀，无结垢	有腐蚀，无堵塞	无腐蚀，有堵塞现象	无腐蚀，无堵塞
吨矿脱硫成本/元	7.5	4.6	11	7	6	—

4.2　氮氧化物

燃煤锅炉中 NO_x 的排放已经被广泛研究。燃煤系统中，焦炭燃烧生成的 NO_x 约占煤粉燃烧排放 NO_x 的 20%～30%，同时机理研究表明 NO_x 能够在焦炭表面被 C 或者 CO 还原。虽然烧结过程中包含焦炭燃烧，但是其燃烧环境与燃煤锅炉及流化床锅炉中十分不同。相比燃煤锅炉及流化床锅炉中的燃料，铁矿石烧结过程中焦炭的粒度更粗，焦炭粒径为 0～5mm。同时烧结料经过加水在制粒转鼓中制粒后，0～0.25mm 的焦炭颗粒能够被嵌入制粒后粒子的内附着层中，0.25～1mm 的焦炭颗粒附着在粒子外表面，而大于 1mm 的焦炭颗粒主要是以自由态形式存在[138]。这造成了焦炭燃烧时氧扩散阻力增加，燃烧减缓，这与煤粉炉中的煤粉迅速燃烧完全差异很大。铁矿石烧结过程中燃烧带由于其温度很高(最高可达 1400℃)，烧结料部分发生融化，因此焦炭的燃烧环境处于气-固-液三相共存的状态。由于高温和氧扩散阻力增加，烧结烟气中 CO 浓度很高，可达 0.5vol%～2.0vol%。同时烧结烟气中含氧量也较高，为 10vol%～15vol%，这与燃煤锅炉中 4vol%～6vol%的低氧状态也有明显差别。烧结过程形成的复杂化合物如 Ca-Fe 化合物对于 NO_x 的生成与还原也有重要影响。此外，铁矿石烧结烟气中 NO_x 的浓度比电厂烟气浓度要低，为 300～

$400mg/m^3$，而烧结烟气量大，每吨烧结矿产生的烟气为 $4000\sim6000m^3$，同时烧结烟气的温度波动较大，一般在 $100\sim200℃$ 波动[35,39]。烧结过程中为了保证床层透气性，烧结工艺中需要加水制粒，从而导致烟气中水分含量较高，约为 10vol%[248]。因此，烧结过程中 NO_x 的生成和还原与燃煤锅炉中 NO_x 的生成机理有着巨大差异。

4.2.1　烧结过程中 NO_x 的生成机理

　　燃烧系统中 NO_x 主要来自热力型 NO_x、快速型 NO_x 及燃料型 NO_x[249]。热力型 NO_x 主要是由空气中的 N 在高温下氧化而形成的。Zeldovich 模型被广泛应用于模拟燃烧系统中热力型 NO_x 的形成，模拟计算表明在温度 1800K 以下时热力型 NO_x 的生成量较少。而烧结过程中即使随着火焰前锋不断下移，烧结床的蓄热作用不断增加，床层温度不断升高，但烧结床中最高温度也只有 $1400℃$ 左右[6]。因此烧结过程中热力型 NO_x 不是 NO_x 的主要来源。在富燃料状态下，燃烧中形成的碳氢自由基与 N 发生反应形成快速型 NO_x[249]。而烧结过程中焦炭是烧结的主要固体燃料，焦炭中含有的挥发分很低，一般为 1wt%～2wt%，这表明烧结料燃烧过程中形成的碳氢自由基含量很低，因此快速型 NO_x 也并非烧结过程中 NO_x 的主要来源。综上所述，烧结过程中形成的 NO_x 主要来自燃料型 NO_x。烧结原料中铁矿石及熔剂中含N 量很低，所以烧结过程中焦炭或者其他固体燃料燃烧是生成 NO_x 的主要来源。

　　虽然焦炭燃烧是烧结过程中 NO_x 生成的主要来源，但是对于焦炭燃烧过程中 NO_x 的生成机理却存在着争议。Soete 等[249,250]认为焦炭-N 直接氧化生成 NO_x，不经过异相反应。然而其他的研究学者却发现焦炭燃烧生成 NO_x 的过程包含均相反应[251-254]。Winter 等[252]用碘元素作为示踪因子来研究 NO 及 N_2O 的形成机理，发现 NO 主要来自异相反应，而 N_2O 主要来自 HCN 氧化的均相反应。Liu 和 Gibbs[253]研究了石灰石/CaO 对于循环流化床中 NO_x 及 N_2O 形成的影响，发现均相反应存在于焦炭的燃烧过程中，并且石灰石/CaO 能够增加 NO 的排放。Molina 等[254]添加 HBr 至焦炭燃烧系统中，从而研究 Char-N 的氧化机理，发现 Char-N 并不能直接转化为 NO，而是先转化成 HCN，然后氧化成 NO。虽然对于焦炭燃烧过程中 NO_x 的形成机理不是非常清楚，但是有足够的证据表明焦炭燃烧过程中均相反应十分重要。还原性气氛中形成的 NO_x 量将减少，同时 NO_x 能够在焦炭或者催化剂表面被焦炭或 CO 还原成 N_2。烧结过程中火焰前锋发生的反应极为复杂，火焰前锋不但化学成分复杂并且床层处于气-固-液三相状态。烧结过程中气氛属于氧化气氛，但局部为强还原性气氛，烧结烟气中 CO 的含量可达 0.5vol%～2vol%。所以，烧结过程中 NO_x 的生成与还原机理相比于煤粉炉或者流化床锅炉中焦炭燃烧形成 NO_x 的机理更为复杂。

　　Chen 等[255]模拟了烧结过程中 CO 与 NO 之间的反应，发现烧结料中的 CaO、烧结矿、赤铁矿及 MgO 均能催化 CO 与 NO 之间的反应，降低烧结过程中 NO_x 的排放。Molina 等[256,257]认为 CO 与 NO 能够在焦炭表面或催化剂等表面发生还原反应，生成 N_2。Wang 等[258]研究了富氧系统中焦炭表面高浓度 CO 对于 NO 的还原作用，指出焦炭颗粒表面处高浓度 CO 对于 NO 转化为 N_2 的还原反应有着至关重要的作用。铁矿石烧结过程中火焰前锋区域内局部还原性气氛十分强，实验测定发现烧结烟气的 CO 浓度为 0.5vol%～2.0vol%。

4.2.2　准颗粒在空气中的燃烧及 NO_x 排放特性

针对铁矿石烧结过程中原料混合制粒造成的燃料颗粒复杂嵌布形态，Zhou 等[56]采用自制的竖直管式炉研究了不同类型准颗粒的燃烧和 NO_x 排放特性，如图 4.17 所示。

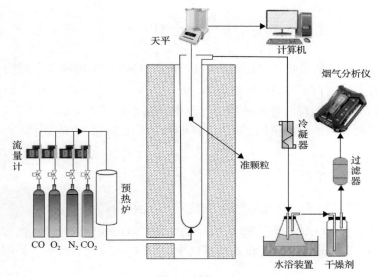

图 4.17　准颗粒管式炉实验台示意图

四种类型准颗粒(图 2.9)的组成成分和比例如表 4.8 所示，不同类型的准颗粒样品质量均为 1g。

表 4.8　不同类型准颗粒的组成和质量比

类型	内核		黏附层		焦炭比例*/%	黏附比**/%
	组分	粒径/mm	组分	粒径/mm		
S	焦炭	1.0～1.4, 1.4～2.0, 2.0～2.8	石灰石、铁矿石	0～0.25	75	33.3
P	—	—	焦炭、石灰石、铁矿石	0～0.25	10, 30, 50, 70, 100	—
C	铁矿石	2.0～2.8	焦炭、石灰石	0～0.25	5, 7.14, 12.5	11.1, 16.7, 33.3
S′	焦炭	1.0～1.4, 1.4～2.0, 2.0～2.8	—	—	100	0

* 焦炭质量与样品总质量的比；** 黏附层与内核的质量比。

在不同类型准颗粒燃烧过程中，质量损失主要是由下面的反应导致的[259,260]：

$$C+O_2 \longrightarrow CO_2 \tag{4.38}$$

$$CaCO_3 \longrightarrow CaO+CO_2 \tag{4.39}$$

$$C+CaCO_3 \longrightarrow CaO+2CO \tag{4.40}$$

$$C+Fe_2O_3 \longrightarrow 2FeO+CO \tag{4.41}$$

准颗粒燃烧过程中，样品的质量转化率计算方法如下：

$$x(t) = \frac{m_0 - m_t}{m_0 - m_\infty} \times 100\% \tag{4.42}$$

式中，$x(t)$ 为样品质量转化率；m_0 和 m_∞ 分别为样品的初始质量和最终质量，g；m_t 为样品在反应时间 t 时刻的瞬时质量，g。

在不同类型准颗粒的燃烧过程中，反应速率不是一个常数，为了进一步探究不同工况下准颗粒的反应情况，采用式(4.43)计算反应指数($R_{0.5}$)[261]：

$$R_{0.5} = \frac{0.5}{\tau_{0.5}} \tag{4.43}$$

式中，$\tau_{0.5}$ 为准颗粒质量转化率达到50%所需要的时间。

烧结过程中 NO_x 的主要来源是燃料型 NO_x，NO_x 由 NO 和 NO_2 之和来表征，根据式(4.44)计算准颗粒中燃料氮的转化率：

$$F_{NO}^0 = \frac{[N]_C}{[N]_0} \times 100\% \tag{4.44}$$

$$[N]_C = Q_v \frac{M_N}{60 \times V_m} \int_{t_s}^{t_t} C(NO_x) \times 10^{-6} \, dt \tag{4.45}$$

$$[N]_0 = m_0 \times a_C \times a_N \tag{4.46}$$

式中，F_{NO}^0 为燃料氮的转化率；$[N]_C$ 为焦炭中氮转换成 NO_x 的质量，g；$[N]_0$ 为焦炭中氮的质量，g；Q_v 为总的气体体积流率，L/min；t_s 和 t_t 分别为 NO_x 计算的开始和终止时间，s；$C(NO_x)$ 为 NO_x 的浓度，ppm；M_N 为氮原子的摩尔质量，g/mol；V_m 为气体摩尔体积，L/mol；m_0 为准颗粒的质量，g；a_C 为焦炭在准颗粒中的质量分数，%；a_N 为焦炭中氮的质量分数，%。

典型的准颗粒燃烧（P 型准颗粒，入口气体体积分数 O_2/N_2 为 21%/79%，炉膛

温度 T=1000℃)的烟气组分变化如图 4.18 所示。由图可以看出，初始阶段，准颗粒迅速燃烧，O_2 浓度快速下降，CO 和 CO_2 浓度迅速上升。这主要是因为，当温度达到焦炭的着火点时，焦炭颗粒迅速燃烧，O_2 浓度急剧减少，在 O_2 浓度不充分的条件下，CO 大量生成。当准颗粒燃烧率达到峰值时，O_2 浓度最低，CO 浓度最高。随着燃料的消耗，O_2 浓度开始逐渐升高，不利于 CO 的生成，CO 由于被 O_2 氧化成 CO_2 而导致浓度下降。NO_x 的生成主要在初始燃烧阶段，这主要是因为初始阶段颗粒表面温度较低。

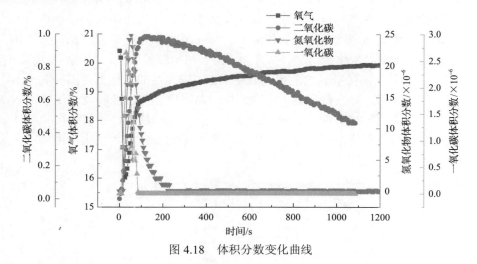

图 4.18　体积分数变化曲线

1) 焦炭粒径对 S′型准颗粒燃烧的影响

由图 4.19(a)可见，对于 S′型准颗粒，粒径越小，质量转化率越大，转化越快；这主要是由于粒径越小，焦炭的比表面积越大，与空气接触得越充分，从而反应

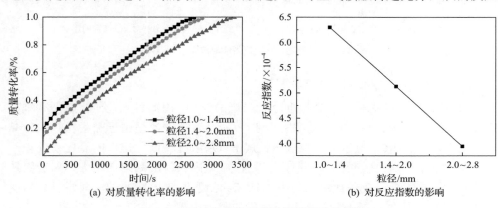

(a) 对质量转化率的影响　　　　　　(b) 对反应指数的影响

图 4.19　粒径变化对 S′型准颗粒燃烧的影响

越剧烈。从图 4.19(b) 可以看出，粒径越小，反应指数越大，这主要是由于粒径小，反应加快，从而反应时间缩短。S′型准颗粒的焦炭氮转化率随着粒径的增大而减小，这主要是由于焦炭粒径越小，与空气的接触和反应条件越好，焦炭燃烧时有相对充足的 O_2，有利于焦炭氮的转化，同时充足的氧化性气氛不利于 CO 的生成，因此 CO 和焦炭对 NO_x 的还原效应减弱[56]。

2) 内核粒径对 S 型准颗粒燃烧的影响

对不同内核粒径的 S 型准颗粒燃烧研究的结果如图 4.20 所示。由图可以看出，随着粒径的增大，质量转化率减小，反应指数下降。这主要是由于粒径越大，比表面积越小，焦炭与空气的接触面积减小，反应减弱。随着 S 型准颗粒内核焦炭粒径的增大，焦炭氮转化率增加。一方面，由于焦炭粒径增大，黏附层厚度减小，O_2 更容易通过黏附层扩散到大的焦炭颗粒表面，较充足的氧化性氛围有利于 NO_x 的生成；另一方面，焦炭粒径越大，准颗粒的黏附层越薄，准颗粒内生成的 NO_x 相对更容易扩散到环境中，且焦炭粒径越大，比表面积越小，导致焦炭和 NO 发生异相还原反应的程度减弱。上述原因综合导致了内核焦炭粒径大的准颗粒焦炭氮转化率更高。

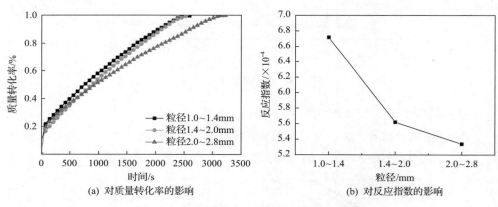

(a) 对质量转化率的影响　　　　　(b) 对反应指数的影响

图 4.20　内核粒径对 S 型准颗粒燃烧的影响

3) 黏附比对 C 型准颗粒燃烧的影响

图 4.21 为不同黏附比对 C 型准颗粒燃烧的影响。由图可知，对于 C 型准颗粒而言，黏附比越大，质量转化率和反应指数越小。这主要是由于黏附比越大，黏附层越厚，O_2 扩散阻力越大，与焦炭接触的 O_2 浓度较低，焦炭的氧化率处在一个较低的水平，需要较长的反应时间。随着 C 型准颗粒的黏附比增大，焦炭氮转化率降低，这主要是黏附比增大导致的低 O_2 浓度不利于 NO_x 的生成，且黏附层越厚，对 NO_x 从黏附层内侧扩散到环境中的阻力也越大[56]。

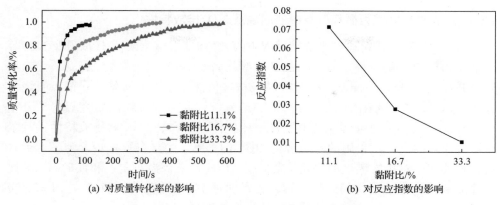

图 4.21　不同黏附比对 C 型准颗粒燃烧的影响

4) 焦炭比例对 P 型准颗粒燃烧的影响

图 4.22 为不同焦炭比例对 P 型准颗粒燃烧的影响。从图可以看出，随着焦炭比例增大，P 型准颗粒的质量转化率和反应指数均降低。一方面，焦炭比例较低时，其在准颗粒中的分散度更大，焦炭周围充足的 O_2 有利于反应的进行；另一方面，焦炭比例越大，石灰石和铁矿石含量越少，与焦炭比例小的准颗粒相比，石灰石的分解反应和铁矿石的氧化还原反应引起的质量损失较少，导致质量转化率更低。随着焦炭比例增加，焦炭氮转化率不是线性的增加或者减少，而是在焦炭比例为 50% 时达到最低值。对于 P 型准颗粒而言，准颗粒的焦炭氮转化率主要取决于两个因素：O_2 浓度和石灰石含量。当焦炭比例从 10% 升至 50% 时，随着焦炭比例的增加，O_2 消耗得更快，相对低焦炭比例的准颗粒而言，O_2 浓度较低，弱氧化性氛围不利于 NO_x 的形成，O_2 浓度的影响占主导地位。而随着焦炭比例继续增加，石灰石含量大量减少，导致石灰石对 NO_x 的减少作用变弱，焦炭氮转化率又随之升高[56]。

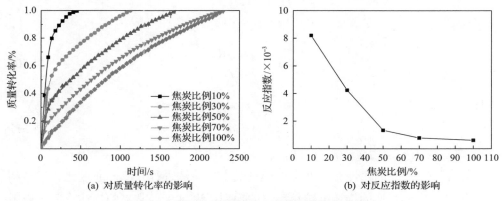

图 4.22　不同焦炭比例对 P 型准颗粒燃烧的影响

4.2.3 准颗粒在烟气再循环气氛中的燃烧及 NO_x 排放特性

烟气再循环技术可以减少烧结过程中的燃料消耗、降低烟气排放量及 NO_x 等污染物的排放，是一种很有潜力的节能减排方法。由于烧结过程的复杂性，烟气再循环烧结过程中 NO_x 的生成和转换机理依然不是十分清楚。在铁矿石烧结过程中，准颗粒是烧结制粒的一个最小单元，因此对准颗粒的研究显得十分重要。Zhou 等[262,263]对准颗粒在烟气再循环条件下的燃烧及 NO_x 排放特性进行了详细而深入的研究，采用的实验台为如图 4.17 所示的竖直管式炉，为了避免石灰石和铁矿石对焦炭燃烧的影响，先采用 Al_2O_3 粉末替换石灰石和铁矿石，单纯研究准颗粒结构下焦炭的燃烧过程，然后再研究铁矿石和石灰石存在时与焦炭的相互反应过程。

1. 焦炭-Al_2O_3 型准颗粒燃烧过程

本节所述准颗粒的反应由式(4.38)控制，反应速率可用式(4.47)表示：

$$\frac{\mathrm{d}x}{\mathrm{d}t} = kf(x) \tag{4.47}$$

式中，k 为准颗粒燃烧的化学反应速率常数；$f(x)$ 为描述该反应的机理函数。经过变换，式(4.47)可写为

$$\frac{\mathrm{d}x}{f(x)} = k\mathrm{d}t \tag{4.48}$$

对式(4.48)进行积分，可得

$$\int_0^{x_1} \frac{\mathrm{d}x}{f(x)} = \int_0^{t_1} k\mathrm{d}t = kt \tag{4.49}$$

定义

$$G(x) = \int_0^{x_1} \frac{\mathrm{d}x}{f(x)} \tag{4.50}$$

因此

$$G(x) = kt \tag{4.51}$$

式中，$G(x)$ 为机理函数；t 为时间，s。

$G(x)$ 和 t 之间的线性相关性可以通过最小二乘法进行计算，通过比较线性相关系数可得出最合适的描述准颗粒燃烧的模型。表 4.9 为常见的描述反应过程中孔隙结构演变的机理函数。

表 4.9　不同的机理模型函数[261]

代号	反应模型	$f(x)$	$G(x)$
S_m	收缩核模型	$m(1-x)^{\frac{m-1}{m}}$	$1-(1-x)^{\frac{1}{m}}$
$R_{1/2}$	$m=1/2$	$\frac{1}{2}(1-x)^{-1}$	$1-(1-x)^2$
$R_{1/3}$	$m=1/3$	$\frac{1}{3}(1-x)^{-2}$	$1-(1-x)^3$
$R_{1/4}$	$m=1/4$	$\frac{1}{4}(1-x)^{-3}$	$1-(1-x)^4$
R_2	$m=2$	$2(1-x)^{\frac{1}{2}}$	$1-(1-x)^{\frac{1}{2}}$
R_3	$m=3$	$3(1-x)^{\frac{2}{3}}$	$1-(1-x)^{\frac{1}{3}}$
D_m	扩散模型		
D_1	一维扩散	$\frac{1}{2}x^{-1}$	x^2
D_2	二维扩散	$[-\ln(1-x)]^{-1}$	$x+(1-x)\ln(1-x)$
D_3	三维扩散	$\frac{3}{2}(1-x)^{\frac{2}{3}}[1-(1-x)^{\frac{1}{3}}]^{-1}$	$[1-(1-x)^{\frac{1}{3}}]^2$

化学反应速率常数的温度依赖性可表示为

$$k = A\exp\left(-\frac{E}{RT}\right) \tag{4.52}$$

式中，k 为化学反应速率常数；A 为指前因子；R 为摩尔气体常量，J/(mol·K)；T 为反应温度，K；E 为反应的活化能。

对式(4.52)两边取对数，可得

$$\ln k = -\frac{E}{R}\frac{1}{T} + \ln A \tag{4.53}$$

1) 温度对准颗粒燃烧特性的影响

不同温度对准颗粒燃烧特性的影响如图 4.23 所示。随着温度的升高，准颗粒的碳转化率增加，燃烧时间缩短。通过计算不同温度下准颗粒燃烧过程中 $G(x)$ 和 t 之间的相关系数，确定了最适于描述准颗粒燃烧的机理模型，如表 4.10 所示，可以发现 D_1 模型是最合适用来描述准颗粒燃烧的机理模型。

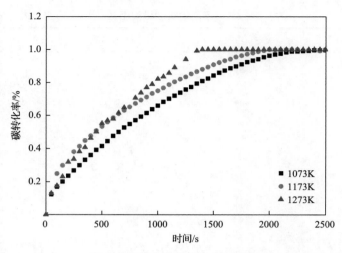

图 4.23 温度对碳转化率的影响

表 4.10 采用不同机理模型计算的相关系数对比

温度/K	相关系数							
	$R_{1/2}$	$R_{1/3}$	$R_{1/4}$	R_2	R_3	D_1	D_2	D_3
1073	0.864	0.771	0.696	0.999	0.994	0.992	0.993	0.942
1173	0.839	0.720	0.621	0.997	0.982	0.995	0.996	0.905
1273	0.912	0.828	0.753	0.984	0.949	0.994	0.967	0.799

采用 D_1 模型计算出化学反应速率常数，图 4.24 为化学反应速率常数的温度依赖性关系，发现随着温度的升高，化学反应速率常数增大。通过线性拟合阿伦尼乌斯公式可计算出化学反应速率常数的表达式如下：

$$k = 1.06 \times 10^{-2} \exp(-2.86 \times 10^4 / RT) \tag{4.54}$$

由式(4.54)可得，A 和 E 分别为 1.06×10^{-2}min^{-1} 和 2.86×10^4J/mol。

2) 不同因素对准颗粒燃料氮转化的影响

(1)对不同温度下准颗粒的燃烧研究发现，焦炭氮转化率随着温度的升高而增大。通常更高的温度会带来更大的燃烧强度和氮组分释放率，因此焦炭氮转化率随着温度的升高而增大[262]。

(2)研究焦炭尺寸的影响时发现，随着焦炭粒径的增大，焦炭氮转化率下降，当焦炭粒径从 0~0.25mm 增大到 0.71~1mm 时，焦炭氮转化率从 12.17%下降到 8.6%。更小粒径的焦炭具有更大的燃烧率和更高的 NO$_x$ 生成率。因此，焦炭氮转化率随着焦炭粒径的增大而减小。

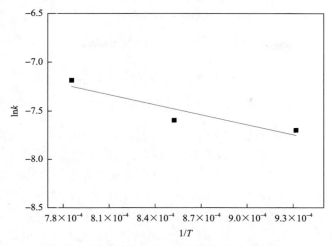

图 4.24　准颗粒化学反应速率常数的温度依赖性

（3）研究焦炭比例对燃料氮转化的影响发现，随着焦炭比例的增加，焦炭氮转化率下降，准颗粒的燃烧反应速率随着焦炭含量的增加而下降，导致形成 NO_x 的氮组分释放率下降，因此更高的焦炭比例会导致更低的焦炭氮转化率。

（4）准颗粒焦炭氮转化率随着 O_2 浓度的增加而增大，这主要是由下面的反应导致的，O_2 浓度增加占据更多的碳活性位，减少了 NO 与 C 之间的还原反应位。此外，氧化性氛围的增强不利于还原反应的发生。

$$O_2 + 2(-C) \longrightarrow 2(-CO) \tag{4.55}$$

$$(-CO) \longrightarrow CO + 碳自由基 \tag{4.56}$$

$$2(-CO) \longrightarrow CO_2 + (-C) + 自由基 \tag{4.57}$$

$$O_2 + (-C) + (-CN) \longrightarrow (-CO) + (-CNO) \tag{4.58}$$

$$(-CNO) \longrightarrow NO + (-C) \tag{4.59}$$

在烟气再循环烧结过程中，O_2 浓度通常比传统的烧结过程低，尽管低的 O_2 浓度有利于降低 NO_x 的排放，但是 O_2 浓度的降低会导致燃料的燃烧率和燃烧效率均降低，从而导致火焰前锋和传热前锋不匹配。燃料的不充分燃烧会降低烧结床温、减少熔融液相的生成。此外，低的 O_2 浓度有利于还原性氛围的形成，减少赤铁矿和铁酸钙的形成，铁酸钙的减少会导致烧结强度和转鼓指数均下降。因此，综合考虑烧结质量和 NO_x 排放，在烟气再循环烧结过程中 O_2 浓度不应低于 15%。

（5）随着 CO 浓度的增加，准颗粒的焦炭氮转化率下降，CO 在降低 NO_x 方面的作用很大。随着 CO 浓度从 0.5%增加至 2%，焦炭氮转化率从 6.54%降到 3.82%。

这主要是因为，CO 不仅可以与焦炭反应降低 NO_x，还可以直接将 NO 还原成 N_2。

$$CO + (-CO) \longrightarrow CO_2 + (-C) \tag{4.60}$$

$$NO + (-C) \longrightarrow (-CO) + 1/2N_2 \tag{4.61}$$

$$CO + NO \longrightarrow CO_2 + 1/2N_2 \tag{4.62}$$

从上述的研究结果发现，CO 可以显著降低 NO_x 的排放，一方面 NO-CO 在焦炭的催化作用下直接反应降低 NO_x 的生成，另一方面 CO 与碳表面被氧覆盖的活性位反应释放出碳活性位，NO 与碳活性位反应从而降低其自身浓度。同时，CO 的再燃烧可降低燃料的消耗，燃烧效率提高，更多的熔融生成有利于烧结质量的提高，因此烟气再循环烧结过程中建议的 CO 浓度为 0.5%～2%。

(6) 通过研究 CO_2 浓度对准颗粒燃料氮转化的影响发现，准颗粒燃料氮的转化率随着 CO_2 浓度的增加而降低。CO_2 浓度的增大会促进 CO 的生成，从而降低 NO_x 的形成。

$$CO_2 + C \longrightarrow 2CO \tag{4.63}$$

尽管 CO_2 浓度的增加可以降低燃料氮的转化率，但是当 CO_2 浓度超过 6% 时，会造成转鼓指数和燃料燃烧效率的快速下降，因此烟气再循环烧结中 CO_2 浓度不应超过 6%。

2. 真实烧结条件下准颗粒燃烧过程研究

温度对准颗粒燃烧性能的影响如图 4.25 所示，C 型准颗粒的质量转化率随着温度的升高而增大，温度对 S 型、P 型、S′型三种准颗粒的影响具有类似的结果。

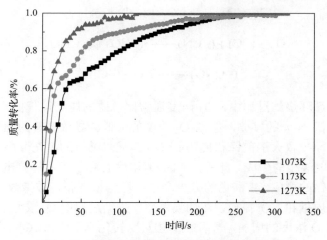

图 4.25　温度对 C 型准颗粒质量转化率的影响

四种准颗粒在相同温度(1273K)下的质量转化率结果如图 4.26 所示,可以看出不同类型的准颗粒质量转化率大小顺序为：C 型＞P 型＞S 型＞S′型。其余测试温度条件下,不同类型准颗粒的质量转化率具有类似的变化趋势。

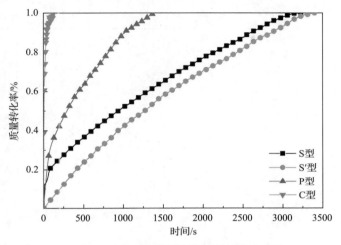

图 4.26　不同类型准颗粒的质量转化率对比

对四种类型准颗粒在不同温度下 $G(x)$ 和 t 之间的相关系数进行计算,结果汇总于表 4.11,可以发现,对于 S 型、P 型准颗粒的燃烧来说,D_1 模型最为合适;对于 S′型准颗粒的燃烧来说,R_2 或 D_1 模型最为合适;而 D_3 模型用来描述 C 型准颗粒的燃烧最为合适。

表 4.11　不同机理模型计算的相关系数对比

类型	温度/K	相关系数							
		$R_{1/2}$	$R_{1/3}$	$R_{1/4}$	R_2	R_3	D_1	D_2	D_3
S 型	1073	0.922	0.850	0.789	0.995	0.982	0.991	0.973	0.897
	1173	0.927	0.849	0.777	0.987	0.963	0.992	0.966	0.857
	1273	0.915	0.825	0.739	0.989	0.967	0.998	0.976	0.865
S′型	1073	0.903	0.823	0.756	0.994	0.980	0.991	0.975	0.903
	1173	0.908	0.828	0.758	0.993	0.974	0.993	0.978	0.892
	1273	0.918	0.838	0.769	0.991	0.971	0.994	0.966	0.855
C 型	1073	0.624	0.502	0.440	0.965	0.983	0.945	0.988	0.973
	1173	0.482	0.370	0.318	0.899	0.941	0.835	0.917	0.980
	1273	0.542	0.421	0.350	0.893	0.926	0.842	0.910	0.953
P 型	1073	0.862	0.769	0.695	0.999	0.993	0.996	0.995	0.928
	1173	0.823	0.695	0.599	0.995	0.988	0.997	0.995	0.925
	1273	0.844	0.710	0.598	0.996	0.988	0.998	0.993	0.926

　　进一步采用最合适的机理模型探究准颗粒的反应速率常数与温度之间的关系。图 4.27 展示了不同温度下，四种类型准颗粒的总体反应速率常数的温度依赖性。四种类型准颗粒的总体反应速率常数大小顺序为：C 型＞P 型＞S 型＞S′型，与前文的结果相符合。

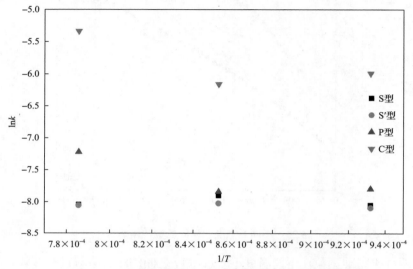

图 4.27　准颗粒表观总反应速率常数的温度依赖性

　　在准颗粒燃烧过程中，四种准颗粒反应速率不是一个常数。采用反应指数来进一步研究温度对准颗粒燃烧性能的影响，计算公式如式(4.43)所示。从图 4.28 可以发现，反应指数随温度升高而增大，四种类型准颗粒反应指数顺序为 C＞P＞S＞S′。

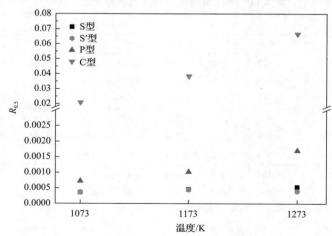

图 4.28　准颗粒在不同温度下的反应指数

　　温度对准颗粒焦炭氮转化率的影响如图 4.29 所示，C 型准颗粒随着温度的升高，焦炭氮转化率大幅下降，而其他几种类型准颗粒的焦炭氮转化率变化不大。温度的升高会促进焦炭对 NO 的吸附能力，增大焦炭和 NO 之间的异相还原反应速率常数。此外，温度升高会加快焦炭的燃烧速率、降低焦炭表面的 O_2 浓度，从而造成 C 型准颗粒焦炭氮转化率的下降。此外，C 型准颗粒的焦炭颗粒直径为 0～0.25mm 且质量分数仅为 5%，比起其他类型的准颗粒(P 型 50%，S 型 75%，S′型 100%)更容易受温度影响。C 型准颗粒表面焦炭分布较为松散，燃烧强度更大，而 NO_x 的生成速率与燃烧速率呈正相关，从而导致其焦炭氮转化率较高。

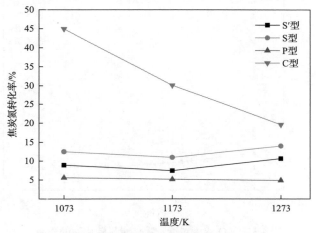

图 4.29　温度对准颗粒焦炭氮转化率的影响

O_2 对准颗粒焦炭氮转化率的影响如图 4.30 所示，对于 C 型、S 型、S′型准颗粒而言，焦炭氮转化率均随 O_2 浓度的升高而增加，这主要是由反应式(4.55)～式(4.59)造成的。对于 P 型准颗粒来说，焦炭氮转化率随着 O_2 浓度的升高而下降。

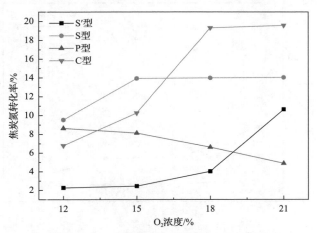

图 4.30　O_2 浓度对准颗粒焦炭氮转化率的影响

P 型准颗粒的焦炭质量分数为 50%，且粒径均为 0～0.25mm，这会导致更快的 O_2 消耗和更多的 CO 生成，从而形成一个较强的还原性氛围，NO 的还原反应可能占据主要地位。此外，在 P 型准颗粒内部可能生成了铁酸钙，从而导致焦炭氮转化率随着 O_2 浓度的升高而下降。

CO 浓度对准颗粒焦炭氮转化率的影响如图 4.31 所示，可见四种准颗粒焦炭氮转化率均随 CO 浓度升高而降低，具体解释可见反应式(4.60)～式(4.62)。

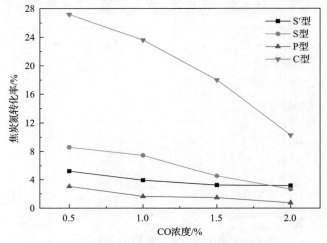

图 4.31　CO 浓度对准颗粒焦炭氮转化率的影响

CO_2 浓度对准颗粒焦炭氮转化率的影响如图 4.32 所示，可见四种准颗粒焦炭氮转化率均随 CO_2 浓度的升高而降低。CO_2 浓度的增加可能会通过反应式(4.63)促进 CO 的生成，从而降低焦炭氮转化率。

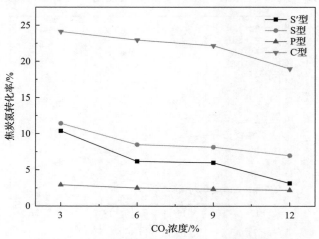

图 4.32　CO_2 浓度对准颗粒焦炭氮转化率的影响

4.2.4　烧结杯三层法 NO_x 排放实验

刘子豪[70]用如图 3.1 所示的烧结杯中试实验台架模拟铁矿石烧结过程，实验中连续抽取烧结烟气研究铁矿石烧结过程中 NO_x 的排放。

虽然铁矿石烧结过程中烧结床层温度沿着床高由于多孔介质的蓄热作用不断升高，但烧结中燃烧状态随着火焰前锋的不断下移却是缓慢变化。烧结过程中热力型 NO_x 生成量较少，因此烧结过程中随着火焰前锋的下移，热力型 NO_x 变化不大。烧结过程中随着火焰前锋下移，烧结床层温度升高，火焰前锋区域发生的液相反应增加，形成的液相量增加，生成的铁酸钙化合物可能增加，从而导致 NO_x 排放减少。随着火焰前锋沿着床层的下移，床层中 CO 浓度增加，这也将对烧结过程中 NO_x 的变化有些影响。然而 CO 及铁酸钙化合物对于 NO_x 的还原作用相对较弱，并且沿着烧结床层 CO 及铁酸钙化合物的还原作用也是缓慢变化。综上可知，烧结过程中随着火焰前锋不断下移，焦炭燃烧状态沿着床层缓慢变化，NO_x 的排放也是缓慢变化。因此采用一种特殊的烧结床层结构——夹心烧结床层来研究烧结过程中 NO_x 的排放，如图 3.31 所示。这种方法能够在火焰前锋前缘施加一个强烈的扰动，使燃烧状态发生变化，从而影响 NO_x 的排放。图 4.33 为一个典型的采用夹心烧结床层结构的烧结实验烟气成分曲线，在中层焦炭粒径变粗使 NO_x 发生了一个突变，从而可分析焦炭粒径对于 NO_x 排放的影响。

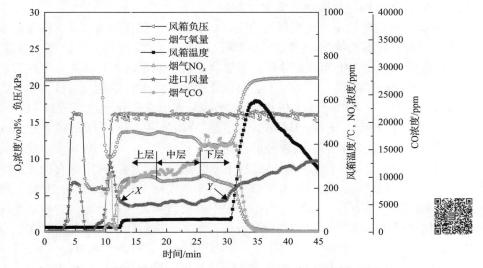

图 4.33　典型的夹心烧结床层烟气曲线(彩图扫二维码)

NO_x 浓度为烟气分析仪实测值

当然相同的信息采用两组单独的烧结杯实验也能够获得，一组烧结杯实验含有基准焦炭粒径，另一组烧结杯实验含有更粗的焦炭。然而三层结构法是更优的，可通过烟气中 NO_x 的阶跃性变化来分析变化参数对于 NO_x 的影响，而不是通过比较两组烧结烟气数据。另外，采用三层结构进行两组烧结杯实验可以再次确认实验结果，保证实验结果的准确性。例如，第一次三层烧结杯实验中，中层含有更粗的焦炭，上层和下层含有粒径较细的焦炭，当火焰前锋从上层移动至中层时，烟气中 NO_x 会发生变化，而当火焰前锋从中层移动至下层时，烟气中 NO_x 会朝着相反的方向变化；进行第二次实验时，上层和下层烧结料含有较粗焦炭，而中层含有较细焦炭，因此当火焰前锋从上层移动至中层时，烟气中 NO_x 会再次发生变化。第一次实验结果能够利用第二次实验结果进行再次确认。

烧结点火期间由于负压为 6kPa，与烧结负压 16kPa 不同，并且该期间火焰前锋并未完全建立，同时燃烧受到燃烧器的干扰；火焰前锋到达烧结床底部后，氧浓度开始剧烈变化，风量迅速增加，燃烧也处于不稳定状态。另外，采用夹心烧结床层结构发现 NO_x 阶跃性变化发生在两处交界面，故考察烧结点火后至火焰前锋抵达烧结床底部前 NO_x 的变化。

实验采用的矿石包括 16.67wt%澳矿-1、16.67wt%澳矿-2、33.33wt%澳矿-3、16.67wt%巴西矿-1 和 16.67wt%巴西矿-2，熔剂为石灰石-1、白云石及蛇纹石，烧结过程中固体燃料为焦炭-1。实验过程中基本料配比为 6.5wt%，焦炭含量 4.05wt%，碱度（CaO/SiO$_2$）1.9，SiO$_2$ 5.0wt%，MgO 1.7wt%，返矿 20wt%。烧结实验中点火负压为 6kPa，标准烧结负压为 16kPa。

13 组烧结杯实验被用来研究焦炭含量、焦炭粒径、焦炭添加方式、碱度对于烧结过程中 NO_x 排放的影响，详细烧结实验工况见表 4.12。采用赤铁矿进行烧结，实际烧结过程中可能由于赤铁矿分解造成燃烧过程中氧浓度略有偏高，但这对烧结过程中焦炭燃烧影响较小，实际床层中总氧深度保持相对稳定[39]，故为了考虑燃烧状态的影响，仍可以将 NO_x 折算到 6vol% O_2 水平进行分析。工况 1、工况 2 中改变了焦炭含量，而工况 3～工况 6 改变了焦炭粒径，其中小于 1mm 或者 0.5mm 的焦炭被去除。焦炭制粒后随着粒径的不同其分布状态也不同，且其分布状态将影响焦炭的燃烧行为，从而影响烧结过程中 NO_x 的排放。烧结料中含有较多的细焦炭，这会引起烧结过程中 CO 浓度增加同时床层温度下降。工况 7～工况 8 中焦炭添加时间发生了变化。基准料实验过程中焦炭是和其他料一起混合然后制粒的，而在焦炭后加实验中，焦炭在制粒 8min 后加入，这将使焦炭全部附着在制粒后粒子的外层表面，从而使氧扩散阻力下降，烧结过程中燃烧速率增加。工况 9～工况 12 用来探讨碱度对于 NO_x 的影响。碱度变化后将改变烧结过程中液相的形成，改变铁酸钙化合物的形成。工况 13 实验中采用石英砂替代铁矿石，烧结过程中不会影响铁酸钙等化合物催化还原 NO_x。

表 4.12　实验工况

工况	变量	上层	中层	下层	备注
1	焦炭质量分数	4.05wt%	4.85wt%	4.05wt%	负压 8kPa
2	焦炭质量分数	4.85wt%	4.05wt%	4.85wt%	
3	焦炭粒径	全粒径	去除小于 1mm 焦炭	全粒径	
4	焦炭粒径	去除小于 1mm 焦炭	全粒径	去除小于 1mm 焦炭	
5	焦炭粒径	全粒径	去除小于 0.5mm 焦炭	全粒径	
6	焦炭粒径	去除小于 0.5mm 焦炭	全粒径	去除小于 0.5mm 焦炭	
7	焦炭添加方法	正常添加	制粒后 8min 加入	正常添加	
8	焦炭添加方法	制粒后 8min 加入	正常添加	制粒后 8min 加入	
9	碱度 (CaO/SiO₂)	1.9	2.4	1.9	
10	碱度 (CaO/SiO₂)	2.4	1.9	2.4	
11	碱度 (CaO/SiO₂)	1.9	1.4	1.9	
12	碱度 (CaO/SiO₂)	1.4	1.9	1.4	
13	液相/焦炭含量	4.05wt%	4.85wt%	4.05wt%	负压 8kPa，铁矿石采用石英砂替代

　　烧结过程中形成的铁酸钙化合物含量也被测定用来辅助分析 NO_x 的排放特点。铁矿石烧结过程固相反应中最开始形成的化合物为铁酸钙。随着烧结床层温度不断升高，铁酸钙发生分解，同时 Si、Al 及 FeO 等进入液相中形成复杂的复合钙化合物(SFCA)。

　　如表 4.12 所示，工况 3、工况 5、工况 7、工况 9、工况 11 上层的烧结料成分及烧结条件都相同，因此采用这些工况上层的 NO_x 来评估实验结果的重复性。表 4.13 展示最大的相对误差小于 5%，平均相对误差为 3.1%。烧结实验的结果重复性良好。

表 4.13　实验误差

工况	3	5	7	9	11	均值
NO_x/ppm	489	497	477	520	521	500.8
误差/%	-2.36	-0.76	-4.75	3.83	4.03	3.1

　　改变烧结料中焦炭含量后烧结烟气中 NO_x 的排放规律如图 4.34 所示，下层中当火焰前锋接近烧结床层底部即将烧透时，烧结烟气中 O_2 浓度迅速增加。铁矿石烧结过程中，烟气中氧浓度主要取决于烧结料中焦炭的含量、燃烧速率及焦炭的

燃烧效率。焦炭燃烧转化为 CO 相比于转化成 CO_2 所消耗的氧量少，这将增加烟气中的氧浓度。随着烧结的进行，下层的燃烧效率有所下降，最可能的原因是下层蓄热作用较强，床层温度较高，从而导致燃烧速率加快，燃烧效率下降。这将使得随着烧结的进行，烟气中氧浓度有所增加。然而由于下层燃烧速率较高，耗氧量较快，这能够降低烧结烟气中氧浓度。

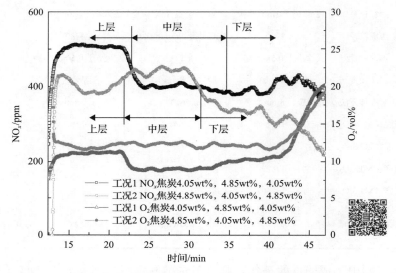

图 4.34　不同焦炭含量下 NO_x 排放(彩图扫二维码)

1. 焦炭含量

从图 4.34 可以看出，下层的 NO_x 排放量要低于上层的 NO_x 排放量 20%～35%。虽然下层烧结料的各项参数均与上层烧结料相同，但燃烧状态却有着很大的差别，下层的床层温度更高。增加烧结床层温度能够加速焦炭燃烧，导致烟气中氧浓度降低同时 CO 含量增加[19]。烧结烟气中氧浓度下降，表明烧结过程中还原性气氛增强，这有利于 NO_x 的还原，降低 NO_x 的生成。增加 CO 含量能够促进 CO 与 NO_x 间的还原反应[255]。

从表 4.14 可以看出，下层高温区的停留时间更短，这将降低 NO_x 的形成[264]。升高烧结床层温度有利于液相的形成，生成更多的铁酸钙。表 4.15 也显示下层的铁酸钙含量要比上层的铁酸钙含量高，这能够促进 NO_x 向 N_2 的转化，从而降低 NO_x 的排放。烧结床层温度升高，一方面有利于促进 C 与 NO_x 的还原反应；另一方面能够促进焦炭-N 的释放[258,265]。

表 4.14　不同工况下的床层烧结时间　　　　　　　（单位：min）

工况	上层	中层	下层
1	13.1	12.1	11.2
2	14.2	8.8	13.7
3	9.8	6.5	7.1
4	8.1	6.6	6.3
5	9.3	7.1	7.3
6	9.7	6.7	7.3
7	10.3	7.0	6.0
8	8.6	7.2	5.9
9	9.0	6.7	5.1
10	8.6	7.0	6.8
11	10.1	7.5	6.7
12	10.8	7.1	9.2

表 4.15　不同层中铁酸钙的含量　　　　　　　（单位：vol%）

工况	上层	中层	下层
1	16.9	19.1	25.6
2	16.9	23.4	22.4

2. 焦炭粒径

焦炭粒径对烧结过程有着很大的影响。增加焦炭粒径能够降低烧结过程中的燃烧速率，这将降低烧结过程中氧量消耗，同时导致在焦炭表面氧化性气氛增加，焦炭-N 氧化成 NO_x 增加。图 4.35 显示了当粒径小于 1mm 的焦炭被去除后，下

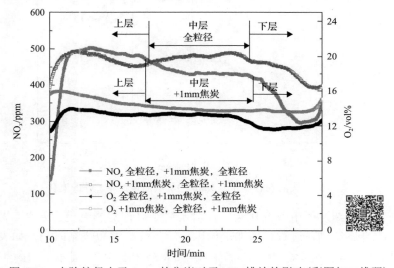

图 4.35　去除粒径小于 1mm 的焦炭对于 NO_x 排放的影响(彩图扫二维码)

层烟气中氧浓度增加约 2vol%（从 11.8vol%增加 13.8vol%）。当焦炭粒径变粗时，焦炭燃烧速率下降而燃烧效率提高[25]。这二者均影响烧结床层温度[6]，从而影响烧结过程中 NO$_x$的还原[258,265]。从图 4.36 和图 4.37 可以看出随着焦炭粒径变粗，烟气中 CO 浓度下降，这将减少 CO 与 NO$_x$间的反应，从而使烧结烟气中的 NO$_x$增加。此外由于焦炭粒径增加，NO$_x$在焦炭表面的还原增加。

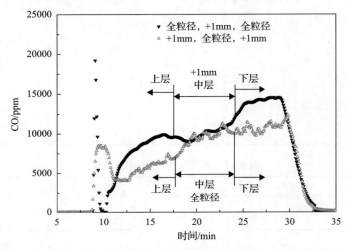

图 4.36　去除粒径小于 1mm 的焦炭后烧结中 CO 的变化

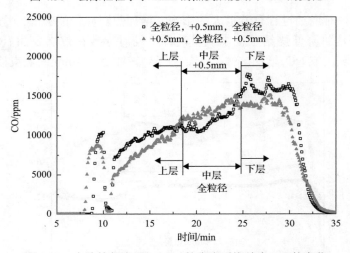

图 4.37　去除粒径小于 0.5mm 的焦炭后烧结中 CO 的变化

　　而在实际烧结过程中改变焦炭粒径对于烧结过程的影响更为复杂。增加焦炭粒径能够改善烧结制粒过程，增加烧结床层透气性，缩短烧结时间，如表 4.14 所示。烧结时间缩短有利于减少 NO$_x$的生成。图 4.35 和图 4.38 显示了去除小于 1mm

或者 0.5mm 的焦炭后，尽管烧结床层温度及 CO 含量下降，但是上层的 NO_x 排放量下降。这说明烧结过程中 NO_x 在焦炭表面及焦炭内部孔隙中的还原反应十分重要。根据上层的 NO_x 排放结果，工况 4 中去除小于 1mm 的焦炭后下层 NO_x 排放应该下降，然而图 4.35 表明下层 NO_x 排放量增加。通过图 4.35 可知，当小于 1mm 的焦炭被去除后，下层的氧浓度增加十分明显，约增加了 2vol%。这表明烧结过程中氧化性气氛增加，焦炭表面有更多的 NO_x 形成。去除小于 1mm 的焦炭后，上层烧结烟气中氧浓度约增加 1.5vol%，但是 NO_x 却降低了。这可能是由于上层温度较低，焦炭-N 向 NO_x 的转化率不是很高。

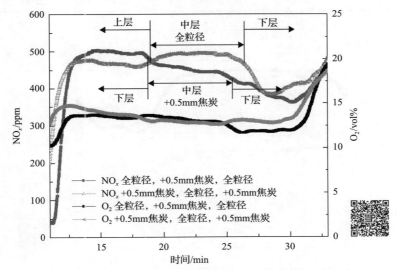

图 4.38　去除粒径小于 0.5mm 的焦炭对于 NO_x 排放的影响（彩图扫二维码）

3. 焦炭后加

制粒过程中焦炭后加，这将改变烧结过程中焦炭的燃烧行为，从而影响烧结过程。表 4.16 表明焦炭后加使烧结床层温度下降。如上所述，烧结床层温度下降将使烧结过程中 NO_x 排放量增加。焦炭后加后氧气扩散阻力下降，使得焦炭燃烧速率增加，烧结时间缩短，如表 4.14 所示。表 4.16 中同样显示了烧结过程中高温区停留时间缩短，有利于 NO_x 排放量减少。图 4.39 显示焦炭后加以后上层氧浓度变化不大，基本与基准工况类似，但是中层氧浓度约下降 5.3%，下层氧浓度约下降 9.2%。这说明焦炭后加以后上层燃烧状态与基准烧结料相似，但是中层和下层燃烧状态却发生了显著性变化。最可能的原因是上层温度较低，燃烧速率受到化学动力学控制，而中层和下层温度较高，同时液相生成较多，氧扩散速率下降，氧扩散控制着燃烧反应速率。图 4.40 表明焦炭后加以后烧结过程中 CO 含量增加，这将有利于 CO 与 NO_x 之间的化学反应。图 4.39 显示焦炭后加以后上层 NO_x 排放量与基准状态接近，而中层 NO_x 排放量下降 4.5%，下层 NO_x 排放量减少 14.5%。NO_x 排放变化趋势与烧结烟气中 O_2 变化趋势一致，这表明了烧结过程中氧浓度对于 NO_x 排放的影响要高于 CO 和烧结时间对于 NO_x 的影响。较高的燃烧速率容易形成还原性气氛，减少 NO_x 生成和增加 NO_x 的还原[266]。

表 4.16　300mm 床层烧结床层温度

工况	最高床温/℃	1100℃以上高温区持续时间/min
7	1223	1.97
8	1263	2.28

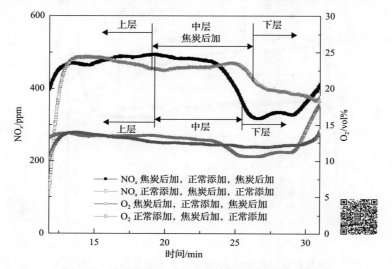

图 4.39　焦炭后加对于 NO_x 的影响（彩图扫二维码）

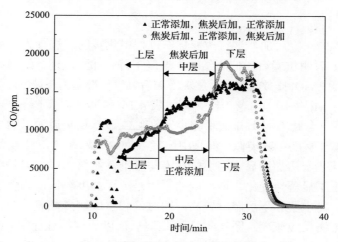

图 4.40　焦炭后加对于 CO 的影响

4. 碱度

工况 9～工况 12 中烧结料中碱度发生了变化,用来考察碱度对于 NO_x 排放的影响。提高碱度有利于烧结过程中液相的形成,使烧结矿中铁酸钙含量增加。改变烧结过程中碱度对烧结床层温度的影响很大,因为碱度将影响烧结料中石灰石的含量。烧结床层温度变化时将影响烧结过程中的阻力,影响烧结风量。

工况 9～工况 10 中碱度增加至 2.4,实验结果(图 4.41)显示烧结过程中 NO_x 排放变化不是特别明显,但通过三层床层结构可比较容易地了解提高碱度对于 NO_x 的影响。图 4.42 显示降低烧结碱度,烧结过程中 NO_x 排放量增加。提高烧结床层温度有利于降低烧结床中 NO_x 的排放。同时图 4.41 和图 4.42 显示了改变碱度后烧结过程中氧浓度变化不大,较为稳定,这表明烧结过程中燃烧过程相对稳定。改变碱度能够影响床层的透气性[108],如表 4.14 所示。碱度增加至 2.4 以后,上层和中层的烧结时间缩短,而下层烧结时间延长。碱度降至 1.4 以后,烧结时间延长。缩短烧结时间有利于降低 NO_x 的排放量[264]。当碱度增加至 2.4 后,下层床层温度下降,并且烧结时间延长。下层 NO_x 排放量预计增加,然而实验结果显示下层 NO_x 排放量减少。这表明烧结过程还有其他因素控制着 NO_x 的生成与还原。改变烧结碱度可改变液相的形成及矿相组成[88]。表 4.17 列出了不同烧结床层中铁酸钙的含量,可知碱度增加铁酸钙含量增加,这与前人的研究结果一致[88,267,268],也与烧结过程中 NO_x 排放的变化趋势一致,表明改变烧结碱度后,矿相的变化对于 NO_x 的排放有着很大的影响。

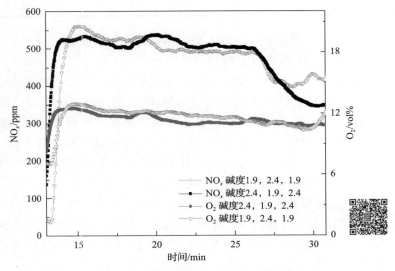

图 4.41　提高碱度对于 NO_x 排放的影响(彩图扫二维码)

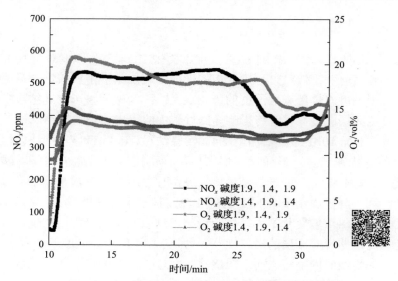

图 4.42　降低碱度对于 NO_x 排放的影响（彩图扫二维码）

表 4.17　不同层铁酸钙含量　　　　　　　（单位：vol%）

工况	上层	中层	下层
9	17.1	34.4	21.5
10	20.2	20.1	22.5
11	19.8	10.1	21.5
12	9.4	23.3	19.2

　　图 4.43 显示了当石英砂替代铁矿石后烧结过程中 NO_x 的排放情况。从图中可以看出，石英砂替代铁矿石后 NO_x 排放量要高于烧结过程中 NO_x 排放量，大约高出 60%。石英砂替代铁矿石后，烧结最高床层温度约为 800℃，比烧结过程中的 1200～1300℃要低。降低烧结床层温度将增加 NO_x 的排放。如上述讨论，下层 NO_x 排放量相比上层 NO_x 排放量要低 20%～35%。而模型预测下层床层温度一般要高于上层，大约高 150℃，这表明在 1200～1500℃内床层温度每升高 100K，NO_x 排放量减少 15%～25%。对于石英砂替换铁矿石以后，烧结过程中铁酸钙不会形成，从而不会发生分解 NO_x 至 N_2，或是加速 CO 或 C 与 NO_x 之间的反应。工况 13 中当火焰前锋移动至中层后，烧结床层温度约增加 100℃，然而中层 NO_x 排放量约下降 16%。然而工况 1 中中层床层温度也是约增加 100℃，但 NO_x 排放量却下降 20%。这可能是由于烧结过程中存在复杂化合物，如铁酸钙等，能够减少 NO_x 的排放。

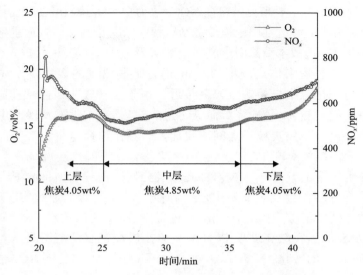

图 4.43　石英砂替代铁矿石后 NO_x 及 O_2 的变化趋势

4.2.5　烧结过程 NO_x 排放模型

近年来随着计算机技术的飞速发展，以及人们对于燃烧理论的不断了解，使得采用计算机模拟燃烧过程成为可能。相比于传统的实验研究，数值模拟研究能够使人们更深入地了解燃烧过程中的机理，同时采用数值模拟研究能够节省人力物力成本。近年来学者一直致力于煤粉燃烧时 NO_x 排放的数值模拟研究，但烧结过程中 NO_x 排放的数值模型由于燃烧环境的不同也有着较大的差异。目前学者大多集中于通过实验研究铁矿石烧结过程中 NO_x 排放的规律，数值模拟方面研究主要集中于烧结过程中的传热传质方面，如液相的形成与凝固、水分的蒸发及烧结矿质量的预测等[19,99,102,113]，然而对于烧结过程中 NO_x 的研究却较少，研究依然不足。本节采用总体反应速率来模拟烧结过程中 NO_x 的生成、C 或 CO 与 NO_x 之间的还原反应机理，从而研究烧结过程中影响 NO_x 排放的因素及 NO_x 的生成机理，同时预测烧结过程中 NO_x 的排放，为在线控制 NO_x 的排放提供理论依据和指导。

铁矿石烧结数学模型不仅能够从机理上揭示铁矿石烧结过程，还能够预测烧结过程的各种参数变化，已经被证实为研究铁矿石烧结过程的一个重要工具。目前不少学者开展了铁矿石数值模拟研究[110,123,126,193]，主要是为了提高烧结产量和质量、降低烧结成本。然而对于铁矿石烧结过程中 NO_x 的排放模拟研究相对较少，主要集中在实验研究方面。

　　烧结过程中 NO_x 主要来自燃料型 NO_x，热力型 NO_x 排放较少，而快速型 NO_x 排放量更少。为了能够更准确地模拟烧结过程中 NO_x 的排放，同时能够避免数值模拟过程过于复杂，故本章只考虑燃料型 NO_x 及热力型 NO_x 的排放。

　　铁矿石烧结过程中焦炭较粗（0～5mm），这与常规的煤粉炉中粒径分布差别显著，而与流化床中煤粉颗粒粒度接近。由于焦炭较粗，内部孔隙率较高，焦炭燃烧速率相对较为缓慢[266]。而 Avedesian 等[269-271]研究发现，焦炭燃烧过程中气体扩散速率与焦炭粒径之间成反比，即颗粒粒径越大，气体扩散速率相对较慢，而小颗粒焦炭产生的气体扩散得更快。这说明焦炭燃烧反应气要比煤粉燃烧过程中生成的气体在焦炭内部孔隙及焦炭表面停留时间更长，这有利于生成的 NO_x 在焦炭内部及表面发生还原。而陈彦广等[272-274]通过实验研究发现，采用烟气循环技术能够有效地降低烧结过程中 NO_x 的排放水平；同时 Molina 等[254]研究发现，焦炭燃烧过程中 NO 能够在焦炭表面发生还原反应，从而降低焦炭-N 向 NO 的转化率。所以本章数值模型中考虑焦炭与 NO_x 之间的异相还原反应。

　　铁矿石烧结过程火焰前锋区域内局部还原性气氛十分强，实验中经测定发现烧结烟气中 CO 浓度为 0.5vol%～2.0vol%。根据前人的研究并结合烧结过程中 CO 浓度，本章 NO_x 数值模型中考虑 CO 与 NO 之间的化学反应。

1. NO_x 生成及还原模型

1）NO_x 生成模型

（1）燃料型 NO_x。

　　铁矿石烧结过程中使用的固体燃料主要是焦炭及少量的无烟煤，焦炭中的挥发分很低，为 1wt%～2wt%，故本章中 NO_x 生成模型只考虑焦炭-N 的转化，不考虑挥发分-N 的转化。

　　焦炭开始燃烧后，随着焦炭的燃烧，其中的 N 也发生氧化，并生成 NO 等。研究表明，焦炭燃烧过程中大部分情况下焦炭中 N 与 C 释放顺利并无选择性[249,257,258]。岑可法等[266]认为焦炭-N 直接氧化成 NO，不经过均相反应，焦炭-N 的释放速率与焦炭燃烧速率成正比，随着焦炭燃尽率的提高，焦炭-N 向 NO 的转化比例不断增加。因此，本章中假定焦炭燃烧过程中焦炭-N 的释放速率与焦炭燃烧速率成正比：

$$R_{NO} \propto R_{coke} \tag{4.64}$$

　　对于焦炭-N 氧化生成 NO 的机理依然存有争议，有研究学者认为焦炭-N 直接氧化生成 NO_x，不用经过均相反应[249,250,266]，如图 4.44 所示；而有些研究学者却发现焦炭燃烧生成 NO_x 的过程包含着均相反应[251-254]。然而对于焦炭-N 氧化模型，许多研究学者采用了直接氧化模型[249,250,257,266,275-278]。Karlstrom 等[257]研究了生物质焦炭-N 氧化过程，并提出了生物质焦炭-N 单颗粒 NO 生成模型，能较好地模拟生物质焦炭-N 燃烧过程中焦炭-N 的转化过程。焦炭-N 氧化生成 NO 的模型如下：

$$m_{NO,f} = \frac{M_{NO}}{M_N} \frac{Y_N}{Y_C} m_C \tag{4.65}$$

式中，$m_{NO,f}$ 为燃烧过程中 NO 的生成速率；Y_N 为焦炭-N 的质量分数；Y_C 为固定碳的质量分数；m_C 为固定碳的释放速率；M_{NO} 为 NO 的摩尔质量；M_N 为 N 的摩尔质量。

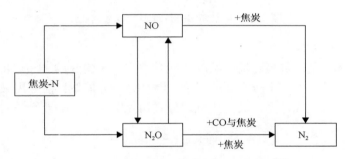

图 4.44　燃烧过程中焦炭-N 的转化流程[25]

　　考虑焦炭-N 的释放速率与焦炭的燃烧速率成正比，焦炭-N 直接氧化生成 NO_x，不经过 HCN 等中间产物。图 4.45 显示了烧结过程中烟气成分的变化。从图中可以看出，烧结过程中主要生成了 NO，烟气中 NO/NO_2 的比例约为 31，故本章中 NO_x 的生成模型假定焦炭-N 全部氧化为 NO。焦炭-N 转化为 NO 的速率为

$$R_{NO} = \frac{R_{coke} \eta Y_N W_{NO}}{W_N} \phi \tag{4.66}$$

式中，R_{coke} 为焦炭的燃烧速率，$kg/(s \cdot m^3)$；Y_N 为焦炭-N 的质量分数，%；η 为焦炭的燃尽率，%；W_{NO} 为 NO 的摩尔质量，$kg/kmol$；W_N 为 N 的摩尔质量，$kg/kmol$；ϕ 为焦炭氧化过程中 N 向 NO 转化的比例。

　　Nelson 等[279]指出在 1000～1400K，氧气浓度为 5%～20%时，单颗粒焦炭-N 向 NO 的转化率为 75%～100%。这一方面是由于生成的 NO 一部分在焦炭内部孔隙中被 C 表面还原；另一方面是由于一部分焦炭-N 在燃烧过程中转化成了其他含氮化合物，如 N_2O 等。

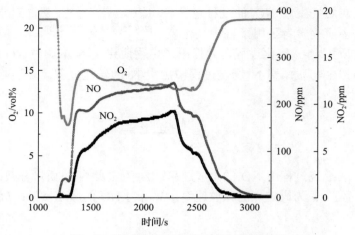

图 4.45　烧结杯实验过程中烟气数据曲线

（2）热力型 NO_x。

热力型 NO_x 是在贫燃环境中温度较高时由空气中的 N_2 氧化成 NO 而生成的。温度对于热力型 NO_x 有十分重要的影响。热力型 NO_x 模型目前应用最为广泛的是捷里道维奇 NO_x 生成模型，其生成机理如式（4.67）～式（4.69）[249,266]：

$$N_2 + O \underset{k_{-1}}{\overset{k_1}{\rightleftharpoons}} NO + N \tag{4.67}$$

$$N + O_2 \underset{k_{-2}}{\overset{k_2}{\rightleftharpoons}} NO + O \tag{4.68}$$

$$N + OH \underset{k_{-3}}{\overset{k_3}{\rightleftharpoons}} NO + H \tag{4.69}$$

以上三式可逆反应的总体反应速率如式（4.70）所示[249]，当假定燃烧系统中初始 NO 浓度很低时，捷里道维奇模型 NO 总体反应速率可以简化为式（4.71）。如果进一步假定 O_2 的离解反应处于平衡状态，那么式（4.70）可以进一步写成式（4.72）：

$$\frac{d[NO]}{dt} = 2[O] \left\{ \frac{k_1[N_2] - \dfrac{k_{-1}k_{-2}[NO]^2}{k_2[O_2]}}{1 + \dfrac{k_{-1}[NO]}{k_2[O_2] + k_3[OH]}} \right\} \tag{4.70}$$

$$\frac{d[NO]}{dt} = 2k_1[N_2][O] \tag{4.71}$$

$$\frac{d[NO]}{dt} = 2k'[N_2][O_2]^{1/2} \tag{4.72}$$

对于氧化性气氛的贫燃燃烧过程,根据捷里道维奇测定的 k' 实验结果,式(4.72)可以简化为式(4.73),用来模拟计算热力型 NO_x 生成量。铁矿石烧结过程中整体属于强氧化性气氛燃烧,故采用式(4.72)模拟烧结过程中热力型 NO_x 的排放量。

$$\frac{d[NO]}{dt} = 3 \times 10^{14} [N_2][O_2]^{1/2} \exp\left(-\frac{542000}{RT}\right) \tag{4.73}$$

式中,$[N_2]$、$[O_2]$、$[NO]$ 分别为 N_2、O_2、NO 的浓度,mol/cm^3;T 为热力学温度,K;R 为摩尔气体常量,$J/(mol \cdot K)$。

2)NO_x 还原模型

(1)NO_x 与 C 的还原反应。

Glarborg 等[280]认为虽然目前对于燃烧过程中焦炭-N 的转化的诸多细节不是很清楚,但是对于焦炭与 NO 之间的还原作用已经较为清楚。首先焦炭表面的 N 和 O_2 发生反应:

$$C(N) + O_2 \longrightarrow NO + C(O) \tag{4.74}$$

形成的 NO 一部分向外扩散,一部分吸附在焦炭表面,与焦炭表面的活性基反应:

$$2C_f + NO \longrightarrow C'(N) + C(O) \tag{4.75}$$

其中 $C'(N)$ 和 $C(N)$ 反应性不同,$C'(N)$ 能够与 NO 发生反应,生成 N_2:

$$C'(N) + NO \longrightarrow N_2 + C(O) \tag{4.76}$$

同时 $C'(N)$ 也有可能与 $C'(N)$ 作用,生成 N_2,但是此反应在 900～1200K 时作用不明显。NO 的转化率与气氛中 NO 的浓度、颗粒粒径、焦炭反应性及压力等有关,NO 浓度增加,焦炭粒径增加,NO 转化率下降[280]。

$$C'(N) + C'(N) \longrightarrow N_2 + 2C_f \tag{4.77}$$

Schönenbeck 等[281]与张聚伟[282]结合实验和数值模拟研究了高温下焦炭与 NO 的反应,发现 NO-焦炭的反应是关于 NO 的一级反应,随着焦炭浓度的增加,NO 被还原量增加。单颗粒焦炭与 NO 的反应速率可表示为[282,283]

$$R_{NO} = kSP_{NO}\eta \tag{4.78}$$

$$k = k_0 \exp\left(-\frac{E}{RT}\right) \tag{4.79}$$

$$S = \frac{1}{6}\pi d^3 \rho_p A_i \tag{4.80}$$

$$\eta = \frac{3}{\phi}\left(\frac{1}{\tanh\phi} - \frac{1}{\phi}\right) \tag{4.81}$$

式中，k 为反应速率常数，$kg_C/(m^2 \cdot s \cdot Pa)$；$S$ 为焦炭表面积，m^2；P_{NO} 为远离焦炭颗粒的主烟气中 NO 的分压，Pa；η 为有效因子，真实的反应速率与可能达到的最大反应速率的比值；k_0 为 NO 与焦炭反应速率常数的指前因子，$kg_C/(m^2 \cdot s \cdot Pa)$；$E$ 为 NO 与焦炭反应的活化能，J/mol；R 为摩尔气体常量，$J/(mol \cdot K)$；T 为焦炭颗粒表面的温度，K；ρ_P 为焦炭颗粒的表观密度，kg/m^3；A_i 为比表面积，m^2/kg；ϕ 为 Thiele 模数，可用式 (4.82) 计算得到[282,283]。

$$\phi = \frac{d_p}{2}\sqrt{\frac{\gamma A_i \rho_p k_c P_{NO}}{C_{NO} D_e}} \tag{4.82}$$

式中，γ 为反应 $C(s) + O_2(g) = CO_2(g)$ 的化学计量系数；C_{NO} 为主烟气中 NO 的浓度，kg/m^3；D_e 为焦炭颗粒孔隙中的有效扩散系数，m^2/s。

焦炭颗粒孔隙中的有效扩散系数由克努森扩散系数 D_k 和分子扩散系数 D_0 构成，可表达为[282,283]

$$D_e = \frac{\varepsilon}{\tau}\left(\frac{1}{D_k} + \frac{1}{D_0}\right)^{-1} \tag{4.83}$$

式中，ε 为焦炭孔隙率；τ 为曲折因子。

分子扩散系数为

$$D_0 = C\frac{[(T_p + T_\infty)/2]^{0.75}}{d_p} \tag{4.84}$$

式中，C 为扩散控制的速率常数，$m^3/(K^{0.75} \cdot s)$；T_∞ 为主烟气温度，K。

努森扩散系数为

$$D_k = 97\bar{r}_p\sqrt{\frac{T_p}{M_{NO}}} \tag{4.85}$$

式中，$\bar{r}_p$ 为经验平均孔径，m；M_{NO} 为 NO 的摩尔质量，kg/kmol。

(2) NO 与 CO 的还原反应。

焦炭燃烧过程中不仅焦炭能与 NO 发生还原反应，其反应产物 CO 在焦炭表面及其他催化剂表面也能与 NO 发生反应[257,284-286]，如式 (4.86) 所示。而毕学工等[255,287-289]研究发现，烧结过程中烧结料中的 CaO、烧结矿、赤铁矿及 MgO、铁矿石均能催化 CO 与 NO 之间的反应，降低烧结过程中 NO_x 的排放。实验研究发现 CO 与 NO 之间的反应为一级反应，为简化模型可只考虑在焦炭表面上进行的 CO 与 NO 之间的反应，其总体反应速率可用式(4.87)表示[168]。

$$NO + CO \longrightarrow \frac{1}{2}N_2 + CO_2 \qquad (4.86)$$

单颗粒焦炭表面 CO 与 NO 的反应速率可表示为[276]

$$R_{NO} = k_{NO\text{-}CO}C_{NO}C_{CO} \qquad (4.87)$$

式中，$k_{NO\text{-}CO} = 3.68 \times 10^7 \exp(-108889/RT)$；$R_{NO}$ 的单位为 $mol/(m^3 \cdot s)$。

2. 烧结 NO_x 模型的实验验证

将上述 NO_x 的生成及还原模型嵌入第 3 章所述的烧结过程的传热传质程序中进行模拟。该模拟程序包含烧结过程中主要的过程模拟，如焦炭燃烧、液相的生成与凝固、水分的蒸发、石灰石的分解、白云石的分解等，建立了合理的烧结过程中的数学模型，并得到烧结杯实验结果的验证，证明该程序能够较好地模拟烧结过程中的传热传质过程[19]。

烧结点火过程中由于增加了外部还原气，故点火过程中 NO_x 排放量较低。实际烧结过程中所用的点火燃料十分复杂，如采用煤气或是天然气，或是其他混合气等。由于再燃模拟工作量大，且烧结点火过程中 NO_x 排放量较低并且持续时间短，约为 90s，故不考察点火阶段 NO_x 的排放。

采用四组烧结杯实验[290]来验证烧结模型对于实际烧结过程中 NO_x 排放的预测。烧结杯实验过程中采用均一烧结料层进行烧结，点火负压为 6kPa，烧结负压为 16kPa。烧结过程中采用真空泵抽取部分烟气，并用烟气分析仪测量烧结过程中的 NO_x 和 O_2。

图 4.46 展示了四个烧结杯实验工况实测烟气成分与模拟烟气成分的对比。从图中可以看出，烧结程序能够较好地模拟烧结过程中的 NO_x 和 O_2。模拟烟气成分虽然与实测烟气成分有些偏差，但误差均在±20%以内。烧结点火完成以后 NO_x 浓度迅速升至一定的值，并保持相对稳定的水平，直到烧结接近完成时，烟气中的 NO_x 浓度迅速下降。从中可以看出，烧结过程中的 NO_x 主要来自燃烧过程，当燃烧结束以后，NO_x 排放迅速降低；烧结的过湿带、烧结矿带均不是 NO_x 的生成地。

图 4.46 显示模拟 NO_x 在烧结接近完成时呈现出略有上升的趋势，这主要是由于在烧结接近完成时漏风及烧结阻力降低的影响，烧结风量迅速增加，导致输入参数中的风量参数偏大，从而导致模拟焦炭燃烧速率增加，烧结模拟生成量略有增加。

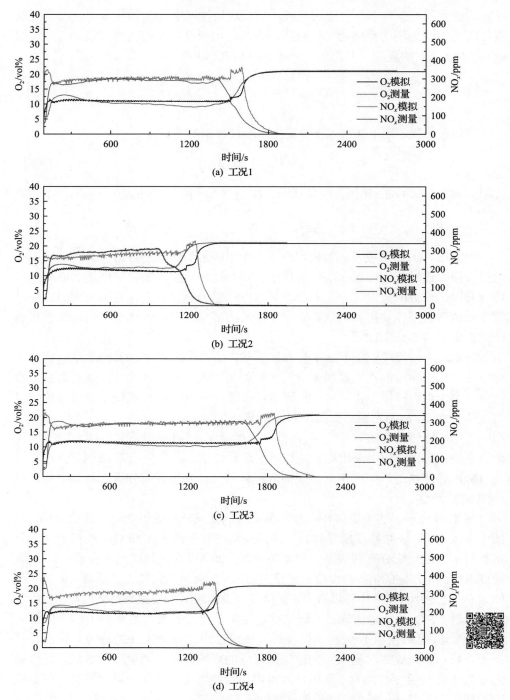

图 4.46　工况 1～工况 4 模拟与实测对比(彩图扫二维码)

从图 4.46 可以看出，烧结点火完毕后，烧结床中 NO_x 浓度迅速升至一高点，然后缓慢下降，之后又略微回升到一个较为稳定的水平。这主要是由于烧结点火后，烧结床燃烧带建立，燃烧正式开始，NO_x 排放迅速增加，当点火罩被撤去后，冷空气进入烧结杯顶部导致床层温度相比点火阶段有所下降，故此时的焦炭燃烧速率有所下降，烟气中 NO_x 的生成速率有所降低，而随着烧结的进行，床层的蓄热作用使其温度不断增加，烟气中 NO_x 的生成速率有所升高。实际烧结过程中烧结矿质量最差的并不是烧结点火层，而是点火层以下一部分，这说明了烧结过程中床层温度最低处并非点火层，而是点火层以下一部分烧结料层。这与观测到的 NO_x 排放规律一致。同时由于点火的影响，烧结燃烧带的厚度相对较厚，这也是点火后一段时期内 NO_x 排放浓度较高的一个原因。然而烧结过程中并非烟气中 NO_x 浓度低，其焦炭-N 向 NO_x 的转化率就低，NO_x 排放量就少，只有综合考察了风量及氧浓度等各个参数，才能深入了解烧结过程中 NO_x 的排放。

3. 各类型 NO_x 对烧结总 NO_x 排放的影响

1) 热力型 NO_x

图 4.47 给出了烧结模型中仅考虑燃料型 NO_x 与考虑热力型和燃料型 NO_x 时

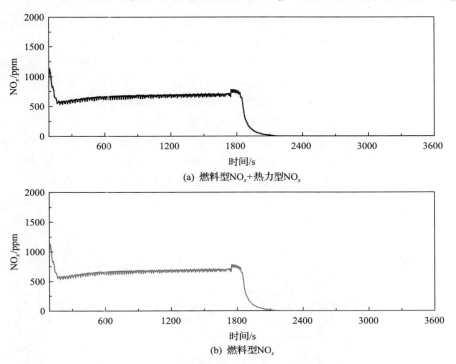

(a) 燃料型NO_x+热力型NO_x

(b) 燃料型NO_x

图 4.47　热力型 NO_x 对烧结过程中 NO_x 排放的影响

烧结过程中 NO_x 的排放特点。可以看出，考虑热力型 NO_x 与不考虑热力型 NO_x 时，烧结 NO_x 排放基本保持不变。这是由于热力型 NO_x 的排放主要与温度紧密相关，随着温度的升高热力型 NO_x 排放量增加，当温度达到 1800K 以上时，热力型 NO_x 的排放才变得比较明显[249]。图 3.20(a) 显示了烧结床不同层模拟床层温度，可以看出 500mm 处床层温度最高，大约 1400℃。这主要是由于烧结床层燃烧属于具有相变的多孔介质燃烧，燃烧过程具有蓄热作用，因此下层床层温度最高。由于工况 3 烧结的为高铝矿，实验过程中为了保证烧结强度而延长了烧结时间，同时焦炭比普通烧结料增加了约 10%。然而即使增加了烧结焦炭配比，延长了烧结时间，烧结床层最高温度也不到 1800 K，故铁矿石烧结过程中热力型 NO_x 排放不明显，再次说明了烧结过程中可以不用考虑热力型 NO_x 排放。从图中可以看出，点火完成后前期 NO_x 排放量很高。这主要是由两方面造成的，一方面是虽然点火后初期进入床层的气流为冷空气，但是点火阶段施加的外部热源导致撤去点火罩后温度依然较高，焦炭的燃烧速率较快，因此此时焦炭-N 氧化速率较快；另一方面烧结烟气中 NO_x 排放浓度与烧结风量紧密相关，点火后初期风量较低，故烟气中 NO_x 浓度很高，之后迅速下降。

2）定量 C 对 NO 的还原作用

图 4.48 给出了当不考虑焦炭孔隙及焦炭表面 C 对 NO 的还原作用时 NO_x 的排放规律。可以看出，当焦炭燃烧过程中生成的 NO 不与 C 发生反应时，烟气中的 NO_x 浓度达到了约 580ppm，相比实际过程中排放的 NO_x 280ppm 要高出 300ppm 左右。这表明烧结过程中 C 与 NO 发生反应所减少的 NO_x 排放量约占实际生成 NO 的 50%。当烧结料中去除较细的焦炭颗粒后，烧结过程中氧浓度保持相对稳定时，NO_x 的排放量降低 5%～10%，同时还发现当烧结料中焦炭的颗粒数增加时，烧结过程中 NO_x 的排放量降低。烧结过程中虽然燃烧状态与煤粉炉中十分不同，处于气-固-液三相共存区，但是燃烧生成的 NO_x 在焦炭表面及孔隙、扩散至周边焦炭颗粒表面的还原作用十分强烈，使得生成的 NO_x 约有 50%被还原。

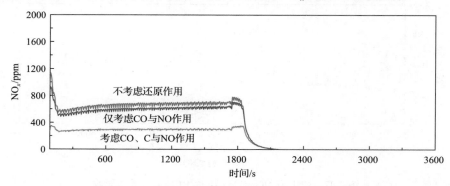

图 4.48　C 与 NO_x 的还原作用对烧结过程中 NO_x 排放的影响

3）定量 CO 对 NO 的还原作用

图 4.49 给出了考虑 CO 与 NO 还原反应与未考虑 CO 与 NO 还原反应的烧结过程中 NO_x 排放情况对比。可以看出，考虑 CO 与 NO 还原反应时 NO_x 的排放浓度约为 580ppm，而未考虑 CO 与 NO 还原反应时 NO_x 的排放浓度约为 680ppm，NO_x 排放约增加了 17%，说明烧结过程中 CO 对于 NO 的还原作用也是较为明显的。$Loo^{[291]}$ 与赵加佩$^{[19]}$提出的烧结过程中焦炭燃烧模型均认为焦炭表面发生燃烧时生成的产物为 CO，反应物 CO 向焦炭表面及焦炭内部同时扩散，CO 在距离焦炭表面一定距离的反应层中发生氧化生成 CO_2，CO_2 又同时向焦炭表面及外部扩散。生成的 CO 在焦炭表面及周围焦炭表面会与 NO 发生反应，降低烧结过程中 NO_x 的排放。烧结过程中 CO 的浓度为 0.5vol%～1.5vol%，而随着火焰前锋不断下移，CO 对 NO 的还原作用基本不变。这可能是由于当燃烧的烟气中 CO 浓度增加至一定值后，约为 0.6vol%，CO 与 NO 的反应速率不再增加$^{[258]}$。

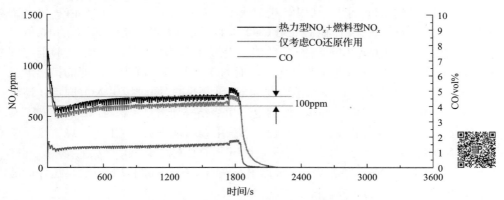

图 4.49　CO 对烧结过程中 NO_x 排放的影响（彩图扫二维码）

4.2.6　铁矿石烧结 NO_x 减排技术

铁矿石烧结过程中对 NO_x 的控制主要有两种途径：一是控制烧结过程中 NO_x 的生成；二是烟气中 NO_x 的脱除。控制烧结过程中的 NO_x 主要通过改变烧结过程及原料参数，加入合适的添加剂以促进 NO_x 的还原，调整制粒工艺改变焦炭燃烧环境等。烧结烟气脱硝技术主要有选择性催化还原技术、活性炭脱除法、低温等离子技术、电子束照射法、臭氧氧化吸收法、光催化氧化吸收法等$^{[268]}$。

1. 非末端 NO_x 减排技术

1）烧结过程对 NO_x 排放的影响

潘建$^{[292]}$通过管式炉实验研究了影响烧结过程中 NO_x 排放的因素，主要包括焦炭粒度、温度、氧浓度、金属氧化物、焦炭用量、烧结料层水分、料层高度。研究发现，当采用 1~3mm 焦炭进行实验时，NO_x 生成的浓度和生成速度都是最大的，采用细焦炭或者粗焦炭时 NO_x 的排放均降低。温度升高，NO_x 生成的最大浓度和生成速率都会增加。NO_x 的释放速率与焦炭燃烧的速率成正比，在氧浓度为 10%~18% 时，增加氧浓度，NO_x 浓度增加。Fe_2O_3、Fe_3O_4、CaO 单独作用均能使 NO_x 的生成速率增加，但是混合后作用明显下降，这主要是因为 CaO 与 Fe_2O_3 能够提供氧原子，促进 NO 的生成。Hosotani 等[293]通过烧结杯实验研究发现减少细焦炭的含量能够减少 NO_x 的排放，并且产率增加。但是在烧结厂进行的现场实验中发现 NO_x 减少不是很明显，NO_x 也只是从 170ppm 降至 158ppm。Morioka 等[294]研究了烧结过程中 NO_x 的排放特点，发现高温区形成的铁酸钙化合物能够催化 NO_x 的分解。Lee 和 Shim[267]通过热重实验分析了石灰/石灰石对于焦炭球团的 NO_x 排放的影响，指出石灰/石灰石的加入对于 SO_2 的排放有减少作用，而对于 NO_x 并未起到减排作用。Morioka 等[294]利用管式炉研究了烧结过程中形成的 Ca-Fe 化合物 (CF) 对于 NO_x 的脱除作用。他们采用 CaO 和 Fe_2O_3 或者 FeO 在 1300℃ 的 N_2 气氛中合成 CF，在管式炉中加入制备好的 CF，然后通入 NO_x 烟气，发现实验前与实验后 CF 样品中的 N 含量并无明显变化，而 NO_x 的排放却减少了。他们指出烟气中的 NO_x 在 CF 的催化作用下可能转化为 N_2 或者 N_2O，同时指出 NO_x 固定在熔渣中不是 CF 控制 NO_x 的主要方式。他们也采用烧结杯研究了 CF 对 NO 的影响，发现 CF 在烧结过程中的形成速度非常快，当采用细石灰石替代 CF 时，烧结过程中生成的 NO_x 减少了。潘建[292]也通过管式炉研究了 CF 对于 NO_x 排放的影响，同样发现 CF 能够减少 NO_x 的排放，同时提出石灰石与矿石预制粒的方法，这样能够增加烧结过程中 CF 的形成，降低 NO_x 的排放。

2) 添加剂及燃料改性

陈彦广等[272-274]研究了焦炭改性后烧结过程中 NO_x 排放的规律。利用 K_2CO_3、CaO、CeO_2 对焦炭进行改性，将这些化合物粉碎后制成悬浮液浸渍焦炭，干燥后得到改性的焦炭。采用改性后的焦炭作为烧结燃料时，烧结烟气中 NO_x 的排放下降。当采用 2.0% CeO_2 改性焦炭后，烧结烟气中 NO_x 排放能够降低约 18.8%；采用 2.0% CaO 改性焦炭后，NO_x 排放能降低 13.5%。采用改性后的焦炭作为烧结燃料能够降低 NO_x 排放的原因为：一方面改性物质能够促进 C 或 CO 与 NO_x 之间的反应；另一方面改性物质能够与焦炭中的 N 形成中间化合物，而后分解成 N_2。陈彦广等发现改性后的焦炭与烟气循环技术联用后能够进一步降低烧结过程中 NO_x 的排放[272]。

Mo 等[264]研究了添加一些碳氢化合物对于烧结过程中 NO_x 排放的影响。实验研究发现，稻壳和糖能够有效地降低烧结过程中 NO_x 的排放。向烧结料中添加

1wt%的糖后,烟气中 NO_x 排放浓度能够降低近 40%,同时烧结强度基本保持不变,低温还原粉化率有所改善,烧结产率从 37.5t/$(m^2 \cdot d)$ 增加至 45.4t/$(m^2 \cdot d)$。他们认为添加碳氢化合物能够增加烧结床的透气性,提高火焰前锋的传播速度,缩短高温区停留时间,从而降低 NO_x 的排放。

毕学工等[287,288]研究了添加含 NH_3 的添加剂后铁矿石对于 NO_x 的脱除效果,并分析了添加剂释放的 NH_3 在炉内的氧化规律。研究发现,当床层温度低于 900℃时,生成的 NH_3 基本不会被氧化成 NO,但随着床层温度的增加或者是烧结料中配碳量的增加,生成的 NH_3 有可能被氧化成 NO,从而增加 NO 的含量。实验过程中采用粒径为 1～3mm 的五种铁矿石作为填充层,发现铁矿石在 NH_3 存在的作用下能够催化降解 NO,其中含有 V_2O_5 或者 TiO_2 的矿石的催化作用更明显。毕学工等[289]发现添加剂产生的 NH_3 还能够与烧结烟气中的 SO_2 发生反应,生成硫酸铵,其能够被布袋除尘器所捕获,从而降低烟气中 SO_2 的排放。

3) 生物质替换及补气烧结

Fan 等[295]研究了秸秆类生物质对铁矿石烧结性能及排放指标的影响。研究发现,秸秆、成型秸秆、秸秆焦、成型秸秆焦对 NO_x 排放的降低幅度分别为 4.2%、5.6%、16.9%、28.2%。秸秆和成型秸秆的使用会造成燃料利用率下降,从而降低烧结床温度,因此替换焦炭的比例被严格限制在 10%。比起秸秆和成型秸秆,秸秆焦可以提高燃料利用率并增大烧结床温,然而当秸秆焦替换焦炭的比例超过20%时,会导致过快的烧结速度,因此合适的秸秆焦替代焦炭比例为 20%。成型的秸秆焦巧妙地集成了秸秆焦和成型秸秆的优点,在 40%的替换比例时仍可达到与全焦炭烧结相近的烧结性能,且 NO_x 排放减低 28.2%。

4) 烟气再循环降低 NO_x 排放

Chen 等[296]研究了解耦燃烧与烟气循环工艺在铁矿石烧结过程中对于 NO_x 排放的影响。解耦燃烧是将煤裂解产生的半焦或者焦炭作为烧结燃料进行烧结,同时将裂解产生的裂解气引入烧结过程中,降低烧结过程中 NO_x 的排放。烧结烟气循环技术是将部分烧结烟气返回烧结过程进行燃烧,一方面可以利用烧结烟气的预热降低烧结能耗;另一方面烟气中的 NO_x 能够在烧结过程中被分解或者还原,从而降低 NO_x 排放。烧结杯实验研究发现解耦燃烧与烟气循环技术联用时,NO_x 的最大脱除效率可达 40%以上。

2. 铁矿石烧结尾端烟气 NO_x 减排技术

1) SCR 技术

SCR 主要是在催化剂的作用下 NH_3 将 NO 还原成 N_2,NO_x 的脱除效率可达 80%以上[297]。目前 SCR 脱硝技术需要将烟气加热至 300～400℃才能进行脱硝反应,然而实际烧结过程中烟气的温度为 100～200℃,因此烧结过程中采用 SCR 脱硝技术时需要安装烟气加热装置,使烟气温度达到反应窗口温度如图 4.50 所示。由于烧结烟气需要加热后才能达到脱硝反应窗口温度,因此 SCR 技术的能耗比较高。此外,SCR 的催化剂容易受到粉尘的堵塞、磨损的影响,也易受水分的影响发生中毒,这些都是烧结烟气拥有的特点,这也是目前 SCR 应用于烧结烟气脱硝中的痛点。

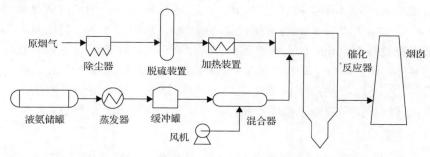

图 4.50　SCR 脱硝工艺

解决烧结烟气温度偏低的办法是利用热烟气与主烟气进行混合再热来提升主烟气的温度。陈建中[298]基于烧结烟气混合再热实验台研究热烟气与空气的混合特性,探究了单管横向射流和多孔射流两种烟气混合方式下,热烟气在近场区域的速度、温度及浓度分布特性。热烟气的来源一般是焦炉煤气或者高炉煤气等低热值烟气燃烧,其从竖直烟道内通入主烟气并与主烟气进行混合。以哪种方式组织热烟气和低温主烟气的混合,关系到混合气流的内部参数均匀性,影响混合后烟气的流速分布和温度场分布,这些因素对脱硝效率影响很大。然而,工程上烟气混合大多采用横向射流的方式直接将热烟气通入主烟道中。横向射流是指流体从管口或孔口以一定的角度射入主流道中(一般情况下,主流与射流之间存在较大速度或物性参数差异),主烟气和射流之间存在强烈的扰动、掺混、相互卷吸、分离等复杂现象的流体运动类型。这种混合方式,混合效果差,烟气的不均匀度大,两股烟气不能快速混合均匀,导致在脱硝反应器内的烟气成分差异很大,严重影响脱硝效率。所以有必要对热烟气的混入方式进行优化,提升热烟气与主烟气的混合效率,加快混合进度,争取烟气在进入 SCR 反应器之前实现温度均匀分布。

(1)烧结烟气混合再热实验。

实验系统模拟的是低温烧结烟气脱硝前的混合再热现象,实验台是依照烧结烟气的真实尺寸按比例缩小设计而成的。图 4.51 是烟气混合再热涉及的两种不同混合方式的示意图:多孔斜向射流混合与单管横向射流混合。在工程应用上,会使用多根射流支管同时将热烟气引入主烟道内，但由于射流管的布置存在对称关系，为了简化实验，模型只选取单根射流管的混合情况作为实验研究对象。

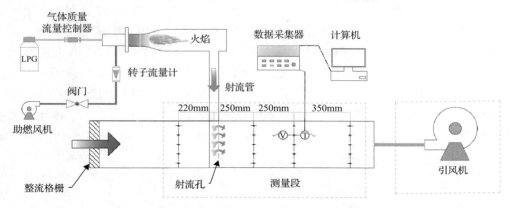

图 4.51　低温烧结烟气混合再热系统图

　　整个实验系统分三大部分：热烟气生成单元、烟气混合系统和数据测量系统。在热烟气生成单元，采用液化石油气（LPG）作为气体燃料产生高温热烟气。通过气体质量流量控制器控制液化气流量、转子流量计控制助燃风大小，从而实现对热烟气流量及温度的调节。

　　烟气混合系统的主体结构为矩形主烟道和横贯主烟道的热烟气支路，主烟气管道的尺寸为 300mm×150mm，射流支管的内径为 60mm。烟气混合管道采用不锈钢材质。为了保证主烟气在到达射流管前形成良好的气流均匀度，在主烟道入口处布置了整流格栅。实验过程中，通过布置在主烟道 4 个测量面上的 32 个测量孔采集混合烟气的速度、温度和浓度数据值。

　　图 4.52 是在单管射流条件下，在 x/D_h=1.25 测量面上所测得的时均速度云图。在单管横向射流混合模式中，热烟气是直接从主烟道左侧通入主烟道内的。当主烟气遇到热烟气射流时，受到射流的阻碍作用形成气流绕流。由于绕流作用，将射流上游的主烟气携带到射流的背风侧低压区与热烟气进行掺混。由图 4.52 可以观察到，在速度云图的左侧形成了一个深蓝色的低流速区和一个类似马蹄形的高流速区域。低流速区是由于热射流阻碍了主烟气，因此在热射流的背风侧形成了一个低压回流区，因而此处的气流流速较小。而马蹄形的高流速区反映的是横向射流流体运动形式中的一个重要流体运动特征——反向涡旋对。反向涡旋对具有很强的卷吸能力，在横向射流中对烟气混合起到了很重要的作用。从图中可以看出，受反向涡旋对卷吸作用的影响，在马蹄形涡的四周分布了比较密集的速度等值线。在主烟气与反向涡旋对交界处（y/D_h=0.6），由于主烟气在受到涡旋的卷吸后速度发生改变，X 方向的速度分量被削弱，因此在速度云图上形成了两个速度凹

口。但是，由于射流的流量较小，受到主烟气的冲击后高温气流被局限在主烟道的左侧，热烟气不能贯穿到主烟道的中部及右侧，所以该涡旋对所起到的卷吸作用十分有限。因此，横向射流的热烟气的混合进程很慢。从图 4.52 还可以看出，单管射流烟气混合模式在混合后烟气流速的分布形成一个比较明显的左右偏差。在主烟道左侧，主烟气与热烟气两股气流之间存在比较强烈的扰动、掺混现象，流场分布很不均匀。在主烟气与射流交界处，反向涡旋对受到主烟气的携带作用，气流速度相对比较大。而在主烟道的右侧，则形成的是一个相对比较均匀的速度分布。但是在主烟道的最右侧，与主烟气在烟道壁面形成剪切层，因此速度梯度也较大。

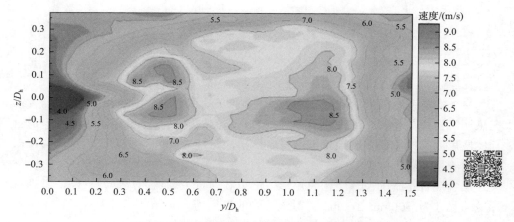

图 4.52　单管横向射流速度云图(彩图扫二维码)

　　图 4.53 对应的是 18×Φ10mm、13×Φ12mm 和 13×Φ15mm 三种射流管所形成的主流方向速度云图。从这三个速度云图结果分析，主烟道内的流速分布总体比较均匀。这是由于射流管的保护作用可以避免高温热烟气过早地被主烟气压偏，射流管内部的热烟气能够顺利地贯穿整个烟道。因此，在水平方向上，混合烟气的速度分布结果要优于单管横向射流工况。但是，由于射流管的阻碍作用，主烟气经过射流管便产生圆柱绕流现象，在射流管的背风侧形成一个低压区，引起附近的烟气回流来平衡压力差。因此，在速度云图中可以发现，中部形成了一个条状的低流速气流区域。此外，还可以发现，在条状低流速区域上下两侧，有多个近似圆形的高流速区域。圆形高流速区域呈水平排列布置。这部分高流速区域便是由于热烟气射流所形成的局部高流速区域。射流管 13×Φ12mm 形成了最优的射流条件，热烟气与主烟气的混合效果最佳，表现在速度云图上的结果是测量面内的流速分布最均匀。

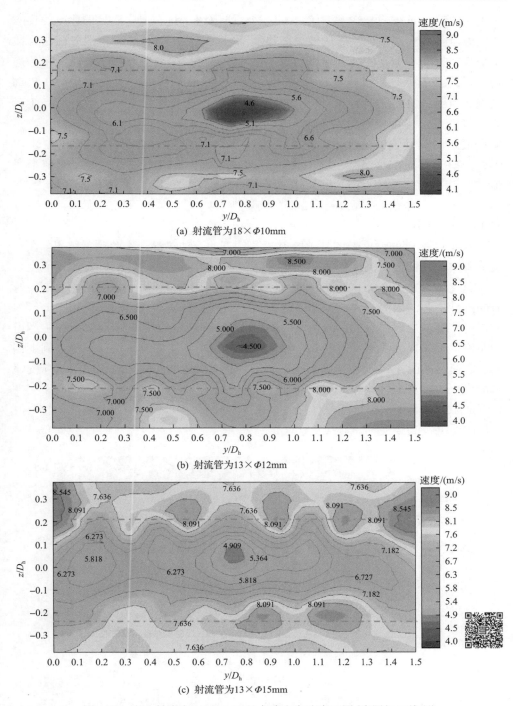

(a) 射流管为18×Φ10mm

(b) 射流管为13×Φ12mm

(c) 射流管为13×Φ15mm

图 4.53　多孔射流在 x/D_h=1.25 处主流方向速度云图（彩图扫二维码）

　　烟气温度是影响 SCR 脱硝效率的一个重要因素，只有温度满足催化剂的反应活性温度才能实现最佳的脱硝效果。热烟气通过与主烟气混合，两股气流进行热量交换，提高主烟气的烟气温度。为了保证较高的脱硝效率、减小氨逃逸率，需要保证最低的烟气温度也能达到催化剂的活性温度。所以要求两股烟气在热烟气混合点到 SCR 反应器入口的这段距离内实现快速的热量交换，最终达到统一的烟气温度。当烟气温度实现均匀分布时，有利于减少热烟气的热量输入，实现在最小的热量输入条件下，达到主烟气都达到催化剂反应活性温度的要求。因此，有必要对混合之后的烟气温度分布、热量扩散进程进行研究。对四个实验工况进行了温度测量，每个工况在烟气流向上安排三个测量面，分别在 $x/D_h=1.25$、$x/D_h=2.5$ 及 $x/D_h=4.25$ 处。测量结果如图 4.54～图 4.57 所示，分别对应工况 1～工况 4。

　　图 4.54 所示的温度云图是单股射流条件下的紊动热混合实验测量结果。在实验过程中，热烟气与主烟气为了满足实际工程中所需的热量匹配，将射流速度与主流速度比设定为 3.5。对于横向射流来说，射流比 3.5 属于小射流比范围，射流的刚性不强。因为射流比偏小，所以射流的刚度不足，当热烟气受到主烟气的冲击时，容易出现严重的射流偏斜。受射流偏斜影响，热烟气主要集中在主烟道的左侧，很难快速渗透和贯穿整个流道，致使热量不能够及时快速地传递到主烟道的右侧。如图 4.54 所示，高温区主要集中在主烟道的左侧，出现严重的温度偏斜情况。由于主烟气与热烟气之间存在着较大温差，当两股气流交汇时，在交界处形成一个明显的大温度梯度区域。如图 4.54(a) 所示，在 $y=0.5D_h$ 处，有一个很明显的温度等高线变化。

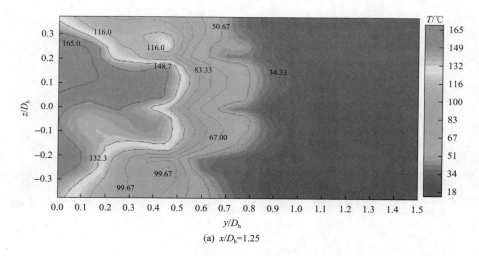

(a) $x/D_h=1.25$

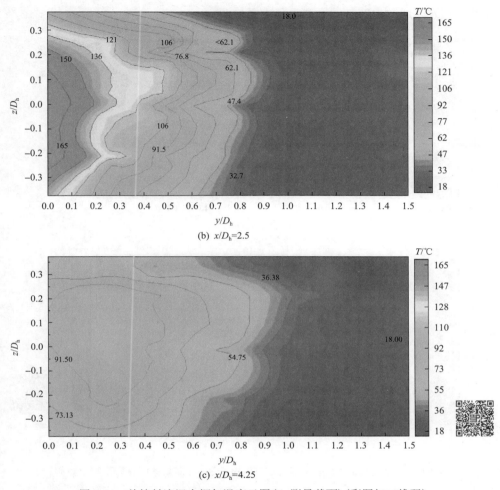

(b) x/D_h=2.5

(c) x/D_h=4.25

图 4.54　单管射流混合烟气温度云图(yz 测量截面)(彩图扫二维码)

对于多孔横向射流工况的温度云图如图 4.55～图 4.57 所示。使用多孔射流最主要的优势在于热烟气能够通过射流管顺利地贯穿整个主烟道，而不至于受到主烟气的冲击而过早地发生气流偏折现象。图 4.55 是孔排为 18×Φ10mm 的多孔射流烟气温度云图。对比两种混合模式下，在 x/D_h=1.25 处的温度分布情况，可以发现多孔横向射流条件下主烟道内烟气温度分布均匀程度要明显好于单股射流。在 x/D_h=1.25 测量面内最大的温差为 40℃。由图 4.55(a)温度云图可知，测量面上侧的烟气温度要略高于下侧的温度。这是由于混合后的热烟气受热浮升力的作用，往烟道上方流动。通过比较烟气流向上的两个测量面的温度分布情况，即在 x/D_h=1.25 及 x/D_h=2.5 两个位置处的温度分布，可以看出后者的烟气温度分布均匀性要明显高于前者。图 4.55(b)可以说明，烟气温度在该处已经取得了比较均匀的效果。此外，烟道中部是一个高温集中区域。

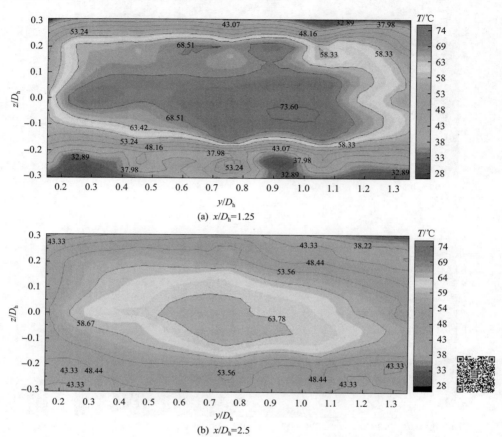

(a) x/D_h=1.25

(b) x/D_h=2.5

图 4.55　18×Φ10mm 多孔射流混合烟气温度云图（yz 测量截面）（彩图扫二维码）

工况 3 射流孔布置方式为 13×Φ12mm，其温度测量结果如图 4.56 所示。对比工况 2 与工况 3 两种工况在 x/D_h=1.25 处的温度分布，可以看出工况 3 的温度分布不均匀度要略高于工况 2，主要体现在宽度方向上的不均匀度。该情况主要是由于沿宽度方向，射流流量分布是有偏差的。由于工况 3 的射流流量偏差大于工况 2 的射流流量偏差，因此体现在温度云图上的结果也是一样的。然而，工况 3 在烟道上下两侧处的温度分布均匀性却要优于工况 2。这是因为，当热烟气总流量保持不变时，增大射流数量，减小了每个射流的动量。由之前的分析可知，射流动量减小后，射流的刚度将下降，因而，热气流从射流孔射出后便更容易受主烟气的冲击而发生流向改变，向着主烟气的方向流动。射流流量不能够很好地渗透到主烟气的上下两侧，也就导致热量不能够及时地传递到烟道的上下两侧。

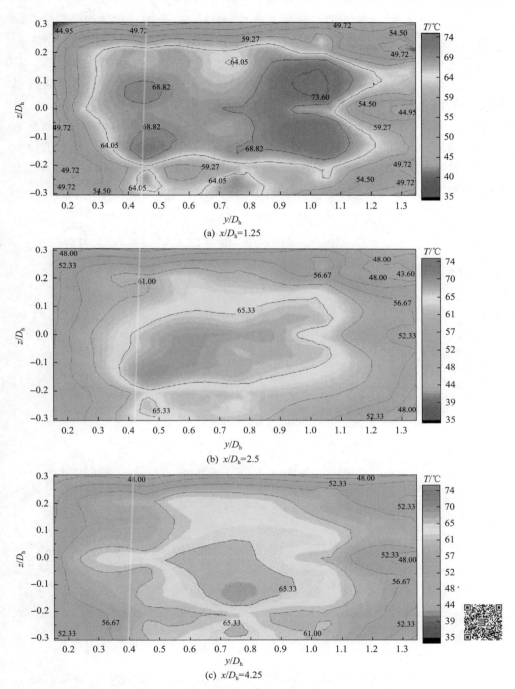

(a) $x/D_h=1.25$

(b) $x/D_h=2.5$

(c) $x/D_h=4.25$

图 4.56　13×Φ12mm 多孔射流混合烟气温度云图(yz 测量截面)(彩图扫二维码)

对于工况 4，其射流孔的布置形式为 13×Φ15mm。射流孔径的增大导致沿射流管流向上的射流流量偏差增大，因而影响到烟道内宽度方向上的温度分布偏差也随之增大。观察图 4.57(a)，可以发现在宽度方向上有 3 个条状的高温区。其中，上下两侧的高温区是因为热烟气射流形成的局部高温，而中心的条状高温区是在射流管背风侧低压区的热烟气回流形成的局部高温中心。可以看出，中心区域高温带的温度要小于上下两侧高温带。工况 4 在烟气流向上的两个测量面（x/D_h=1.25～2.5）处的温度分布情况，在此区间随着热量的扩散作用，温度的分布均匀度也随之提高，热烟气已经能够扩散到主烟道的四周，所以在主烟道内侧边缘处的烟气温度也有明显的提高。

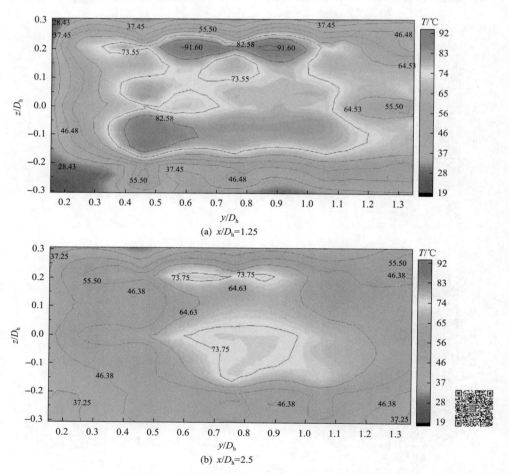

(a) x/D_h=1.25

(b) x/D_h=2.5

图 4.57　13×Φ15mm 多孔射流混合烟气温度云图（yz 测量截面）（彩图扫二维码）

由上述分析可知，由四个主要因素对混合后的烟气温度分布均匀性造成的影响如下：

①在单管射流的条件下，热烟气受到主烟气的冲击，气流方向过早地发生偏斜，导致热烟气不能够穿透到主烟道的另一侧，热量被局限在射流口一侧，热量扩散速度很慢。

②在使用多孔管条件下的多孔横向射流，主烟气受到过孔管的阻碍作用，在多孔管的背风侧形成一个低压区，引起热烟气与主烟气的回流，因此该处的混合、扰动效果较好，烟气之间的分布比较均匀，烟温较高。但是多孔管背风侧的烟气流速则要小于该测量面的平均流速。

③多孔管沿着管轴方向的射流速度分布不均匀，导致热量向烟道内的输入不均匀，因此这也是导致烟道内温度分布不均匀的一个因素。

④烟气受到热浮力的作用，气流内部有向 z 方向流动的分速度，所以热量会偏向烟道上部扩散。

关于系统浓度场的分布情况如图 4.58～图 4.60 所示。混合烟道内浓度云图的结果与温度云图有很多相似之处，但是也存在很多不一样的地方。

在图 4.58(a)左侧有两个高浓度区域，其浓度中心分别位于坐标(0.3，0.2)和(0.2，−0.2)。两个高浓度中心基本上比较对称，但是下侧高浓度区域范围较大，而且更靠近烟道的左侧边缘。但是在与射流出口同一轴线处(也就是在 $z/D_h=0$)却并没检测到 CO 的高浓度出现。这是由于当射流射入主烟气后，两个方向上的流体互相作用，这两种流体均发生偏转。

图 4.59 是多孔射流管 $13×\Phi12mm$ 在三个截面处的浓度场分布情况。相比于工况 2，工况 3 所反映出来的射流深度更好。工况 3 的热射流在主烟道上下两侧的射流深度大约为 $0.2D_h$，而工况 2 的射流深度仅有 $0.15D_h$。此外，在多孔射流管的背风侧是低压区，引起部分主烟气与热气流形成回流。所以从图中还可以看到，主烟道水平中心线处也反映出较高的浓度分布。分析图 4.59(a)～(c)可知，在图 4.59(a)中，主烟道四周存在明显的低浓度区域；而在图 4.59(c)中，这部分浓度区域已经得到明显的改善，主流道内形成比较均匀的浓度场分布。

图 4.60 表示的是多孔射流管 $13×\Phi15mm$ 在三个截面处的浓度场分布情况。对比图 4.59 可以看出，射流管 $13×\Phi15mm$ 所形成的混合烟气浓度场存在比较明显的左右偏差情况。在图 4.60(a)中可以发现，高浓度区域集中在烟道的中心右侧。在图 4.60(c)中仍然可以观察到烟道左侧存在比较明显的蓝色低浓度区域。形成左右浓度偏差的主要原因是该多孔射流管所形成的射流流量在射流管方向上存在明显偏差。

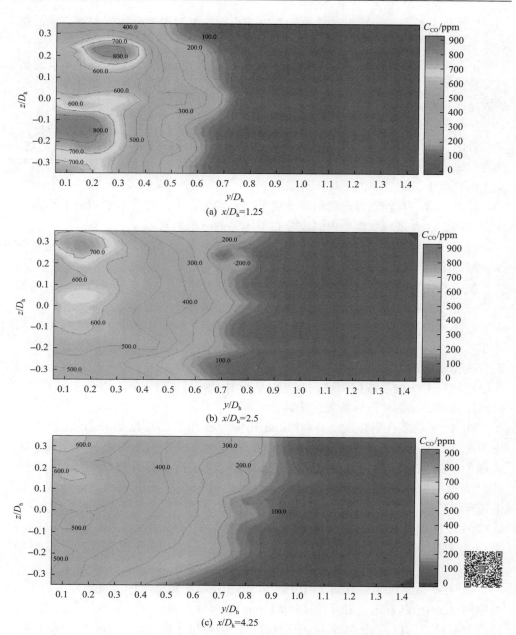

图 4.58 单管射流混合烟气 CO 浓度云图(yz 测量截面)(彩图扫二维码)

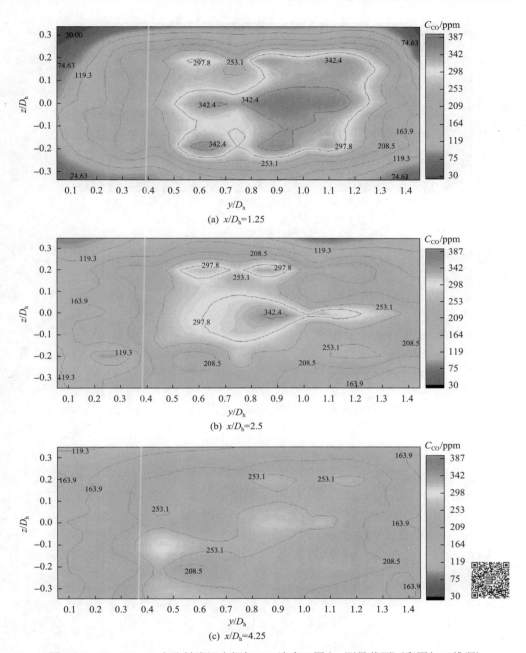

图 4.59　13×Φ12mm 多孔射流混合烟气 CO 浓度云图(yz 测量截面)(彩图扫二维码)

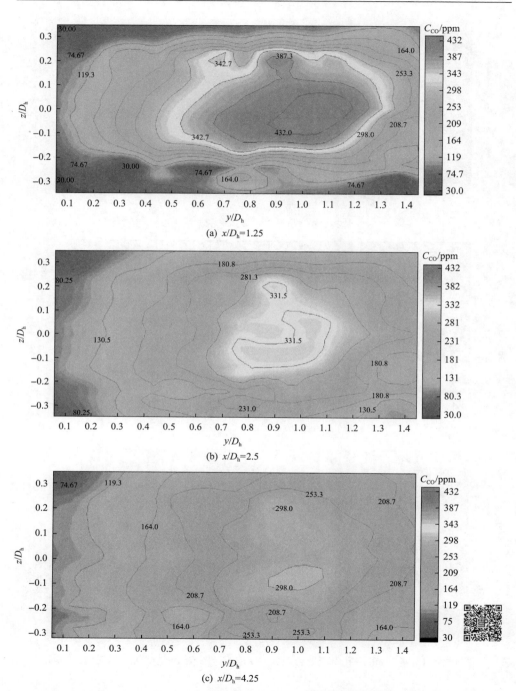

图 4.60　13×Φ15mm 多孔射流混合烟气 CO 浓度云图(yz 测量截面)(彩图扫二维码)

　　总体而言，多孔射流管混合模式的混合效果要明显优于单管射流的混合模式。采用多孔射流热混合模式有利于加快热烟气与主烟气混合，快速形成均匀的速度场、温度场及浓度场分布。

　　(2)烧结机烟气 SCR 脱硝系统数值优化。

　　工业上通常直接将焦炉烟气通入烧结烟气中对烧结烟气进行加热，但这通常会引起温度和流场分布不均匀。倪建东[299]对某钢厂 600m^2 烧结机增设的烟气 SCR 脱硝系统进行了数值模拟优化，并对优化方案进行了工程验证。

　　计算流体动力学模拟的范围是烟气再热器入口和烟气再热器出口之间的烟道及内部结构，包括高温焦炉烟气喷射装置、扰流装置、导流板、整流器等。烧结烟气再热脱硝系统几何模型及网格划分见图 4.61 和图 4.62。烟气参数见表 4.18，将烧结烟气入口、高温焦炉烟气入口设置为质量流量边界条件。喷氨入口温度为 313K，氨气流量为 112.5kg/h，稀释空气流量为 3500m^3/h。

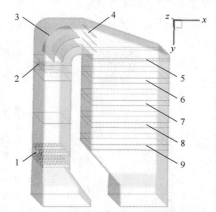

图 4.61　烧结烟气再热脱硝系统几何模型

1. 高温焦炉烟气喷射装置；2. 喷氨格栅；3. 导流板 1；4. 导流板 2；5. 整流器；6~9. 催化剂层

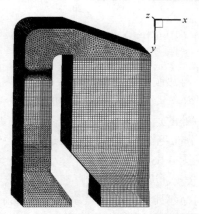

图 4.62　烧结烟气再热脱硝系统网格划分

表 4.18 烟气参数

烟气数据	烧结烟气	高温焦炉烟气
烟气量/(Nm³/h)	485 000	16 000
烟气温度/K	523	1 373
$w(H_2O)$/%	15.0	2.6
$w(O_2)$/%	15.3	0.4
$w(CO_2)$/%	7.7	29.6
$w(N_2)$/%	62.0	67.4
NO_x/(mg/Nm³)	450	≤10

　　高温焦炉烟气喷射出口温度分布见图 4.63。由图 4.63 可知，通入高温焦炉烟气后烧结烟气的温度升高了，且高温焦炉烟气经过一定距离后与烧结烟气的温度趋于一致。

　　喷氨格栅入口烟气温度分布见图 4.64。可以认为烟气在进入喷氨格栅入口时温度分布较为均匀。增设烧结烟气再热系统后，喷氨格栅入口平均温度由 523K 提升至 553K，提高了 30K，为催化剂层的 SCR 反应提供了较适宜的温度。

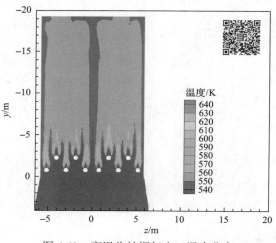

图 4.63　高温焦炉烟气出口温度分布
（彩图扫二维码）

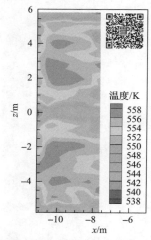

图 4.64　喷氨格栅入口烟气温度分布
（彩图扫二维码）

　　无导流板时烧结烟气再热脱硝装置内纵向截面的速度分布见图 4.65。由图 4.65 可见，无导流板时，在烟道弯头区域会出现明显的速度分布不均。无导流板时 SCR 反应器第一层催化剂入口处的速度分布见图 4.66(a)，速度标准偏差系数小于 10%，满足技术要求；速度矢量分布见图 4.66(b)，入口速度最大偏转角为 12.0°，超过±10° 的技术要求；温度分布见图 4.66(c)，温度偏差为 9.5K，满足技术要求；氨的体积分数分布见图 4.66(d)，氨分布较为不均，存在局部高浓度，会引起局部催化剂中毒，计算得到的氨与 NO_x 摩尔比的标准偏差系数为 6.28%，不满足小于 5%的要求，这将严重影响 SCR 的脱硝效果。系统的总压降为 1020Pa，满足技术要求。

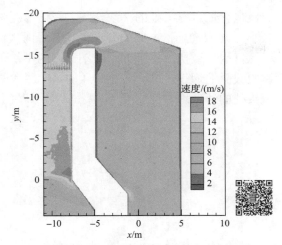

图 4.65 无导流板时纵向截面烟气速率分布(彩图扫二维码)

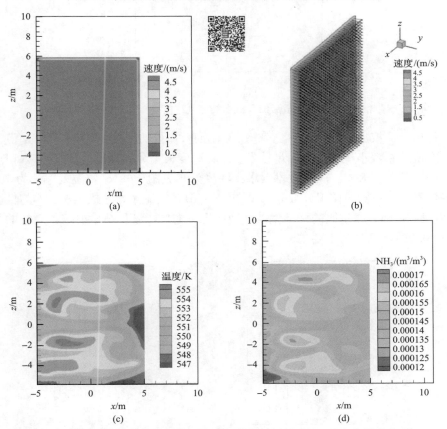

图 4.66 无导流板时第一层催化剂入口处的速度分布(a)、速度矢量分布(b)、
温度分布(c)及氨的体积分数分布(d)(彩图扫二维码)

优化设计的导流板包含烟道弯头处的 2 块弯板和反应器主体入口处的 3 块短板。弯板可以有效减小上升烟气垂直方向的分量,使其沿弯板流动,减少烟气回流的发生;短板可将烟气引导至扰流层上方,减小速度的不均匀。

优化导流板后纵向截面的烟气速度分布见图 4.67。由图 4.67 可见,设置导流板后,烟气在烟道弯头处的速度均匀性明显提高,未产生烟气回流。

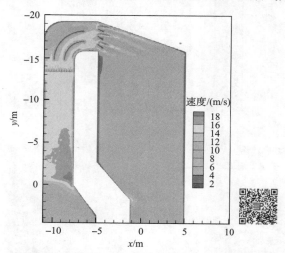

图 4.67 优化导流板后纵向截面的烟气速度分布(彩图扫二维码)

优化导流板后 SCR 反应器第一层催化剂入口处的速度分布见图 4.68(a),速度标准偏差系数小于 10%,满足技术要求;速度矢量分布见图 4.68(b),入口速度最大偏转角仅为 8.2°,满足技术要求;温度分布见图 4.68(c),温度偏差为 7.8K,满足技术要求;氨的体积分数分布见图 4.68(d),相比无导流板工况,均匀性明显提高,氨与 NO_x 摩尔比的标准偏差系数降至 4.11%,满足技术要求。系统的总压降为 1039Pa,满足技术要求。

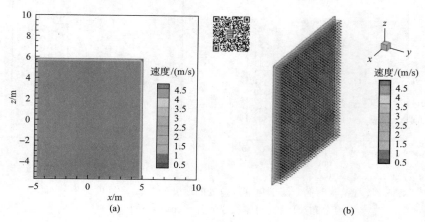

(a)   (b)

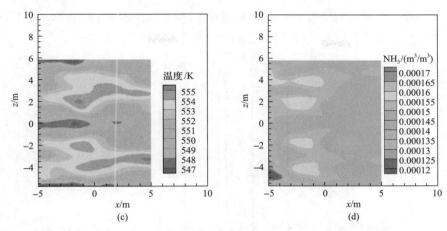

图 4.68　优化导流板后第一层催化剂入口处的速度分布(a)、速度矢量分布(b)、
温度分布(c)及氨的体积分数分布(d)(彩图扫二维码)

　　基于数值模拟的优化结果，对某钢厂烧结机组的 SCR 系统进行流场优化运行，各项指标的标准值和实测值见表 4.19。由表 4.19 可见，各项指标的实测值均达到标准值。数值模拟结果为烧结烟气 SCR 脱硝装置的高效运行提供了保障。

表 4.19　各项指标的标准值和实测值

指标	标准值	实测值
脱硝率/%	$\geqslant 80$	82.6
NO_x/(mg/Nm^3)	$\leqslant 110$	58.6
氨逃逸/(ng-TEQ/Nm^3)	$\leqslant 0.5$	0.22
氨气消耗量/(t/h)	$\leqslant 0.25$	0.10
氨与 NO_x 摩尔比	$\leqslant 0.82$	0.81
焦炉煤气消耗量/($\times 10^4$ Nm^3/h)	$\leqslant 3.84$	2.23

2) 活性焦吸附法

　　活性焦吸附法[300]是一种可以同时脱除二氧化硫、氮氧化物、二噁英及重金属等污染物的环保控制技术。该技术采用活性焦作为吸附材料。活性焦是一种比表面比活性炭小，强度要高于活性炭的吸附剂。在活性焦吸附法中，二氧化硫、氧气和水分与活性焦接触，二氧化硫被氧化成三氧化硫，从而生成硫酸，脱除二氧化硫之后向第二级反应塔中喷入氨气，在活性焦的催化作用下氮氧化物被还原成氮气(图 4.69)。同时由于活性焦的吸附作用能够脱除烟气中的二噁英、粉尘及重金属等污染物，反应后的活性焦通过加热回收硫并且使活性焦循环利用。活性焦吸附法的脱硫效率可达 95%以上，烟气的二噁英排放浓度可小于 0.5ng-TEQ/m^3，但烟气中的实际脱硝效率较低，不足 40%[301]。同时该技术要求烟气中粉尘颗粒浓度很低，否则容易堵塞活性焦表面，从而影响运行及污染物脱除效率，并且活性焦的初期投资与运行成本均较高，这限制了该技术的广泛应用。

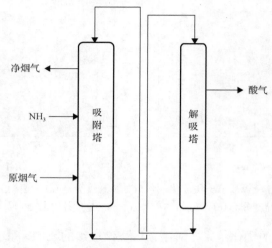

图 4.69　活性焦脱硝示意图

3) 低温等离子技术

低温等离子技术是一个非常有前景的脱硝技术，它利用高压脉冲放电或者介质阻挡放电产生离子，可以将 NO_x 还原成 N_2 或者将 NO 氧化成 NO_2[292]。但是在有氧气存在的气氛下，NO 氧化成 NO_2 是主要反应[302]。单独的低温等离子技术并不能够减少 NO_x 的排放，低温等离子技术尾部后面必须安装吸收 NO_2 的装置或者与催化剂技术相结合，因此该技术装置较为复杂(图 4.70)。将低温等离子技术与 V_2O_5/TiO_2 相结合，首先利用低温等离子技术将 NO 氧化成 NO_2，然后再利用 V_2O_5/TiO_2 将 NO_2 还原成 N_2，其温度可以降低到 150℃，脱除效率可达 90%[303]。

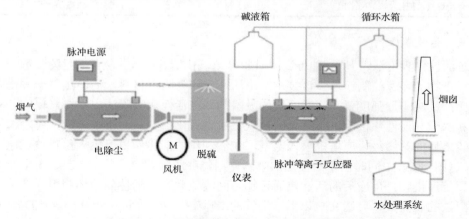

图 4.70　脉冲等离子体烟气多污染物联合脱除的工艺流程

4) 烟气再循环技术

EOS 系统(emission-optimised sinter system)又称优化排放烧结法,是将部分的烧结烟气回送到烧结料层,作为烧结过程所需要的空气,优化污染物排放的技术,如图 4.71 所示。EOS 系统由于采用了烟气再循环,烟气量大为减少,能够降低环保设备的投资,并且其设备的占地面积小。EOS 系统由于利用了烧结废气的余热及废气中的 CO,能够降低烧结过程的燃料消耗,使燃料的消耗量下降 20%,还能够降低烧结过程中 CO_2 的排放。由于烧结料层的吸收作用,烧结过程中粉尘的排放将大为减少。由于铁矿石中含有催化物质,能够使烟气中的 NO_x 催化分解。由于燃料消耗的减少和低氧的燃烧,NO_x 排放量减少 50%左右。由于烟气量的减少,烟气中 SO_2 的浓度增加,使得脱硫设备的脱硫效率得到提高,同时燃料的减少,SO_2 的排放也能够降低,SO_2 减排综合效果达到 40%。烟气中的二噁英在烧结料层的高温下大部分被分解掉,减排率可达 70%[304,305]。

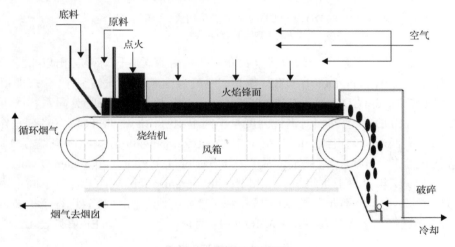

图 4.71　EOS 工艺流程

4.3　PCDD/PCDFs

1) PCDD/PCDFs 简介

二噁英是氯二苯并二噁英(PCDDs,一种共聚物)和多氯二苯并呋喃(PCDFs,一种芳香取代的呋喃)的简称,缩写为 PCDD/Fs。图 4.72 为二噁英的化学分子结构[306],它是一种三环芳香族化合物,每个苯环上有 4 个氢原子可以被氯原子取代。根据氯原子取代的位置和数量的差异,二噁英共有 210 种异构体/同系物(75 种 PCDDs 和 135 种 PCDFs)。二噁英是目前已知化合物中毒性最大的物质之一,具有强烈且不可逆的致癌、致畸、致突变的三致毒性[307]。此外，持久性有机污染物（persistent organic pollutants，POPs）中二噁英的化学稳定性极强，广泛存在于环境土壤、水体、大气及动植物脂肪中，对生态环境和人体健康危害巨大。为减少和/或消除包括二噁英在内的持久性有机污染物的排放，2001 年 5 月，包括中国在内的 90 多个国家在瑞典斯德哥尔摩签署了《关于持久性有机污染物的斯德哥尔摩公约》（简称《POPs 公约》），《POPs 公约》于 2004 年在全球范围内生效。作为首批持久性有机污染物，二噁英的排放与控制受到广泛关注。

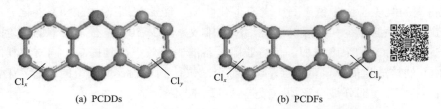

(a) PCDDs　　　　　　　　　　　(b) PCDFs

图 4.72　PCDDs 和 PCDFs 的分子结构式（彩图扫二维码）[306]

灰色为碳原子，红色为氧原子

　　二噁英的毒性与氯原子的取代个数和取代位置有关。国际上提出以毒性当量因子（toxic equivalent factor，TEF）作为二噁英毒性风险的评估因子[308]，即以毒性最强的 2,3,7,8-TCDD 作为基准（TEF 值为 1.0），其余各类二噁英同系物的毒性为 2,3,7,8-TCDD 毒性的相对毒性强度。不同组织机构制定的 TEF 值略有差异，1988 年北大西洋公约组织（North Atlantic Treaty Organization，NATO）规定了 17 种二噁英化合物的国际毒性当量因子（international toxicity equivalency factor，I-TEF），1997 年世界卫生组织（World Health Organization, WHO）针对不同生物体（人类/哺乳动物、鱼类和鸟类）对二噁英和二噁英类化合物的 TEF 进行了更新，并于 2005 年进行重新评估，被称为 WHO-TEF。两种体系的具体 TEF 值见表 4.20[309]。

表 4.20　二噁英毒性当量因子

PCDF 单体	I-TEF	WHO-TEF	PCDD 单体	I-TEF	WHO-TEF
2,3,7,8-TCDF	0.1	0.1	2,3,7,8-TCDD	1	1
1,2,3,7,8-PeCDF	0.05	0.03	1,2,3,7,8-PeCDD	0.5	1
2,3,4,7,8-PeCDF	0.5	0.3	1,2,3,4,7,8-HxCDD	0.1	0.1
1,2,3,4,7,8-HxCDF	0.1	0.1	1,2,3,6,7,8-HxCDD	0.1	0.1
1,2,3,6,7,8-HxCDF	0.1	0.1	1,2,3,7,8,9-HxCDD	0.1	0.1
1,2,3,7,8,9-HxCDF	0.1	0.1	1,2,3,4,6,7,8-HpCDD	0.01	0.01
2,3,4,6,7,8-HxCDF	0.1	0.1	OCDD	0.001	0.0003
1,2,3,4,6,7,8-HpCDF	0.01	0.01			
1,2,3,4,7,8,9-HpCDF	0.01	0.01			
OCDF	0.001	0.0003			

环境中的二噁英主要以混合物形式存在，通常采用 TEQ 表征二噁英混合物的毒性大小。TEQs 为样品中所有二噁英异构体的 TEF 值总和，计算公式如式(4.88)：

$$TEQ_{(PCDD/Fs)} = \sum_{i=1}^{n=17} [c_i \times (TEF)_i] \tag{4.88}$$

式中，c_i 为第 i 种有毒二噁英的浓度，ng/g 或 ng/L；$(TEF)_i$ 为第 i 种有毒二噁英的毒性当量因子。

2) 二噁英的排放源

环境中二噁英的来源主要包括两大类[309-311]：①源于自然界，如火山爆发、森林火灾、光化学作用等过程均会自然形成二噁英；②源于人类生产活动，包括特定工业燃烧过程，如废弃物焚烧、金属冶金、水泥窑、燃煤电厂等，农药及化工产品生产过程，造纸工业中含氯化学漂白剂的漂白过程等。其中，工业生产活动是二噁英的主要来源。根据我国公布的以 2004 年为基准年的二噁英排放清单显示[312,313]，2004 年中国约有 46%的二噁英来自冶金生产过程，其中烧结工序的年排放二噁英毒性当量高达 1523.4g I-TEQ，占冶金行业二噁英排放总量的 57.5%，是冶金生产过程中二噁英的主要排放源之一。图 4.73 为我国不同领域的二噁英估计分布及排放量[314]，可见烧结工序的二噁英排放量处于最高水平。随着垃圾焚烧过程中二噁英排放的严格控制，垃圾焚烧领域的二噁英排放量显著降低，铁矿石烧结过程中的二噁英排放控制变得刻不容缓。

自 20 世纪 80 年代起，美国、欧盟和日本等发达国家和地区便分别从调查研究、法律法规、技术升级等方面对烧结烟气中的二噁英排放进行严格控制，并取得良好的效果。而对于我国而言，限于监管能力和企业认识的不足，对于烧结过程

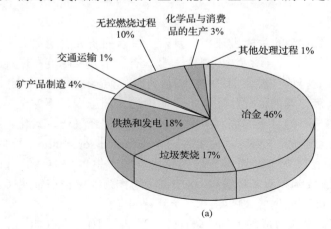

(a)

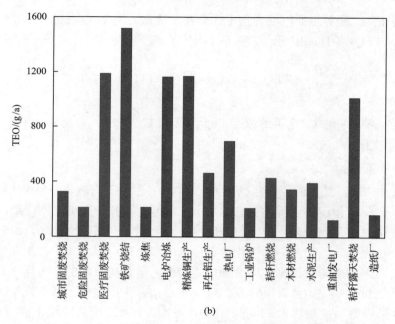

图 4.73　中国不同领域的二噁英估计分布(a)及排放量(b)[314]

中的二噁英污染控制研究起步较晚。2012 年 6 月 27 日，我国发布《钢铁烧结、球团工业大气污染物排放标准》（GB 28662—2012）[30]，明确规定现有企业自 2015 年 1 月 1 日起和新建企业自 2012 年 10 月 1 日起均执行二噁英排放限值 0.5ng-TEQ/m³。随着我国对烧结工序的二噁英排放控制力度的加大，必须对烧结过程中的二噁英产生机理进行研究探索，并采取有效措施进行二噁英污染排放控制。

4.3.1　生成机理

燃烧过程中二噁英的生成机理相当复杂，目前的研究表明主要生成机理有如下三种途径[306,314,315-317]：①燃烧原料中本身含有的痕量二噁英在燃烧过程中未被完全破坏或分解而释放到燃烧烟气中；②从头合成(de novo synthesis)，在 Fe、Cu 等过渡金属及其氧化物的催化作用下，飞灰中的大分子碳、不完全燃烧的碳粒等在特定温度(250～450℃)下与废气中的有机或无机氯经气化、氯化、缩合等一系列复杂化学反应后合成二噁英；③前驱物的合成(precursor synthesis)，燃烧过程中，由于燃烧不完全在飞灰表面通过非均相催化反应产生多种类型的有机氯化合物（如多氯联苯、氯代苯和双苯环等），这些氯化物作为前驱物在金属 Cu 的催化作用下发生 Ullmann 反应生成二噁英。

烧结过程满足从头合成的大部分条件[206,318-321]，例如，氧化氛围下的烧结层温度为 250～450℃；纤维、木质素、焦炭、乙烯基等提供了碳源；废铁、炉渣及铁矿中的有机氯提供了氯；烧结混合料中含有大量的铜和铁等过渡金属离子可为二噁英的生成提供催化剂。因此，普遍认为烧结工序中二噁英的生成机理是从头合成。

Tuppurainen 等[322]根据大量反应机理文献，采用化学动力学方法描述了从头合成的机理简图，如图 4.74 所示。可见从头合成反应主要分为两个步骤，首先有机或无机氯化物在金属离子的催化作用下转移到残余碳的大分子结构中生成酰氯（卤化物），然后酰氯被氧化降解为 CO_2，同时释放出二噁英等芳香族卤素副产物。从头合成反应的反应式如(4.89)：

$$Cl + 碳氢化合物 \xrightarrow{Cu^{2+}} 碳氢化合物 - Cl + O_2 \longrightarrow CO_2 + PCDD/Fs \tag{4.89}$$

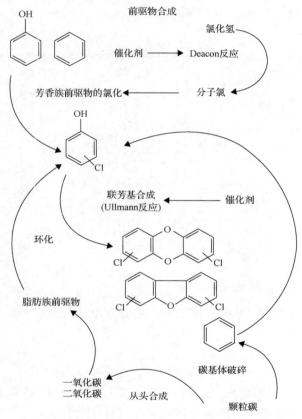

图 4.74　从头合成反应机理[322]

在铁矿石烧结过程中，基于烧结过程的物理和化学变化，沿料层高度方向烧结床层可分为烧结带、燃烧带、干燥预热带和过湿带，如图 4.75 所示[306]。由于烧结过程中二噁英的生成机理主要是温度为 250～450℃ 的从头合成，根据温度条件可知，在烧结带的冷却区和干燥预热带均能生成二噁英。在烧结带的冷却区中形成的二噁英随抽风作用向下输送到燃烧带。燃烧带是烧结料层中温度最高的区域，温度可达 1100～1300℃，该温度下二噁英在几微秒内被分解。混合料中的水分受热挥发形成干燥预热带，由于该区域的温度、氧气分压、大量颗粒、氯化物和过渡金属有利于二噁英的形成[323]，故在火焰前锋前 10～30mm 的干燥预热带中二噁英含量高。一般认为干燥预热带是二噁英形成的主要区域。此外，干燥预热带生成的二噁英随着火焰前锋的下移而向料层下部传输。在火焰前锋下移的过程中，富集在过湿区的二噁英被高温分解，其裂解产物随负压抽风被输送到料层下部，当烟气冷却过程中达到 250～450℃ 的温度条件时，再次生成二噁英。根据上述铁矿石烧结过程中二噁英的生成机理可知，烧结过程中的二噁英排放主要集中于烧结后期，而烧结前期的二噁英排放水平较低。

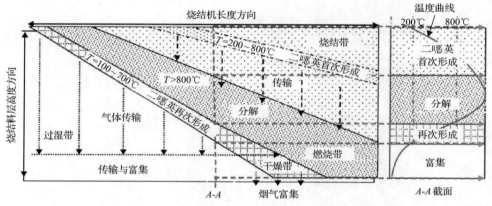

图 4.75　烧结过程中二噁英的产生机理[306]

4.3.2　烧结过程中二噁英的减排途径

铁矿石烧结过程中二噁英的控制方法主要分为三大类型：源头控制、过程控制和末端治理。

1. 源头控制

源头控制是通过控制烧结混合料中的关键元素或物质以实现二噁英的减排，主要措施包括控制烧结原料的成分和添加抑制剂[324,325]。

1) 控制烧结原料的成分

影响二噁英生成的重要因素包括氯元素、过渡金属元素和碳元素。其中，氯元素是参与烧结过程中二噁英形成的必要元素，相关研究显示[326]，当烧结原料中氯元素含量从 0.04% 增加到 0.06% 时，二噁英浓度从 0.55ng/m³ 增加到 0.82ng/m³。除尘灰和氧化铁皮中氯元素含量较高，若将它们与烧结原料混合将显著促进二噁英的生成。Nakano 等[327]的研究证实了这一结论,他们在烧结原料中加入 5%氧化铁皮、5%布袋除尘器(BF)灰和 5%静电除尘器(EF)灰,结果显示二噁英排放量从 0.3ng/m³ 显著升高至 220ng/m³,约增加了 732 倍。因此,在烧结原料中避免添加粉尘或进行脱氯预处理可显著减少二噁英的排放。

铜、铁等过渡金属元素一般作为二噁英形成的催化剂,促进 Deacon 反应[式(4.90)]和 Ullmann 反应[式(4.91)]的发生[328-330],其中 Deacon 反应是在 CuCl₂ 为代表的过渡金属催化作用下,将 HCl 转化为 Cl₂,而氯是二噁英形成的关键元素;Ullmann 反应则是在以铜为代表的过渡金属催化作用下,卤代苯可以通过联芳基合成反应形成多氯联苯,进而促进 PCDFs 的合成。因此,通常选用铜等过渡金属含量较低的铁矿石作为烧结原料以抑制二噁英的生成。

$$4HCl + O_2 \xrightleftharpoons{CuCl_2} 2H_2O + 2Cl_2 \tag{4.90}$$

$$2 \quad \bigcirc\!\!-Cl \xrightleftharpoons[100\sim350℃]{Cu} \bigcirc\!\!-\!\!\bigcirc \tag{4.91}$$

此外,还应注意到,过渡金属的催化活性与其不同存在形式的化合物有关。相关研究表明[331],对于铜化合物而言,其催化活性遵循以下顺序:对于氯苯,$CuCl_2 \cdot 2H_2O \gg Cu_2O > Cu > CuSO_4 > CuO$,对于多氯联苯,$CuCl_2 \cdot 2H_2O \gg Cu_2O > CuO > Cu > CuSO_4$。可见 $CuCl_2$ 具有最高的催化活性,这是由于其除了作为催化剂以外,还可提供氯元素以促进二噁英的形成。

焦炭通常作为燃料广泛应用于铁矿石烧结过程中,焦炭中的碳元素是形成二噁英的另一个重要因素。碳源的类型、大小、浓度和结构都将影响二噁英的形成。不同形式的碳对二噁英形成的促进效果依次为:木炭>炭化葡萄糖>煤灰>石墨。通常认为挥发性有机化合物(VOC)有助于二噁英的形成[332]。与焦炭相比,无烟煤含有更多的挥发分,因此在烧结过程中增加无烟煤配比将增加二噁英的产生量。同时为了达到减排碳氢化合物的目的,欧盟铁矿石烧结最佳可行技术文件(IPPC,2001 版)也不建议在烧结过程中用无烟煤取代焦炭[333]。

2) 添加抑制剂

在烧结混合料中添加的抑制剂通过与氯结合和破坏金属催化剂的催化活性来抑制二噁英的形成,主要的抑制剂包括含氮、含硫和碱性物质。含氮和含硫抑制剂中的 N 和 S 含有的孤对电子能够与催化剂形成稳定的络合物,从而抑制催化剂的活性;碱性抑制剂和氨可与 HCl 反应,从而减少合成二噁英的氯源[334]。

含硫抑制剂对烧结过程中二噁英合成的抑制作用体现在三个方面:①与 Cl_2 反应消耗氯源,抑制二噁英的生成;②与酚类前驱物发生磺化反应,抑制生成二噁英的氯化、缩合等反应;③与铜等过渡金属反应,减弱甚至消除其催化合成二噁英的反应活性[335]。尽管在烧结原料混合物中加入含硫抑制剂能够达到二噁英减排的目的,但同时也会导致烧结烟气中 SO_x 的排放量增大,增加钢铁企业的脱硫负担。

碱性抑制剂(如 CaO、NaOH 和 KOH)通过与 HCl 反应生成盐,将氯元素转移到颗粒相中,并被收集到除尘灰中,从而减少了气相中的氯元素。碱性物质(如石灰石、白云石等)可同时提高烧结矿的整体冶金性能和高炉内的能量平衡。但 Na 和 K 的存在易导致高炉内壁结瘤,不利于高炉正常运行。相比之下,CaO 是一种更为理想的碱性抑制剂。研究表明 CaO 不仅可发生酸碱反应,还能利用烧结过程的高温对二噁英的前驱体产生降解作用,并可以作为脱氯剂,在合适的温度下对二噁英进行降解[336]。

含氮抑制剂对二噁英的生成具有显著的抑制作用,尤其是含有氨基官能团的化合物,如尿素、三聚氰胺、碳酰肼、三乙胺、磷酸氢铵等[322,325,337]。含氮抑制剂的二噁英减排机理包括以下两个方面[306]:①含氨物质与 Cu 等过渡金属催化剂形成稳定的惰性化合物,以减弱金属及其氧化物的催化活性,从而抑制二噁英的生成;②含氨物质受热会发生分解,生成的氨气与 HCl 反应以降低氯离子浓度,从而抑制 Deacon 反应。图 4.76 为尿素抑制二噁英产生的机理简图。尿素在热解过程中将形成—NH_2 活性基团和氢自由基(H·),它们是尿素抑制二噁英形成的重要部分。尿素分解产生的—NH_2 基团可与飞灰上的残碳表面结合,并占据残碳表面的活性位点,使合成二噁英的有机物被转化为结构相似的含氮有机物,从而有效降低烧结烟气中二噁英的生成量[338]。此外,—NH_2 活性基团可与氢自由基结合形成 NH_3,NH_3 将与 HCl 反应以减少 Deacon 反应的氯源,从而抑制二噁英的合成。

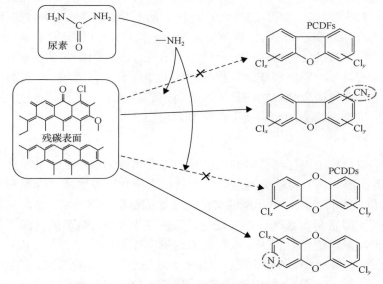

图 4.76　尿素抑制二噁英形成的机理图示[338]

2. 过程控制

源头控制虽能有效控制二噁英的合成，但该方法对烧结原料的要求更为严格，这不可避免地将增加成本投入。相比之下，过程控制是一种较为便捷经济的二噁英减排方法。过程控制是在现有烧结工艺基础上，通过调节工艺条件或采用烟气循环等手段来抑制烧结过程中二噁英的形成。

1) 调节工艺条件

烧结过程中二噁英的合成受许多因素的影响，包括温度、烧结时间、氧浓度等。温度对二噁英形成的作用非常显著。如前所述，二噁英的形成温度为 250～450℃，其排放主要分布于烧结床层的干燥预热区、冷却区和烧结矿层的风箱中。因此，二噁英减排通常可以从这些部位入手，如对烧结矿层风箱的烟气进行快速冷却，以减少二噁英的产生[324]。烧结时间也是影响二噁英产生的重要因素。在烧结床层火焰前锋下方垂直区域内的温度区间符合二噁英合成的条件，根据烧结速度的不同，烟气通过该区域的时间为 25～45s[321]，降低通过二噁英生成区域的烧结时间，使得烧结终点位于烧结机尾部，能够有效减少二噁英的产生[326]。烧结气氛中氧气的浓度对二噁英合成的影响较为复杂。一方面，氧气气氛是从头合成反应的必要条件，降低氧浓度将抑制从头合成反应的进行，使得二噁英的产生量降低；另一方面，二噁英的合成与烧结过程中的燃烧效率密切相关，氧浓度的升高有利于提高燃烧效率，减少不完全燃烧产物中有机物的浓度，进而减少二噁英的形成。因此，在实际烧结工艺中，需要优化氧气浓度，保证较高的燃烧效率，从而降低 CO 的浓度和不完全燃烧的前驱物含量，以抑制烧结过程中二噁英的产生[339]。

2) 烧结烟气再循环技术

烧结烟气再循环技术是将烧结过程中产生的一部分热烟气再次引入烧结床层中进行循环利用，烟气中的二噁英和 NO_x 在燃烧带中通过高温热解而被破坏，SO_x 和粉尘被吸附并滞留在烧结料层中，CO 继续燃烧而减少固体燃料的消耗。此外，热烟气再次通过烧结床层时，其余热可用作预热和产生蒸汽。因此，烧结烟气再循环技术能够实现节能和多种污染物协同脱除的双重效益。目前，国际上对这一技术已有成功的应用，较为典型的烧结烟气循环工艺包括日本新日铁区域性烟气循环工艺、荷兰艾默伊登钢铁厂的 EOS 工艺、德国 HKM 公司的 LEEP(low emission & energy optimized sinter production，低排放和能量优化烧结工艺) 工艺和奥钢联林茨钢厂的 EPOSINT(environment process optimized sintering，环保型工艺优化烧结) 工艺[340]。四种烧结烟气循环工艺的节能减排效果见表 4.21[340]，可见烧结烟气再循环技术的节能和减排效益显著，其中 EOS 循环工艺和 LEEP 循环工艺对二噁英的减排效果尤为显著，分别高达 70% 和 90%。

表 4.21　烧结烟气循环工艺效果比较[340]

循环工艺	循环烟气特点	烟气循环率/%	SO$_2$减排/%	NO$_x$减排/%	PCDD/Fs减排/%	节能量/%
新日铁烟气循环	高氧	28.1	—	1.5	—	5.5
EOS	无	55.6	41.3	52.4	70	20
LEEP	高温高硫	50	67.5	75	90	14.2
EPOSINT	高硫	25～28	28.9	23.4	30	4.4～11

3. 末端治理

末端治理是指对烧结烟气中已形成的二噁英进行脱除。烧结烟气中的二噁英以气相和颗粒相两种形成存在，理论上颗粒相二噁英可通过旋风除尘、布袋除尘和静电除尘等除尘技术进行脱除，而气相二噁英则需要通过选择性催化还原和喷炭吸附进行控制[314]。

1) 除尘减排

烧结过程中的从头合成反应通常发生在烟气颗粒物表面，而且由于烧结烟气中细颗粒物比表面积较大，对于包括二噁英在内的气态污染物的吸附能力很强，因此在烧结烟气的固体颗粒物表面存在着大量的二噁英。对烧结烟气进行有效除尘可显著减少二噁英的排放[341]。目前，我国烧结厂烧结机头烟气除尘设施多采用静电除尘和布袋除尘，在去除烟气中颗粒物的同时，对吸附在颗粒物中的二噁英类污染物也有一定的去除作用。布袋除尘对于烧结烟气中的颗粒物除尘效率很高，但单独使用传统的除尘技术难以高效、完全去除烟气中的二噁英。采用美国杜邦公司生产的"T84 玻璃纤维"复合材料作为布袋除尘中的滤料，对于烧结烟气中二噁英的去除效果明显提升，可去除烟气中 40% 的二噁英[314]。

2) 选择性催化还原

SCR 通常被用于去除烟气中的 NO$_x$，但对二噁英也有一定的协同控制作用。含有二噁英的烟气流经烧结风箱后的 SCR 催化剂(Ti、V 和 W 氧化物)表面，二噁英在低温下被氧气氧化，产生 CO$_2$、H$_2$O 和 HCl 等无害的无机物，其反应方程式如式(4.92)所示。Goemans 等[342]的研究表明，SCR 装置在进行 NO$_x$ 脱除的同时，可催化降解 85% 的二噁英，并且对气相和颗粒相中的二噁英均有明显作用。台湾中钢公司[343]自行开发了 SCR 双效催化剂，其主要成分为 V$_2$O$_5$/WO$_3$/TiO$_2$，是一种板式催化剂，兼具脱硝和脱二噁英功能，其 NO$_x$ 和二噁英的脱除效率均高达 80%。

$$+\ O_2 \xrightarrow[\mathrm{V_2O_5/WO_3/TiO_2}]{250\sim350℃} CO_2 + H_2O + HCl \qquad (4.92)$$

3）喷炭吸附

由于二噁英可被多孔物质吸附，通过物理吸附可对其进行有效脱除，喷炭吸附是一种行之有效的方法。活性炭是目前用于脱除二噁英的最为普遍的吸附剂。活性炭是以含碳为主的物质作为原料，经过高温炭化和活化制得的疏水性吸附剂，具有很大的比表面积和很强的吸附能力，能够与气体充分接触，可有效吸附烧结烟气中的二噁英，同时还对 NO_x、SO_x 和重金属等污染物进行协同脱除。活性炭可同时吸附气相和颗粒相的二噁英，脱除效率高达 95%[344]。活性褐煤（HOK）也是一种常见的吸附剂，在欧洲已有多家钢铁工厂采用活性褐煤作为吸附剂进行二噁英的脱除。现场测试结果表明，采用活性褐煤可吸附烧结烟气中 70% 的二噁英[345]，且生态友好、成本低廉。

然而应当注意的是，实际上物理吸附仅仅是实现了二噁英污染物的转移，并未从根本上减少环境中二噁英的总量，吸附二噁英后的活性炭若不进行废弃物填埋等处理，将产生二次污染。

4.4　颗粒物与重金属

铁矿石烧结中的粉尘一方面由烧结原料、烧结成品矿及循环物料在运输和倒运的过程中产生，另一方面由穿过烧结机料层的烧结烟气携带。后者含有大量的颗粒污染物，特别是细颗粒物（particulate matter），主要分为两部分：PM_{10} 和 $PM_{2.5}$。$PM_{10}/PM_{2.5}$ 是指空气动力学直径小于等于 $10\mu m/2.5\mu m$ 的悬浮颗粒物。由于细颗粒物具有体积小、比表面积大的特点，碱金属（K、Na）、重金属（Hg、Pb、Cr、Cu、Cd、As）和持久性有机污染物（VOCs、PCDD/Fs）容易在其中富集，造成严重的环境污染[346]。PM_{10} 和 $PM_{2.5}$ 的源解析表明，钢铁工业已经成为中国大气中 PM_{10} 和 $PM_{2.5}$ 的主要来源之一，而铁矿石烧结工序又是钢铁工业最大的 PM_{10} 和 $PM_{2.5}$ 排放源，占其总排放量的 40% 左右[346]。

国内大部分烧结厂的烟气除尘采用三电场或四电场的静电除尘器（ESP），基本满足脱硫入口烟气粉尘含量达 $40\sim80mg/m^3$ 的要求。对于烟气二次除尘，干法、半干法脱硫采用布袋除尘，湿法脱硫采用除雾器或湿法电除尘器(WESP)对烟气粉尘进行控制[346]。

由于铁矿石烧结是抽风过程且烟气湿度大，烧结厂主要采用 ESP 来净化烧结烟气中的颗粒物，但是只能去除烟气中较粗的颗粒，对于粒径小于 10μm 的颗粒物，由于其具有比电阻高、荷电能力差等特点，ESP 难以对其进行有效的捕集。据统计，75%以上的烧结 ESP 可使烟气粉尘浓度降至 50mg/m³ 以下。但 ESP 前后烟气中 $PM_{2.5}$ 和 PM_{10} 占烟粉尘总量的比例分别由 51.23%增大为 93.13%和由 43.73%增大为 85%[346]，说明经 ESP 后的烟气中粉尘主要为 PM_{10} 及更细的 $PM_{2.5}$。控制烧结过程中的 $PM_{10}/PM_{2.5}$ 排放是钢铁行业减排的关键，对生态环境的保护具有重要的意义。目前，国内外研究尚处在对铁矿烧结细颗粒物的粒径分布、组分、性质及影响因素的研究阶段[346-356]，对其减排的研究和实践较少[357-360]。

烧结过程中的重金属主要来自铁矿石、熔剂、返矿及焦炭等烧结原料，蒸发温度较低的元素和化合物(Cr、Ni、Pb、Hg、Cu 等元素及其化合物)挥发后富集在烟气颗粒物中，在此过程中没有挥发的元素则留在烧结矿中，部分颗粒被气流拖曳到烟气中[361]。在烟气净化过程中，一部分被除尘器捕集，作为返灰配入原料中重新烧结，使得烧结矿中重金属含量增加；一部分经由脱硫设备富集在脱硫副产物中，影响其安全利用；剩余部分会随着烟气排放，造成重金属污染[361]。此外，较高比电阻的重金属氧化物会在电极上形成绝缘层，降低静电除尘器的除尘效率，影响正常排灰[362]。目前，对烧结烟气的重金属排放及净化的研究较少，迫切需要开展烟气中重金属的排放特性研究及烟气净化设备对重金属排放量的净化效果研究。

下面着重介绍烧结过程中 $PM_{10}/PM_{2.5}$ 的生成机理、影响 $PM_{10}/PM_{2.5}$ 排放的主要因素及减排措施，结合颗粒物的物理化学特性相应地介绍烧结过程中有害元素的迁移过程。

4.4.1　细颗粒物的排放特性及内在机理

1. 排放特性

在烧结过程中，烟气中 $PM_{2.5}$ 和 PM_{10} 的质量浓度变化规律相似。点火结束后，$PM_{2.5}$ 和 PM_{10} 质量浓度均下降，在中间段开始显著上升，在升温段时达到最大，在接近烧结终点时的升温段又显著下降[347,355,356]。

2. 生成机理

烧结烟气中的颗粒物主要来自干燥预热层和燃烧层。焦炭颗粒燃烧后导致床层颗粒自身的破碎及颗粒表面黏附的细小颗粒的脱落，使得 $PM_{10}/PM_{2.5}$ 生成并在床层内运移。在干燥预热层和燃烧层中，烧结混合料中的水分蒸发和燃料燃烧有利于细颗粒物的排放[349,351]。

3. 过湿层的捕集机理

当含 $PM_{10}/PM_{2.5}$ 的气流通过过湿层和生料层时，气流很容易沿烧结床内形成的通道改变先前的移动方向。如图 4.77 所示，当气流方向突然改变时，颗粒，特别是较大颗粒有更大的可能与床层内大的原料颗粒碰撞，这是从点火到过湿层形成并发展的阶段中，烟气中 $PM_{10}/PM_{2.5}$ 主要由小粒径球形颗粒组成的原因。在过湿层中，部分孔隙通道被来自气流的冷凝水堵塞或缩小，使得气流速度增大，捕集作用进一步加强。由于惯性效应，过湿层不但可以捕获较粗的颗粒，而且可以捕获较细的颗粒[347]。

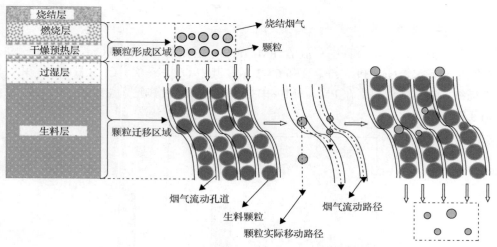

图 4.77　过湿层捕集机理示意图[347]

4. 排放特性的内在机理

过湿层的行为是导致 $PM_{10}/PM_{2.5}$ 排放出现滞后的主要原因[355]。烧结过程中的床层演变如图 4.78 所示。在点火阶段，表层燃料剧烈燃烧，此时过湿层尚未形成，故产生的颗粒物有很大一部分随抽风进入烟气中。点火结束后，过湿层逐渐形成，对颗粒物的截留作用加强，导致进入烟气中的颗粒物变少。随着烧结过程的进行，燃烧层逐渐下移，原始混合料层变薄、过湿层开始消失，在过湿层完全消失后，料层对颗粒物的吸收作用降至最弱，加上之前吸附在料层中的粉尘开始集中排放，故此时烟气中颗粒物的浓度最大。在废气温度上升过程的后半段，料层中的燃料燃烧逐渐减弱，产生的颗粒物也开始变少[355]。

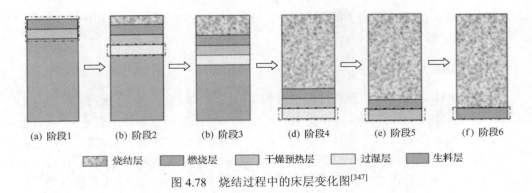

(a) 阶段1　　　(b) 阶段2　　　(b) 阶段3　　　(d) 阶段4　　　(e) 阶段5　　　(f) 阶段6

　烧结层　　　燃烧层　　　干燥预热层　　　过湿层　　　生料层

图 4.78　烧结过程中的床层变化图[347]

4.4.2　细颗粒物的物理化学特性

1. 化学组成及形态特征

总体而言，烧结过程中释放的 $PM_{10}/PM_{2.5}$ 主要由 O、Fe、Ca、Al、Mg、Si 及微量元素 K、Na、Pb、Zn、S 和 Cl 组成，其中 O、Fe、K、Cl 含量较高。相对于烧结原料，微量元素在 $PM_{10}/PM_{2.5}$ 中大量富集，约占其元素总量的 58.96%，见图 4.79[354]。

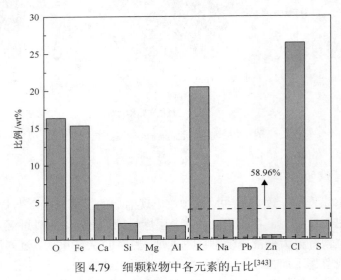

图 4.79　细颗粒物中各元素的占比[343]

表 4.22 为细颗粒物中各元素的赋存状态、形成过程及占比情况。从整体烧结过程开始到烟气温度开始升高的点，$PM_{10}/PM_{2.5}$ 主要为细小颗粒(球形、片状等)，主要成分为 Fe、Ca、Al、Si 及少量其他元素，如 Na、K、S、F、Cl、Pb、Ti 等，Fe 含量高于其他元素。该颗粒主要来自铁矿石，小部分来自熔剂和燃料灰[347]。

表 4.22　细颗粒物中各元素的赋存状态、形成过程及占比情况表

元素种类	赋存状态	形成过程	细颗粒物中的占比/%
Fe、Ca	Fe_2O_3-CaO	矿物熔化	约 30.63
Al、Si	xAl_2O_3-$ySiO_2$	燃料飞灰	约 7.02
K、Na、Pb、Cl	KCl、NaCl、$PbCl_2$	氯化反应	41.29～49.77
Ca、K、Pb、S	$CaSO_4$、K_2SO_4、$PbSO_4$	硫酸化反应	21.05～12.57

烟气温度升高的过程中，PM_{10}/$PM_{2.5}$ 形状不规则且黏附细颗粒，前半段 K、Pb、Cl、S 含量高，Fe 含量低；后半段 Al、Si 含量高，Fe 含量低，Al、Si 两种元素的含量同步变化，在该段达到最大值。在整个烧结过程中，K、Pb、Cl、S 主要是在烟气升温过程的前半段被释放[347]，较细的焦炭颗粒也可能在此过程中直接进入烧结烟气中形成 PM_{10}/$PM_{2.5}$[354]。

升温段产生的细颗粒物主要来自温度较高的燃烧层。对于易挥发的元素来说，随温度升高，元素的挥发量增大，导致更多的挥发性元素进入细颗粒物，这是升温段中挥发性元素如 F、Na、S、K、Pb 等含量较高的原因；而 Mg、Ca、Fe 元素属于难挥发的元素，主要存在于料层本体中，升温段颗粒物中挥发性元素含量较高，使难挥发元素含量被稀释而降低。对 Si、Al 元素而言，其主要是燃烧带中燃料燃烧产生的细粒度灰分，在气流作用下进入烟气，由于燃料灰分以 SiO_2 和 Al_2O_3 为主，升温段颗粒中 Si、Al 含量大幅增加[355]。

2. 颗粒的形态与成分

微量元素是 PM_{10}/$PM_{2.5}$ 形成过程中的重要参与者。在烧结过程中，特别是烟气升温后的阶段，微量元素可以被吸附到其他大颗粒上，如升温前富含 Fe 的球状、片状颗粒，升温后富含 Si-Al-Fe 的球状、片状颗粒[342]。此外，K、Na、Pb、Cl、S 等元素也可以凝聚成均匀颗粒[353]。

在不同的烧结阶段，PM_{10}/$PM_{2.5}$ 大致可呈现为球形、立方体、多面体、片状和块状颗粒[354]。PM_{10}/$PM_{2.5}$ 形态上的多样性与典型颗粒的化学成分密切相关。

1）球形颗粒

球形颗粒主要由 Fe_2O_3 和 CaO 固相反应产生的 Fe_2O_3-CaO 熔融相形成。烧结气流向下运动时会将液滴吹入气流中，由于表面张力和冷却作用，液滴会转变为球形。

2）片状颗粒

片状颗粒主要由 xAl_2O_3-$ySiO_2$ 组成，焦炭灰是 Al、Si、O 的主要来源；另一种光滑的片状颗粒（K-S-O）主要含有 K_2SO_4 及 Fe、Al、Si 的氧化物。K 的迁移路径主要是形成氯化物和硫酸盐，硫酸盐主要由 K 蒸气与 SO_2 反应生成，原料中少量的硫化物也会被氧化生成少量硫酸盐。

3) 多面体颗粒

第一种多面体颗粒的主要成分是 $CaSO_4$，由石灰石、白云石和蛇纹石中的细颗粒与烟气中的 SO_2 在过湿层反应生成，并被气流带入烟气中，或是由熔剂细颗粒在烟气中与 SO_2 反应生成；第二种多面体颗粒主要成分是 $PbCl_2$ 和少量 KCl；第三种多面体颗粒的主要成分是 $PbSO_4$ 及少量 Fe、Ca、Al、Si 的氧化物。Pb 的迁移路径主要是形成氯化物和硫酸盐。

$$CaO(g) + SO_2(g) \longrightarrow CaSO_3(s) \tag{4.93}$$

$$CaO(s) + SO_3(g) + 1/2O_2(g) \longrightarrow CaSO_4(s) \tag{4.94}$$

$$CaSO_3(s) + 1/2O_2(g) \longrightarrow CaSO_4(s) \tag{4.95}$$

4) 方形及块状颗粒

方形和块状颗粒主要是 KCl 和 $NaCl$，这一类型的颗粒在细颗粒物中含量很多。

4.4.3　影响细颗粒物排放的主要因素

1. 烧结原料成分

原料中的挥发性元素 K、Pb、Cl 等的含量越高，其排放的质量浓度就越高，相应的 $PM_{10}/PM_{2.5}$ 排放浓度也越高。Pb 和 K 主要通过氯化反应形成 $PbCl_2$ 和 KCl 蒸气而后凝结成细颗粒，参与 $PM_{10}/PM_{2.5}$ 的形成[348]。当原料的 Cl 含量较高时，这一作用尤为明显。

$$K_2O + 2HCl \longrightarrow 2KCl + H_2O \tag{4.96}$$

$$PbO + 2HCl \longrightarrow PbCl_2 + H_2O \tag{4.97}$$

$$1/2O_2 + 2HCl \rightleftharpoons Cl_2 + H_2O \tag{4.98}$$

$$K_2O + Cl_2 \longrightarrow 2KCl + 1/2O_2 \tag{4.99}$$

$$PbO + Cl_2 \longrightarrow PbCl_2 + 1/2O_2 \tag{4.100}$$

2. 水分含量

烧结床水分含量的增加可以抑制 $PM_{10}/PM_{2.5}$ 的排放。提高生料混合料的含水量可以扩大过湿层面积，这一区域的含水量高于烧结床层的平均水平。过湿层面积越大，其对颗粒物的捕集效果越强，相应地减少了 $PM_{10}/PM_{2.5}$ 的排放量[350]。

3. 焦炭配比

增加焦炭配比会促进 $PM_{10}/PM_{2.5}$ 的排放，对粉尘及粗颗粒物排放也有类似的促进效果。焦炭增加后，床层温度相应升高，对床层气氛也有直接的影响，使得 K、Na、Pb 等挥发性微量元素的脱除率大大升高，而这些挥发性成分可形成 $PM_{10}/PM_{2.5}$ 的前驱体，从而促进 $PM_{10}/PM_{2.5}$ 的生成和排放[350]。

4. 烧结原料的制粒时间

延长制粒时间可以抑制 $PM_{10}/PM_{2.5}$ 的排放。制粒时间的延长有助于提高颗粒的机械强度，使细颗粒紧密黏附，在烧结过程中不易从表面脱落，但抑制了挥发性微量元素向烟气的传质过程，降低了脱除效率[350]。

5. 返矿量

增加返矿量会促进 $PM_{10}/PM_{2.5}$ 特别是 $PM_{2.5}$ 的排放，这是由于返矿的表面黏附有细小颗粒，其可能进入烧结烟气参与 $PM_{10}/PM_{2.5}$ 的形成与排放。此外，返矿的加入也带入了大量的挥发性微量元素，如 K、Na、Pb、Zn[350]。

4.4.4　控制细颗粒物排放的措施

1. 分离造粒

烧结过程中所排放的 $PM_{2.5}$ 中，K、Cl、Pb 三种元素所占的比例均占 $PM_{2.5}$ 总质量的 90%以上，抑制上述元素的迁移是控制 $PM_{2.5}$ 排放的重要途径。尽管 S 也参与 $PM_{2.5}$ 的形成，但更多的是以 SO_2 的形式排放[352]。

将含铁原材料分为高钾矿石、高钾铅矿石、高氯矿石和清洁矿石。高钾铅矿石连同燃料和熔剂一起造粒，而高氯矿石、清洁矿石及其余燃料和熔剂一起造粒。之后，两种颗粒混合进行第二次造粒，得到最终混合均匀的颗粒。传统造粒与分离造粒形成的效果如图 4.80 所示。传统造粒方式形成的颗粒，K、Pb 和 Cl 均匀分布在颗粒中，而分离造粒使更多的 K、Pb 和 Cl 分布在不同的颗粒中，目的是抑制 K 和 Pb 的氯化，从而抑制 $PM_{10}/PM_{2.5}$ 的生成和排放[348]。

2. 调整工艺参数

提高含水量、保持较低的焦炭率和延长造粒时间有助于将 $PM_{10}/PM_{2.5}$ 的排放浓度控制在较低的水平。然而，获得最佳的烧结质量和产量是调整工艺参数的前提。若仅考虑获得理想的烧结指标，则 $PM_{10}/PM_{2.5}$ 的排放浓度很难保持在上述分析的最低水平。因此，通过调整工艺参数的水平来实现 $PM_{10}/PM_{2.5}$ 的有效控制存在明显的局限性[350]。

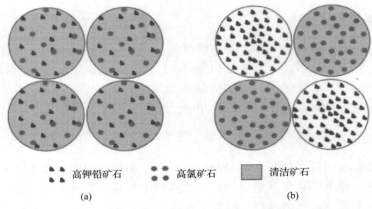

高钾铅矿石   高氯矿石   清洁矿石

(a)   (b)

图 4.80　传统造粒 (a) 与分离制粒 (b) 的效果对比图[348]

3. 烧结原料预处理

利用再生材料是钢铁企业普遍采用的降低生产成本的策略，合理利用再生材料进行烧结是实现低成本生产和环境保护的重要途径。提前是去除挥发性成分，如钾、钠、铅等，或限制挥发性物质进入烧结烟气，是一种可行的方法[350]。

4. 添加高岭土等吸附剂

添加高岭土可有效降低不同粒径颗粒物的质量浓度，特别是对粒径小于 $2.5\mu m$ 的颗粒物。高岭土对 $PM_{10}/PM_{2.5}$ 的减排效果源于高岭土的多孔结构有助于吸附蒸汽或亚微米颗粒。然而，添加过量的高岭土会增加 $PM_{10}/PM_{2.5}$ 的排放量，这一现象可能是细高岭土颗粒进入烧结烟气所致[350]。

5. 烧结烟气循环利用技术

烧结烟气循环利用技术是将烧结过程排出的一部分载热气体返回烧结点火器以后的台车上再循环使用的一种烧结方法，可减少烧结工艺生产的废气排放总量和污染物排放量，并能回收烟气余热、降低烧结生产能耗[360]。

烧结烟气循环利用技术将来自风箱的烟气全部或选择部分进行收集，返回到烧结料层，这部分废气中的有害成分将再次进入烧结层中被热分解或转化，二噁英和 NO_x 会被部分消除，从而抑制 NO_x 的生成；$PM_{10}/PM_{2.5}$ 和 SO_x 会被烧结层捕获，减少粉尘、SO_x 的排放量；烟气中的 CO 作为燃料使用，可降低固体燃料消耗。另外，烟气循环利用减少了烟囱处排放的烟气量，降低了终端处理的负荷[360]。

6. 加入团聚剂从而形成大颗粒

在任何体系中，粒径小于 10μm 的细颗粒物都在进行布朗运动。如果将静电除尘器前烧结烟气中的粗颗粒作为成核粒子，则细颗粒物可作为黏附粒子，经过团聚后形成粒度更大的颗粒，被静电除尘器捕集[357]。

通过在静电除尘器前的烧结烟气中雾化喷入微量的团聚剂溶液，可形成表面具有较高黏附活性的雾云，使雾云吸附于颗粒物表面，由于布朗运动，细颗粒物相互碰撞团聚成大颗粒或黏附在粗颗粒周围。随着高温烟气的作用，雾滴中水分逐渐蒸发，颗粒物间的团聚力得到加强，形成粒径更大的团聚体。高分子团聚剂溶液可以与烟气中细颗粒物发生吸附聚合，生成絮凝状的团聚体，易于被后续的静电除尘器捕集，从而实现烧结烟气中 $PM_{10}/PM_{2.5}$ 的有效减排，如图 4.81 所示[346,357]。

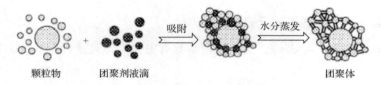

颗粒物　　团聚剂液滴　　吸附　　　水分蒸发　　　团聚体

图 4.81　高分子团聚剂溶液团聚颗粒物示意图[346]

7. 电除尘技术

湿式静电除尘器(WESP)通过喷嘴喷出水雾，在电场力的作用下水雾荷电，同时细颗粒物荷电，二者发生碰撞、聚并，水雾到达阳极板后逐渐形成水膜，细颗粒物被极板捕集，并随水膜流动冲走。WESP 通过增加电场中的带电雾滴数量，从而增加细颗粒物碰撞带电的机会，提高了粒子的趋近速度，提高对细颗粒物的捕集效率。WESP 可有效减少二次扬尘，对控制细颗粒物的排放起到了很大的作用。WESP 还能很好地捕集比电阻高、黏性大的粉尘。

电袋除尘器(HPC)可使烟气中的细颗粒物在电场区荷电凝并长大成较大颗粒。研究表明，颗粒物荷电后粒径约增大 12.5%，使细颗粒物不容易穿透布袋。未被捕集的粒子在布袋表面凝聚、积聚，静电场的存在使粉尘层变得更为疏松，使得细颗粒物在粉尘层停留的时间变长，增加了布袋对细颗粒物的捕集概率。将 HPC 应用于烧结烟气的处理，可以使除尘器除尘效率不再受粉尘比电阻的影响，提高了捕集效率，降低了一次性投资成本，减少了占地面积；可以降低过滤阻力对滤袋的损坏，延长布袋的更换周期，提高布袋对荷电粉尘的捕获能力。HPC 除尘效率高、设备运行稳定，目前已经很好地应用于烧结机除尘设备的改造项目中。

8. 采用新型高效烟气过滤装置

目前已有固定床、流化床或移动床装置用于对烟气中 $PM_{10}/PM_{2.5}$ 的过滤[359]。固定床过滤通常表现出对小粒径颗粒物去除的高性能，并允许大流量烟气通过。然而，床层过滤器逐渐被收集的 $PM_{10}/PM_{2.5}$ 堵塞，从而增加床层阻力，当需要定期更换新的过滤介质时，必须停止过滤过程。解决这一问题的可行方法是使用流化床或移动床进行 $PM_{10}/PM_{2.5}$ 过滤，从而允许持续去除和引入过滤介质。但是，流化床过滤中气泡的形成严重影响了颗粒物与过滤介质的接触，导致颗粒物去除性能相对较差。通过外加磁场维持铁磁颗粒流化床的均匀气体流化，可以完全消除气泡。这种系统被称为磁稳定流化床(MSFB)[359]。MSFB 对磁性粉末冶金(烧结灰)的去除效果比对非磁性粉末冶金(燃煤灰)的去除效果好得多，特别适用于烧结烟气中夹带铁矿石的 $PM_{10}/PM_{2.5}$ 过滤[359]。

4.4.5　烧结过程中某些有害元素的脱除

烧结料中的砷、铅、锌、铜、钾、钠等有害元素，是通过生成气态物质而挥发除去的。

1. 砷、铅、锌、铜的脱除[35]

砷使得钢的焊接性能变坏，当钢中的砷含量达到 0.15% 时，钢的物理-机械性能变坏(钢中的锰、钒可抑制砷的影响)。铁矿石中的含砷矿物主要有雌黄(As_2S_3)、雄黄(AsS)、砷黄铁矿(FeAsS)、斜方砷铁矿($FeAsS_2$)、含水砷酸铁($FeAsO_4 \cdot 2H_2O$)及含水亚砷酸铁($FeAsO_3 \cdot nH_2O$)等。在烧结过程中，含砷矿物易反应生成 As_2O_3。As_2O_3 为剧毒物质，工业卫生标准规定烟气中含砷量不大于 $0.3mg/m^3$。As_2O_3 在生成和升华过程中温度降低，部分冷凝下来，沉积在烧结料中；在氧化气氛中，As_2O_3 可能部分被氧化成 As_2O_5；在 CaO 存在的条件下，As_2O_3 能生成稳定的不挥发的砷酸钙。As_2O_5 不易被去除，这是烧结生产中砷脱除率不高(30%～40%)的原因。当烧结配碳适当增加后，As_2O_5 可以被还原成 As_2O_3，砷的脱除率提高。烧结料中加入少量的氯化物(如 $CaCl_2$、NaCl 等)，可生成易挥发的氯化砷，砷的脱除率可达 59%～60%。

铁矿石中铅锌的主要矿物是闪锌矿(ZnS)和方铅矿。其氧化产物 ZnO 和 PbO 需要再用还原剂还原为金属锌和金属铅才能挥发，它们的沸腾温度分别为 906℃ 和 1717℃。锌挥发后，很可能又被氧化成 ZnO 而沉积在料层中。因此，烧结过程中锌的去除是不容易的，而铅是不可能被去除的。但在烧结料中加入氯化物(如 2%～3% $CaCl_2$)后，可以通过氯化反应生成易挥发的 $ZnCl_2$ 和 $PbCl_2$，从而被有效脱除。在正常燃料用量情况下，加入 2%～3% 的 $CaCl_2$ 可以去除烧结料中 70% 的锌、80%的铜、90%的铅。

2. 钾、钠的脱除[35]

含碱金属的铁矿石、烧结矿冶炼时，由于碱金属在高炉内循环富集，成为高炉结瘤、焦炭强度降低及炉墙受侵蚀的重要因素，并使高炉难于操作。在烧结料中加入 $CaCl_2$ 可有效脱除钠、钾，反应式为

$$Na_2SiO_3 + CaCl_2 \longrightarrow CaSiO_3 + 2NaCl \tag{4.101}$$

$$K_2SiO_3 + CaCl_2 \longrightarrow CaSiO_3 + 2KCl \tag{4.102}$$

上述反应生成的 NaCl、KCl 是较稳定的物质，而且由于其蒸气压均较高，可在高温的燃烧层蒸发，一直排到反应区外。在烧结初期被下部的过湿层捕集，排入烟气的钾、钠的量较少；随着烧结过程的进行，过湿层逐渐变薄直至消失，捕集能力下降，挥发到烟气中的碱金属增多。在燃烧层生成的 NaCl、KCl 一边排出，一边被下层湿料吸收，一边向下移动，逐渐挥发到废气中。实验证明，碱金属脱除率与配加的 $CaCl_2$ 有关。加入的 $CaCl_2$ 越多，排碱率越高，可以排除 50%~60%的钾、钠，且钾的脱除率高于钠的脱除率。

第5章　烧结过程优化控制技术

5.1　预制粒技术

预制粒技术是区别于传统的制粒流程，优先将部分原料进行混合制粒成球，而后与剩余的其他原料混合进行二次制粒的技术。以图 5.1 为例，先把精矿与一定比例生石灰并和适当的水分混合，在造球机上滚动 5～10min，使精矿成为直径 1～3mm 的小球；剩余铁矿石、燃料与生石灰等熔剂一起加水混合，再与制成的一定粒度的预制粒小球混合进行二次制粒[363]。

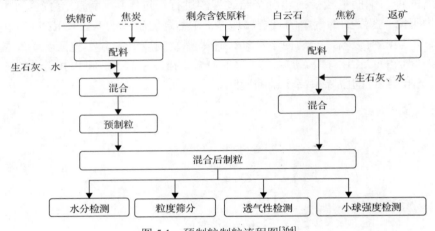

图 5.1　预制粒制粒流程图[364]

5.1.1　预制粒工艺

1) 外配焦炭制粒工艺

将含铁原料、焦炭、熔剂等加水混合制成小球，之后将制粒小球与焦炭再次混合进行二次制粒。预制粒后，可适应粉矿和精矿烧结，适用范围变宽，混合料的平均粒度增大，提高了混合料的透气性，有利于空气流动，烧结速度加快，改善了烧结矿的生产质量指标，并且烧结矿具有良好的冶金性能[365-368]。

2) 外配焦炭和石灰工艺

将含铁原料、焦炭、熔剂等加水混合制粒，之后将制粒小球与焦炭、石灰再次混合制粒。采用预制粒后，改变了局部碱度分布，烧结矿的转鼓强度增强，并且具有良好的冶金性能,同时由于氧化钙的黏结和催化燃烧作用,烧结速度加快,固体燃料消耗进一步降低[369,370]。

3)分层制粒工艺

将褐铁矿等强力混合后进行预制粒,形成制粒小球,之后与赤铁矿混合后二次制粒,最后在制粒小球中配入石灰石和焦炭等。由于减少了中间粒级制粒小球的孔隙结构,该工艺烧结矿的强度有所提高[371]。

5.1.2 预制粒工艺参数

1)精矿预制粒比例

预制粒比例是指参与预制粒的精矿占混匀矿的比例。预制粒后,烧结矿的成品率和转鼓强度得到提高;随着预制粒比例的提高,烧结矿成品率先提高而后降低,转鼓强度也是先升后降,当预制粒比例为 28%时,获得的烧结指标较好(表 5.1 和表 5.2)。

表 5.1 不同预制粒比例的实验条件[364]

预制粒精矿占混匀矿比例/%	预制粒物料		剩余物料(非预制物料)		
	生石灰比例/%	R	生石灰比例/%	R	剩余物料(−0.5mm)占总物料(−0.5mm)的比例/%
20	9.3	1.67	5.36	2.12	52.5
28	9.3	1.67	5.09	2.16	50.0
35	9.3	1.67	4.86	2.18	47.5

表 5.2 预制粒比例对烧结的影响[364]

预制粒精矿占混匀矿比例/%	烧结速度/(mm/min)	成品率/%	转鼓强度/%	利用系数/[t/(m²·h)]
—	26.67	77.18	67.47	1.72
20	26.91	78.71	68.13	1.78
28	25.66	79.97	69.13	1.72
35	27.39	77.95	67.87	1.79

2)预制粒时间

随着预制粒时间的延长,烧结矿成品率和转鼓强度有所提高,但在预制粒时间延长到 6min 时有所降低,因此,当预制粒时间为 5min 时,获得的烧结指标较好(表 5.3)。

3)预制粒物料中生石灰配比

与未预制粒相比,不同生石灰比例预制粒后,烧结矿的成品率和转鼓强度得到提高;随着预制粒物料中生石灰比例的提高,烧结矿成品率先提高后降低,转鼓强度也是先升后降，当生石灰比例为 9.3%时，获得的烧结指标较好(表 5.4)。

表 5.3　预制粒时间对烧结的影响[364]

预制粒时间/min	烧结速度/(mm/min)	成品率/%	转鼓强度/%	利用系数/[t/(m²·h)]
—	26.67	77.18	67.47	1.72
4	24.50	79.72	69.00	1.56
5	25.66	79.97	69.13	1.72
6	27.45	77.22	67.93	1.99

表 5.4　预制粒物料中生石灰比例对烧结的影响[364]

预制粒物料中生石灰比例/%	预制粒水分/%	烧结速度/(mm/min)	成品率/%	转鼓强度/%	利用系数/[t/(m²·h)]
—	—	26.67	77.18	67.47	1.72
3.0	10.0	27.95	78.90	68.27	1.83
6.2	11.5	26.68	79.36	68.80	1.80
9.3	12.5	25.66	79.97	69.13	1.72
11.6	13.5	26.71	78.01	68.33	1.79

4) 预制粒物料中白云石配比

预制粒物料中白云石分配比例是指白云石占参与预制粒物料的比例。随着预制粒物料中白云石配比的提高，烧结矿成品率基本保持不变，转鼓强度略有降低。相比之下，当预制粒物料中不配白云石时，获得的烧结指标较好(表 5.5)。

表 5.5　预制粒物料中白云石配比对烧结的影响[364]

是否预制粒	预制粒物料中白云石配比/%	烧结速度/(mm/min)	成品率/%	转鼓强度/%	利用系数/[t/(m²·h)]
否	—	26.67	77.18	67.47	1.72
是	0	25.66	79.97	69.13	1.72
是	1.5	26.54	79.30	68.67	1.72
是	3.0	26.15	80.21	68.37	1.69
是	4.5	26.15	79.09	68.37	1.71

5) 预制粒物料中焦炭配比

预制粒物料中焦炭配比是指焦炭占预制粒原料的比例。随着焦炭比例的提高，成品率先提高后降低，转鼓强度也是先升后降。当焦炭比例为 1.5%时，获得的烧结指标较好，烧结矿转鼓强度为 70.75%，提高了 3.28%，成品率为 80.23%，提高了 3.05%(表 5.6)。

表 5.6　预制粒物料中焦炭配比对烧结的影响[364]

是否预制粒	预制粒物料中焦炭配比/%	烧结速度/(mm/min)	成品率/%	转鼓强度/%	利用系数/[t/(m²·h)]
否	—	26.67	77.18	67.47	1.72
是	0	25.66	79.97	69.13	1.72
是	1.5	25.19	80.23	70.75	1.75
是	3.0	26.02	79.14	69.04	1.70
是	4.5	25.66	78.23	68.20	1.67

5.1.3　应用案例

1）案例一

Oyama 等[372]提出了高磷矿石的分离造粒技术，以控制烧结块的孔隙结构。此技术可作为预制粒颗粒结构的一个例子，应对铁矿石资源未来的发展趋势。

表 5.7 展示了近年来铁矿石工业的高质量烧结矿的预制粒颗粒结构概念。当使用大量常规致密赤铁矿时，主要的混合物为 SiO_2、CaO 和 MgO 等，然后是焦炭的黏附层（表 5.7 中 b），用于改善其可燃性，后来发展为石灰石和焦炭的黏附层技术（表 5.7 中 c），以应对高孔隙率和粗矿石的增加。此外，还提出了一个新概念，以控制高孔隙率矿石和石灰石之间的熔化反应，处理占比增大的细小多孔的马拉曼巴矿石和高磷矿石。如表 5.7 中 d 所示，此想法将多孔矿石放在预制粒颗粒的中心，以防止钙铁氧体熔体的吸收，并改善铁矿石与石灰石的熔化反应。

表 5.7　高质量烧结矿的预制粒颗粒结构概念[372]

制粒方法	a 一般方法	b 焦炭涂覆	c 焦炭/石灰石涂覆	d 准颗粒中隔离矿石
准颗粒结构	焦炭 铁矿石、焦炭、石灰石	焦炭 铁矿石、石灰石	石灰石、焦炭 铁矿石	铁矿石　石灰石、焦炭 多孔细矿石
目的	混合均匀	改善焦炭燃烧	控制矿石熔化	控制高磷矿石熔化

在焦炭/石灰石涂覆方法中，应注意预制粒颗粒中铁矿石的均匀分布。首先将除了石灰石和焦炭之外的所有原料装入圆筒混合机，在特定时间内造粒，然后加入石灰石和焦炭，将混合物再次造粒，如表 5.8 中 a 所示。另一种方法是将高磷矿石包裹在预制粒颗粒中，并在高速搅拌器中造粒，然后在圆筒混合机中与赤铁矿造粒，之后加入石灰石和焦炭，用于涂覆和造粒，如表 5.8 中 b 所示。

表 5.8　实验室中的造粒方法[372]

方法	制粒流程	准颗粒简图
a 均匀制粒方法	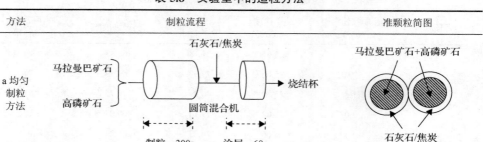	
b 偏析制粒方法	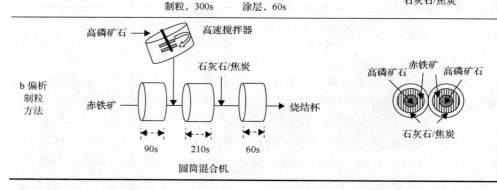	

图 5.2 为日本钢铁工程控股公司福山 4 号烧结厂高硅矿的"偏析造粒"实验设备，用以研究预制粒颗粒中铁矿石分布对商业烧结的影响。该方法使用高速搅拌器对高磷矿石进行预制粒。使用高速搅拌器的目的是将相对精细且多孔的高磷矿石分离在预制粒粒子的中心。将颗粒状高磷矿石与其他铁矿石混合并造粒，然后通过单独的高速输送机(50～300m/min)输送焦炭和石灰石，在圆筒混合机的后

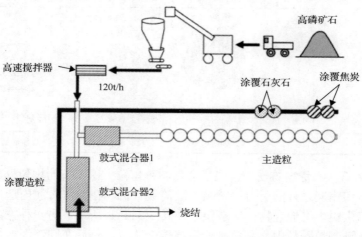

图 5.2　福山 4 号烧结厂的实验设备[372]

部注入，送焦炭和石灰石，在圆筒混合机的后部注入，依次涂覆预制粒颗粒。另外，作为参考，常规烧结操作是在所有铁矿石周围涂覆石灰石和焦炭。

表 5.9 为尺寸 4.76mm 或更大的粒状颗粒的横截面的电子探针微区分析技术（EPMA）分析结果。可以看出，通过偏析制粒方法得到的制粒准颗粒与通过均匀制粒方法得到的制粒准颗粒相比，通过偏析制粒方法得到的制粒准颗粒中心成功分离了相对高 Al_2O_3 含量的高磷矿石。

表 5.9　EPMA 分析的准颗粒中 Ca、Fe 和 Al 的分布[372]（彩图扫二维码）

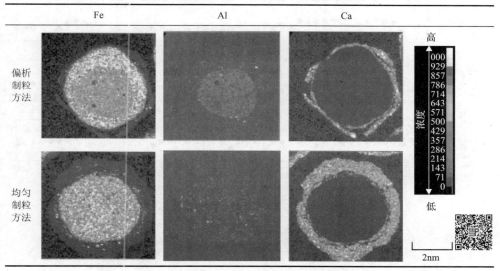

从图 5.3 可知，通过对高磷矿石采用"偏析制粒方法"，烧结矿的透气性得到改善，与火焰前锋速度密切相关的 22 号风箱温度升高，燃烧层烧透点朝向布料端移动。然后，在增大台车速度以保持 22 号风箱温度恒定后，烧结产率约提高 4%。

如图 5.4 所示，采用"偏析制粒方法"，虽然 4mm 以下的细粒质量分数和烧结产品的低温还原−分解没有太大变化，但烧结矿的转鼓强度和还原性指数（JIS-RI）得到改进。转鼓强度即冷强度的改善，归因于中间尺寸为 0.5～5mm 孔的数量的减少，改进了熔体流动性。

2）案例二

Oyama 等[208]研究了在工厂中开发焦炭和石灰石涂覆造粒技术，描述了预制粒的制造条件，预制粒颗粒结构对商业烧结矿生产和烧结质量的影响，烧结产品对高炉操作的影响，以及新造粒工艺的设计与现有的商业设备，流程如图 5.5 所示。

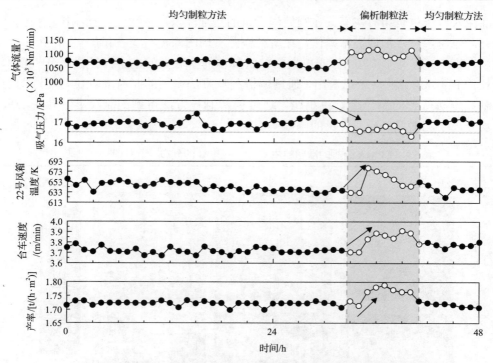

图 5.3　偏析制粒方法对福山 4 号烧结厂烧结操作效果的影响[372]

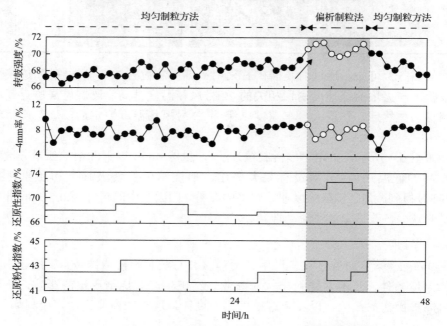

图 5.4　偏析制粒方法对福山 4 号烧结厂烧结矿质量的影响[372]

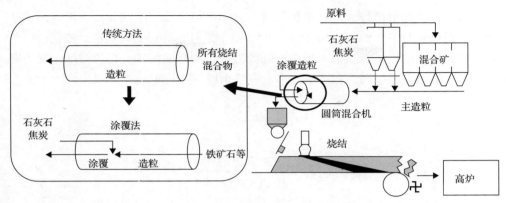

图 5.5　Kurashiki No.2 烧结厂的焦炭和石灰石涂覆造粒技术的工艺流程[208]

焦炭和石灰石涂覆造粒技术的特征是由铁矿石组成的预制粒颗粒表面上焦炭和石灰石的分离。造粒程序如下，首先是铁矿石的原料造粒，通过单独的造粒生产线输送的二次焦炭和石灰石由高速输送机(50～300m/min)注入圆筒混合机的末端。通过改变传送带速度调整控制焦炭和石灰石的涂覆造粒时间。对于对比实验，还安装了用于通过主造粒生产线运输焦炭和石灰石的设备，如传统方法中的应用。

表 5.10　Kurashiki No.2 烧结厂的实验条件[208]

工况	指标	数值
烧结机中	烧石灰比/wt%	1.5
	床高/mm	560
	水分/wt%	6.7
	烧穿点/%	30±3
	烧穿温度/℃	350±20
	−5mm 率/wt%	＜6.0
	最终涂覆传送机的皮带速度/(m/min)	50～300
混合状况	混合矿石中石灰石比例/wt%	25, 35, 75
	SiO_2/wt%	5.1
	CaO/SiO_2	1.8

表 5.11　实验中的造粒条件[208]

指标	Kurashiki 现场	实验室测试	
转鼓直径/m	4.2	1.0	2.0
转速/(r/min)	4.0	8.2	5.8
弗劳德数		$1.9×10^{-3}$	
占有率/vol%		11.5	
转鼓长度/m	21.0	0.3	
总造粒时间/s		360	
含水率/wt%		6.7	

以恒定的弗劳德数、占有率和总造粒时间进行实验室测试和商业设备测试。烧结厂现场实验条件如表 5.10 所示，实验室中造粒条件详见表 5.11。测量以白色着色作为标记的铁矿石从装入到排出圆筒混合机的时间，并且将该时间定义为商业装置中的总制粒时间。弗劳德数和占有率由以下方程定义：

$$F = \frac{r \times (N/60)^2}{g} \tag{5.1}$$

$$\Phi = 100 \times \frac{P \times t}{\pi \times \rho \times r^2 \times L} \tag{5.2}$$

式中，F 为弗劳德数；r 为圆筒混合机半径，m；N 为转速，r/min；g 为重力加速度，m/s^2；Φ 为占有率，vol%；P 为烧结混合物的加工量，t/s；t 为总制粒时间，s；ρ 为堆积密度，t/m^3；L 为转鼓长度，m。

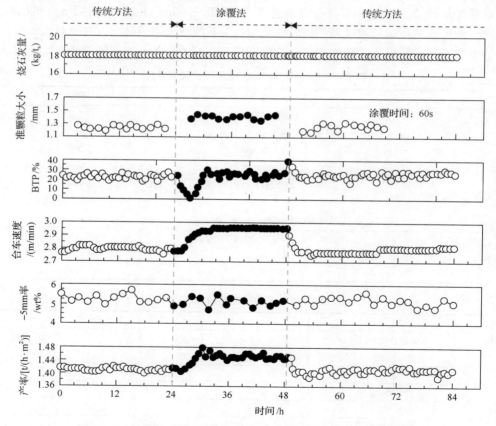

图 5.6　涂覆造粒工艺对仓敷 2 号烧结厂烧结矿生产率的影响[208]

　　涂覆造粒时间为 60s 并通过调节烧结机台车移动速度来控制烧结操作结果的实例，如图 5.6 和图 5.7 所示。当应用焦炭/石灰石涂覆造粒方法时，预制粒颗粒直径增加，烧结终点(BTP)降低，烧结床的透气性提高，烧结机排出点处的烧结床的收缩从 86mm 减小到 72mm。通过增加台车速度以保持恒定的 BTP，烧结产品在不改变其–5mm 率的情况下得到改善。

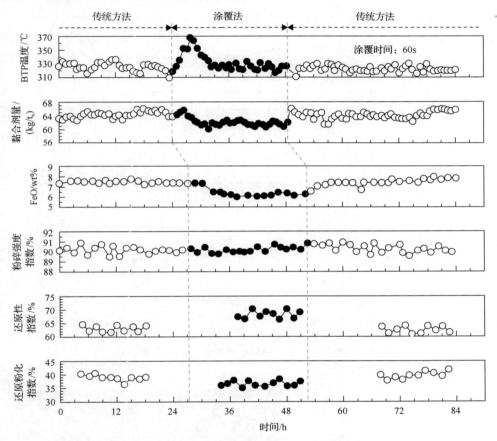

图 5.7　涂覆造粒工艺对仓敷 2 号烧结厂烧结操作和质量的影响[208]

　　实验估计使用涂覆造粒方法导致烧结床中 BTP 温度升高和过热，所以考虑到烧结环冷机的负载，降低黏合剂比例以保持恒定的 BTP 温度。烧结产品的质量表明粉碎强度指数没有特别显著的变化，但还原性指数和还原粉化指数均有所改善。

　　由图 5.8 和表 5.12 可见，当涂覆造粒时间缩短到 40s 以下时，原料混合物中焦炭和石灰石的分布不均匀，并且排出点处的烧结条件不均匀，因此，烧结矿的强度下降，返矿比增加，生产率下降。此外，由于压碎后产生–5mm 的细颗粒增加，烧结厂的筛网不能去除–5mm 的细颗粒，因此烧结产品中–5mm 的比例大大增加。相反，当涂覆造粒时间延长至 80s 时，透气性改善程度和产率均降低，并且烧结产品的还原性也降低。结果，生产率在涂覆造粒时间为 40s 时显示出最大值。因此，考虑到烧结产品的–5mm 比例和生产率，采用 40s 的涂覆造粒时间作为适当的操作点。

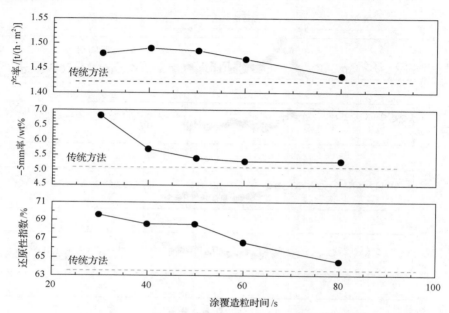

图 5.8　涂覆造粒时间对仓敷 2 号烧结厂烧结操作和质量的影响[208]

表 5.12　仓敷 2 号烧结厂预制粒颗粒中 Ca 和 Fe 的分布[208]

制粒方法	涂覆时间/s	Ca 的分布	Fe 的分布
传统方法	—		
焦炭/石灰石涂覆法	40		颗粒外边界

制粒方法	涂覆时间/s	Ca 的分布	Fe 的分布
焦炭/石灰石涂覆法	80		

当涂覆造粒时间为 40s 时，来自石灰石的 Ca 从铁矿石中分离出 Fe。此外，当涂覆造粒时间为 80s 时，Ca 融合在预制粒颗粒中，产生类似于用传统方法获得的结构。上述生产率提高和还原性指数的恶化便归因于这种变化。更具体地说，一般认为预制粒准颗粒的造粒和破坏在圆筒混合机中同时进行。因此，注入后立即分布在准颗粒表面上的石灰石和焦炭被物理吸附到预制粒颗粒中。当涂覆造粒时间延长时，意味着造粒时间落在适当的范围内，该范围通过下限的不均匀烧结和上限的预制粒准颗粒的坍塌来确定。还可以合理地假设涂覆造粒时间的适当范围受到冲击力的影响，如从圆筒混合机到烧结机的输送带的连接处。因此，每个烧结厂的最佳范围将不同。

从图 5.9 可以看出，粗粒径颗粒的质量比增加，细粒径颗粒中的 CaO 和游离

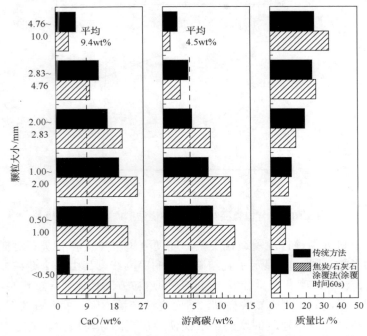

图 5.9　造粒方法对原料中每种粒径颗粒的质量比、CaO 和游离碳含量的影响[208]

碳含量显著增加。认为这些细颗粒在送入烧结机后与粗预制粒颗粒的表面分离，即使细颗粒没有黏附在粗准颗粒的表面，随着涂覆造粒时间的延长，认为 CaO 和游离碳物理地结合到粗准颗粒中，降低了涂覆造粒方法的改进效果。

从图 5.10 可以看出，无论采用哪种方法，当混合机直径增加时，造粒性能和烧结矿产率都会下降。此外，虽然当混合机直径增加时，焦炭/石灰石涂覆造粒方法的效果趋于减小，但与传统方法相比，两种直径都得到了实质性的改进。尽管有助于造粒的动能不受混合机直径的影响，但是促进颗粒破坏的冲击能量随着混合机直径的增加而增加。换句话说，准颗粒在直径较小的混合机中不会被破坏，而在直径较大的混合机中可能被破坏。

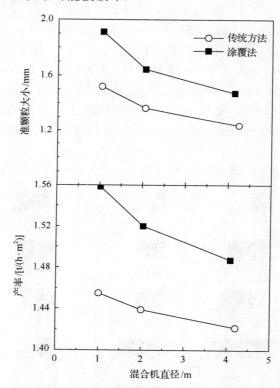

图 5.10　混合机直径对准粒度和烧结矿产率的影响[208]

对每种原料分别进行涂覆造粒实验，以便分离出焦炭和石灰石对提高生产率和还原性的影响。图 5.11 显示了烧结矿产率的等高线，其由每个造粒方法的堆积密度、床高、台车速度和产量计算。与传统的造粒方法相比，通过焦炭涂覆造粒，透气性得到改善，台车速度显著提高，然而烧结产量下降。采用石灰石涂覆造粒，产量略有提高，但台车速度的增加小于仅使用焦炭的涂覆造粒。通过对焦炭和石灰石进行涂覆造粒，烧结产量与传统方法几乎相同，并且台车速度的增加最大化。

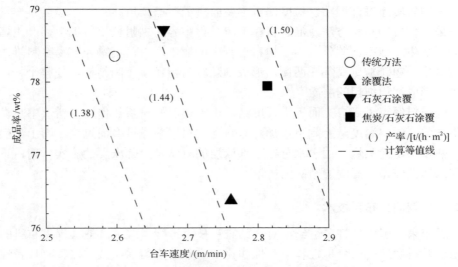

图 5.11　不同造粒方法对烧结矿成品率的影响[208]

5.2　偏析布料技术

5.2.1　传统溜槽式布料方法

烧结布料是指原料经混合制粒后被铺到烧结台车上的过程，对整个烧结过程起着至关重要的作用。传统的混合料向烧结机台车的布料方法多是采用反射板的方法，即溜槽式布料方法，如图 5.12 所示。

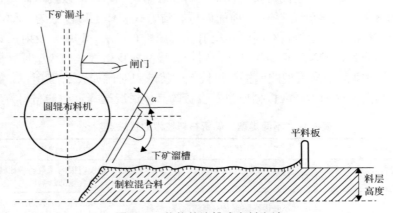

图 5.12　传统的溜槽式布料方法

典型的烧结机布料系统由圆辊布料机、反射板和下矿溜槽组成。由圆辊布料机将下矿漏斗的烧结混合料给到反射板下矿溜槽后进入台车上。给料量通过调节阀门和圆辊转速进行调整，粒度偏析主要取决于溜槽倾角。

采用传统的布料方法，混合料在下滑过程中容易黏附在反射板上，产生堵塞从而影响生产效率。此外，由于填料过程中的崩落现象，细颗粒容易在料堆的中心带富集，粗颗粒则富集在两侧，形成细颗粒与粗颗粒相间结构，使整个料层从上到下形成细粗细粗的层次[373]。

烧结料经点火后自上而下进行烧结，由于料层的自蓄热作用，料层中热量分布不均匀，料层温度从上到下增加，导致下部料层热量过多而过烧，而上部料层由于热量不足而欠烧。由于水分在下部床层的凝结及上部床层的压实作用，下部床层渗透性较差，影响烧结矿的质量[13]。

5.2.2　典型偏析布料技术

近年来，国内外许多烧结厂对烧结布料技术进行了改进，使其满足布料的填充密度及料层结构的合理性、稳定性和化学成分的均匀性，其中比较有代表性的是偏析布料技术。该技术使得原料颗粒在台车高度方向产生粒径偏析，即小颗粒分布在上层，大颗粒分布在下层，从而提高了料层的透气性，使燃烧过程中的热传导和矿物熔融得以均匀进行，提高了垂直方向的烧结速度，使得烧结矿质量趋于稳定。由于细颗粒的含碳量较粗颗粒更高，因此上层含碳量较下层略高，高度方向含碳量的偏析充分利用了烧结过程中料层的自蓄热作用，弥补了下层含碳量的不足，使得料层温度更加均匀，避免了上部料层欠烧而下部料层过烧的现象，同时降低了燃料消耗[374]。

偏析布料技术是烧结的重要环节之一，良好的布料设备是保证优质的偏析布料效果最重要的环节。早期偏析布料设备采用多层布料技术，但该技术需要为同一台烧结机配备多套进料单元[375]。目前的偏析布料方式总体上可以分为三种，即气流喷吹偏析布料法、磁辊偏析布料法及反射板式偏析布料法。其中，反射板式偏析布料器又可细分为带式反射板、振动式反射板、滚筒式反射板、曲线型反射板、条筛型反射板等类型。不同类型的偏析布料技术的优缺点对比如表 5.13 所示。各种布料方法均有其限制性因素，应根据原料及设备的具体情况选择合适的布料方法。

表 5.13　不同类型的偏析布料技术的优缺点对比[376]

布料器	优点	缺点
反射板式	不受原料条件限制，设备简单，投资小	对圆辊和反射板的参数要求比较高，受混合料中水分含量的影响较大
磁辊式	改造时不必提高圆辊布料器的高度，对布料系统不必做太大的改动	只适用于以磁性铁矿石为主要成分的混合料，对其他矿石效果不明显；磁场分布对布料效果影响较大
空气流式	结构简单，容易制造，可在高温、高尘、多蒸汽的环境下工作	混合料的粒度组成保持相对稳定，否则气流速度无法控制，影响偏析效果

1. 气流喷吹偏析布料法

气流喷吹偏析布料法(图 5.13)是当混合料从圆辊给料机和反射板落下时用气流喷吹下落的料流，使混合料中的各种颗粒在不同位置按粒度和密度的大小产生堆积。这种方法一方面可增大料层的孔隙率，提高料层透气性；另一方面可使细颗粒料分布在料层上部，粗颗粒料分布在料层下部，并相应地使燃料在上层分布多，下层分布偏少，达到燃料的合理分布状态[373]。

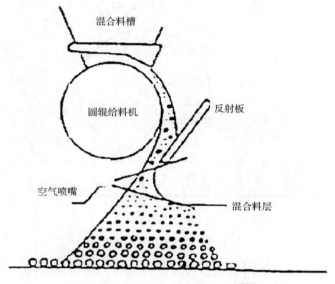

图 5.13　气流喷吹偏析布料法[373]

日本新日铁曾采用混合料气流喷吹偏析布料法，用喷嘴将气流吹向反射板下端与台车料层表面之间的下落混合料料流。该技术可使台车料层上部多为 0.5~2.0mm 粒度的物料，而比这粗的物料则分布在料层的下部，喷吹的气流速度在 0~20m/s 内可调，以便调节混合料的粒度偏析和含碳量的偏析。该厂采用这种方法后可使烧结机生产率提高 2%，点火用重油消耗量降低 10%[373]。

2. 磁辊偏析布料法

磁辊偏析布料法(图 5.14)是在普通圆辊布料机内装一套由若干交变极性的永久磁铁组成的磁系，磁铁布置在圆辊给料机滚筒下料的一侧，包绕成一个 135°左右的扇形段[377]。在混合料由圆辊上面经由圆辊一侧随着圆辊的转动而落下时，由于受到磁化作用，质量大而磁化率低的各组分在各种机械力和旋转辊筒动能的作用下，在磁场作用区的起点处便开始下落铺到台车上；受磁场的磁化作用吸附在辊筒表面上的以磁铁精矿为主的细颗粒经过磁场作用区在终点脱落；中等磁化率粒度和质量的颗粒落在粗细粒级之间。同时，在磁场力作用下使燃料沿料层高度重新分布，结果为上层碳含量偏高，下层碳含量偏低[378]。

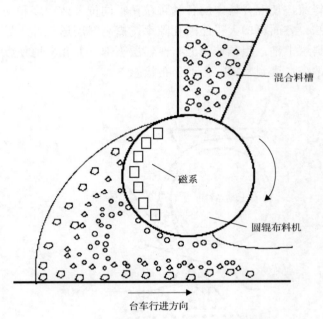

混合料槽

磁系

圆辊布料机

台车行进方向

图 5.14　磁辊偏析布料法[376]

　　苏联一些烧结厂曾采用磁辊布料法使粒度和含碳量在料层的上下层造成偏析。磁辊偏析布料法可使上下层含碳量相差 0.5%左右，采用磁辊偏析布料法后烧结矿燃耗降低、质量提高，利用系数有所提高[376]。日本新日铁仓敷 3 号烧结机也曾采用该技术，将高 FeO 原料分布在烧结床上层，利用其在氧化过程中放出的热量来弥补烧结床上层热量不足的缺陷[375]。

3. 反射板式偏析布料法

　　在日本应用比较广泛的是反射板式偏析布料法，主要包括带式反射板、振动式反射板、滚筒式反射板、曲线型反射板、条筛型反射板等类型[376]。

　　带式反射板偏析布料法是通过改变皮带的方向和速度，从而改变混合料的速度，以达到粒度偏析的目的。

　　振动式反射板偏析布料法是在反射板上安装振动器，振动可以促进分级和降低反射板摩擦的效果，从而达到偏析布料的目的。

　　滚筒式反射板将圆辊布料机给出的原料滚动反拨，根据其着落可以直接改变水平与垂直速度比，冲击宽度对偏析指数影响很大。该类型反射板的偏析调节范围很宽。

曲线型反射板偏析布料法，其反射板是由直线部分和曲线部分组成的。

条筛型反射板偏析布料法是用条筛来代替普通的反射板，利用条筛使烧结混合料分级，细粒级混合料向料层上部偏析。与普通反射板相比，条筛型反射板粒度偏析指数和碳的偏析指数都比较大，其主要有条棒筛偏析布料法、网筛偏析布料法及强化筛分偏析布料法等类型。

5.2.3　偏析布料技术对烧结的改善

烧结原料中颗粒的大小和密度决定了其在偏析布料过程中的运动，沿床层自上而下，颗粒平均粒径增大，床层孔隙率增大，容积密度呈下降趋势，渗透率增加。目前在偏析布料对烧结过程的影响方面，多采用经过实验验证的数学模型进行研究[13, 373]。本节通过与现场工况吻合的数学模型[374]，论述偏析布料对火焰前沿及其周围临界熔体形成区域的性质及烧结矿产量、产率的影响。表征临界熔体形成期（＞1100℃）床层传热的重要参数中最高床层温度（MT）、停留时间（RT）、闭合面积（EA）及火焰峰面速度（FFS）的定义参见本书 3.2.7 节。燃烧效率（η）定义为焦炭燃烧过程中 CO_2 与（CO_2+CO）的体积浓度比，颗粒粒径、床层孔隙率及质量的偏析程度 σ_s、σ_v 和 σ_m 分别定义为[374]

$$\sigma_s = \frac{\Gamma_{s,btm} - \Gamma_{s,top}}{2} \tag{5.3}$$

$$\sigma_v = \frac{\Gamma_{v,btm} - \Gamma_{v,top}}{2} \tag{5.4}$$

$$\sigma_m = \frac{\Gamma_{m,btm} - \Gamma_{m,top}}{2} \tag{5.5}$$

式中，Γ_s 为偏析布料与非偏析布料的粒径之比；Γ_v 为偏析布料与非偏析布料的床层孔隙率之比；Γ_m 为偏析布料与非偏析布料的某一成分的质量之比；下标 s、v、m、btm 和 top 分别为颗粒粒径、床层孔隙率、质量、床层底部和床层顶部。

1. 颗粒粒径偏析的影响

沿烧结床层从上向下颗粒平均粒径逐渐增加。由图 5.15 可见，随着粒径偏析程度的增加，火焰前沿前后的热对流加强，对流热负荷增加，使得上部床层温度升高。火焰前沿之前的对流热负荷比之后的约高一个数量级。

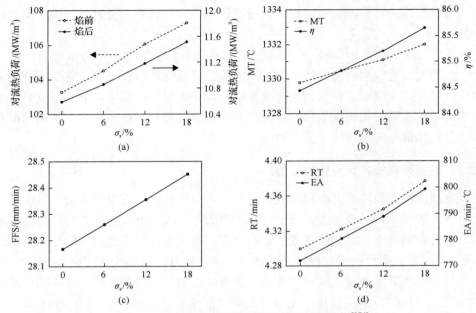

图 5.15　原料颗粒粒径偏析对烧结参数的影响[374]

床层的平均 MT 增加，可以归因于对流热负荷的增加。高温还提高了焦炭表面生成的 CO 氧化为 CO_2 的效率，从而提高了焦炭燃烧效率。

随着颗粒偏析程度的增加及对流热负荷的增加，FFS 略有增加，MT 的增加及 RT 的小幅度增加使得 EA 值也有所增加，有利于提高烧结矿的质量。

此外，上床层颗粒尺寸的降低可以促进烧结反应、熔融体生成、颗粒间结合和聚集，因为较小的颗粒比较大的颗粒有更大的单位体积接触面。通过粒度偏析，上料层烧结矿产量增加。

2. 床层孔隙率偏析及烧结气流速度的影响

采用偏析布料技术后，沿垂直床层的方向自上而下，原料颗粒的粒径逐渐增大，床层的孔隙率和透气性随之增大，堆积密度减小。由图 5.16 可见，MT、η 和 FFS 均升高，EA 和 RT 则呈现下降的趋势。MT 的升高源于床层密度下降导致床层容积热容量的下降，床层迅速升温源于火焰传播速度的升高，火焰温度的升高提高了焦炭的燃烧效率，EA 和 RT 的变化源于火焰传播速度的提高。

烧结气流速度增加，MT、η、EA 和 RT 下降而 FFS 上升，表明增大床层孔隙率可以提高烧结产率。

3. 焦炭质量偏析的影响

偏析布料使得沿床层向下焦炭含量逐渐下降。热平衡计算结果表明，焦炭质

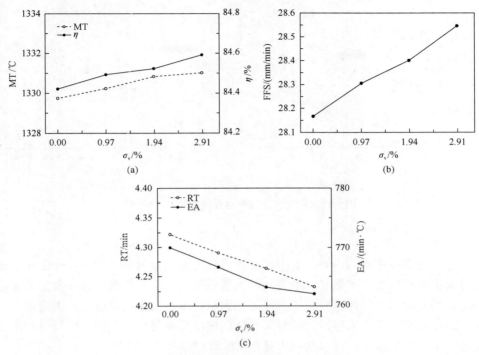

图 5.16　床层孔隙率偏析对烧结参数的影响[374]

量的偏析主要影响显热和焦炭燃烧热的变化，其他热量成分仅仅由于 FFS 及床层温度而出现轻微变化。理想的效果是在烧结初期显热积累多且迅速，而在烧结后期释放速率减慢。

由图 5.17 可见，随着焦炭质量偏析程度的升高，中上床层的 MT、RT、EA、η 增加；下部床层的 MT 减小，RT 增大而 EA 轻微减小；η 总体升高，表明可以节约燃料；上下床层的 MT 差距最小时烧结效果较为理想，表明存在一个最佳的焦炭质量偏析程度，该值随烧结参数如铁矿石成分及床层高度等变化。

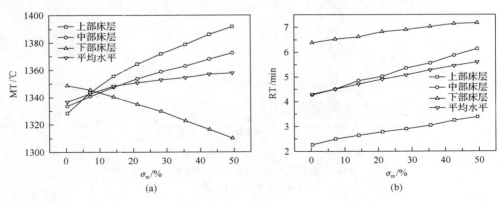

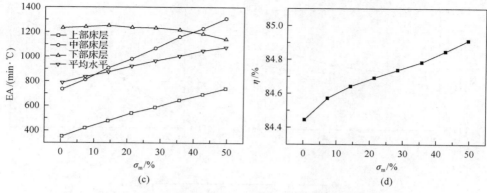

图 5.17　焦炭含量偏析对烧结参数的影响[374]

4. 综合影响

综合考虑各因素的影响，沿床层高度方向焦炭质量的偏析和床层孔隙率的增加是偏析布料后烧结产量和产率提高的主要原因。焦炭质量偏析对床层最高温度及在临界温度以上的保温时间影响显著，而粒径偏析及密度的变化对燃烧效率和床层温度影响很小。床层透气性对火焰峰面速度影响最大，从而影响烧结产率。参考床层上下的温度，可以获得床层布料的最佳偏析水平[374]。

5.2.4　应用案例

1. 新日铁君津 2 号烧结机(条棒筛偏析布料法)

条棒筛偏析布料法(图 5.18)简称 SB(slit bar)式布料法，由新日铁于 1981 年

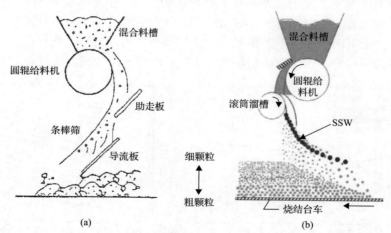

图 5.18　条棒筛偏析布料法(a)及网筛偏析布料法(b)[373, 375]

SSW 代表偏析光隙金属丝

研发。该装置在圆辊给料机下有一段助走板，在其下接一段横向布置的条棒筛，在条棒筛的下方有一段导流板，在条棒筛之下再接一段平板。混合料由圆辊给料机落下后先在助走板上滑下，然后进入条棒筛段，混合料中的小粒级部分通过条棒间隙落下，并在筛下的导流板的引导下落到台车料层的上层，而未通过筛条间隙的粗粒级部分溜下落至台车的底部，这样就造成了粒度的偏析。条棒筛段还可以错动刮削以防堵塞间隙[373]。

该烧结机面积 245m²，台车宽 3500mm，长 1500mm。新日铁君津烧结厂于1985 年开始使用条棒筛偏析布料器。该烧结厂将之前的圆辊布料器从原位置上抬高了 1.035m，在其下安装了一套条棒筛偏析布料器，布料器的几个主要组成部分的尺寸如表 5.14 所示。

表 5.14　新日铁君津烧结厂条棒筛偏析布料器的主要尺寸[373]

部件	尺寸
条棒筛段	3500mm×870mm
条棒间隙	20～34mm
条棒直径	8mm
导流板	3500mm×400mm
助走板	3500mm×(0～400)mm(长度可调)
条棒布料器倾角	45°～65°

布料器的条棒可更换，寿命约 1.5 月。刮削装置每 1.5 年更换 1 次。投产后经检验，混合料粒度和焦炭含量都产生了上下层不同的明显偏析作用，而且发现偏析作用与条棒筛布料器的倾角有关。新日铁君津烧结厂根据经验认为倾角为 60°时偏析效果最好。新日铁君津 2 号烧结机采用此布料器后的效果见表 5.15。

表 5.15　新日铁君津 2 号烧结机使用条棒筛偏析布料器前后效果对比[373]

指标	单位	改造前	改造后	效果
产率	t/(d·m³)	25.1	27.8	+2.7
成品率	%	80.4	82.2	+1.8
焦炉煤气耗量	m³/t	1.62	1.50	−0.12
焦炭耗量	kg/t	42.21	40.96	−1.25
主风机抽风量	m³/min	2260	2270	+10
落砸强度(SI)	%	90.1	90.4	+0.3

由表 5.15 可见，采用偏析布料器可达到提高产量、提高成品率、降低焦耗和煤气耗量的目的。产量的提高主要是料层透气性的改善、抽风量增加所致。此外，成品率及烧结矿强度也都有所提高。

与条棒筛偏析布料系统类似的还有网筛(wire screen)偏析进料系统。其采用弧形筛网和滚筒溜槽,进一步提高了筛分效率,增强了粒径偏析;通过用机械卷轴缠绕网线,可以更容易地去除黏附在网筛上的颗粒。这两种系统的筛面常用尿烷涂覆以防止磨损和腐蚀[375]。

2. 新日铁君津 1 号和若松烧结机(强化筛分偏析布料法)

强化筛分偏析布料器(图 5.19)简称 ISF(intensified sifting feeder)布料器,由新日铁于 1985 年开始开发。该型布料器由导向板(或称助走板)和棒条筛组成。棒条筛的棒条是顺着料流布置的,每根棒条下端为自由端,上端有轴承支持,棒条可以转动以防黏料堵塞筛孔。棒条与棒条之间的距离即为筛隙(筛孔)。棒条上部筛隙小,下部筛隙大,棒条下端交错成上中下三层。棒条的转动通过软接手由小电动机带动,由几十根棒条构成的棒条组成为一个整体可以上下移动调节高度,棒条组可以整组拆下更换以利检修。当混合料由圆辊给料机给出时,首先落在助走板上,然后溜到棒条筛上,由于上部筛隙小可使混合料中的细粒级物料首先被筛出落到料层的上部,下部筛隙大,粗粒料则落到料层的下部和底部。由于棒条间隙从上至下连续由小变大,产生连续的粒度偏析作用。同时由于筛子的筛分和分级作用,物料分散落下,减小了烧结料层的堆积密度,增大了孔隙率,防止由于装料不均匀而导致的崩落现象。在粒度偏析的同时,碳含量也产生了偏析[373]。

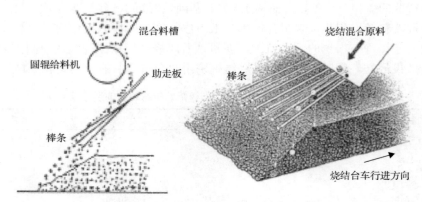

图 5.19   强化筛分偏析布料法[375,376]

强化筛分偏析布料器于 1987 年 9 月在新日铁的八幡若松烧结机上使用。新日铁已使用的强化筛分偏析布料器的烧结机见表 5.16。

由表 5.17 可知,采用偏析布料器可提高成品率、降低焦炭耗量和煤气耗量,生产效果的提升原理与条棒筛偏析布料方法类似,但效果大大加强。

表 5.16　新日铁使用强化筛分偏析布料器情况表[373]

指标	机号	烧结机面积/m²	布料机型式
八幡	若松	600	ISF
	户田 3 号	480	ISF
室兰	室兰 6 号	460	ISF
	堺 2 号	183	ISF
君津	君津 1 号	183	ISF
大分	大分 2 号	600	SB+ISF

表 5.17　新日铁君津 1 号和若松烧结机使用 ISF 的前后效果对比[373]

指标	若松烧结机			君津 1 号烧结机		
	设置前	设置后	效果	设置前	设置后	效果
成品率/%	71.9	75.2	+3.3	90.0	84.7	−5.3
焦炭耗量/(kg/t)	50.8	48.6	−2.2	44.8	42.5	−2.3
焦炉煤气耗量/(m³/t)	1.9	1.8	−0.1	1.6	1.2	−0.4
电耗/(kW·h/t)	37.1	35.5	−1.6	33.4	31.9	−1.5
生石灰用量/(kg/t)	8.7	3.6	−5.1	不使用		

5.3　烟气再循环技术

烟气再循环技术是将部分烧结烟气再次引至烧结料层，进行循环烧结的一种工艺。目前主流的烟气再循环技术主要有 EOS 技术、LEEP 技术、EPOSINT 技术、烧结烟气最大减排（maximized emission reduction of sintering，MEROS）技术等。

EOS 技术（图 5.20）最早由德国 Lurgi 公司于 20 世纪 90 年代提出[379]，传统的烧结工艺中，生成的 CO_2、CO、SO_2、NO_x 等均随着废气一起排出，而在 EOS 技术中，烧结废气在烧结机中进行循环，只排放少量的残余废气。在烧结机上装有机罩，循环的烟气通过台车挡板与导轨之间的缝隙抽入，因此漏风量相应减少，循环烟气返回烧结机的过程中配入一定量空气，循环烟气和空气在烟罩内混合。EOS 工艺废气循环率约 50%，循环废气与空气混合后的氧浓度为 14%～15%，最终废气外排量约减少 50%。

德国 HKM 公司开发了 LEEP 技术（图 5.21），这项技术主要对尾部烟气进行了重新利用，尾部烟气占比约 47%[380]。由于烧结机前半部分烟气温度低、水分高、氧浓度低、污染物含量少，后半部分烟气温度高、水分低、氧浓度高、污染物（SO_2、氯化物、二噁英等）含量高，因此 LEEP 工艺将烧结机前后两部分废气分成两个管

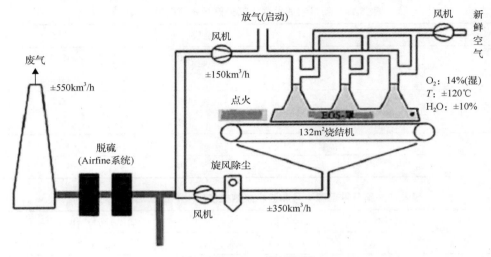

图 5.20　EOS 工艺流程图

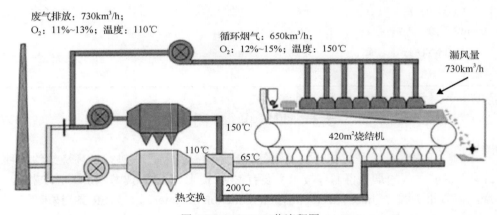

图 5.21　LEEP 工艺流程图

路，后部烟气温度为 200℃，前部为 65℃。首先，将两部分烟气进行热交换（目的是保证风机的工作条件与采用 LEEP 之前相同），使之分别变为 150℃ 和 110℃，然后两部分烟气经过静电除尘器，前部烟气除尘后通过烟囱排放，后部烟气则返回烧结机循环。

　　奥钢联钢铁公司和西门子奥钢联公司合作研发了一种称为 EPOSINT 的烟气再循环技术（图 5.22）[381,382]。EPOSINT 与其他从总废气流中分出一部分烟气返回烧结机的烟气再循环工艺不同，它根据各个风箱的流量和污染物排放浓度，用于循环的气流只是取自废气温度升高区域的风箱，循环的烟气具有高温、高浓度等特点。烧结机废气温度升高的区域随烧结原料配比和其他操作条件的变化而改变。为了保证废气循环的效果，优化烧透曲线及废气流中灰尘和污染物的浓度指标，各个风箱的废气流均可以单独排出，根据需要导向烟囱或返回烧结机进行循环。这一特点确保了理想地应对工艺条件的波动，是 EPOSINT 工艺具有高度灵活性的决定性因素。奥钢联钢铁公司向循环废气中加入了来自冷却机的热空气，保证了富氧水平。另外，冷却机被部分覆盖，以减少向环境中排放的颗粒物。这种方案对于利用冷却机的热空气来达到富氧目的非常有效，而且也有利于降低烧结用焦炭及点火气体的消耗。经过气体混合室后，废气流向烧结机上方的循环烟罩。EPOSINT 工艺有一个独特之处，即烟罩并不完全覆盖烧结机，而是只到台车旁边，利用非接触型窄缝迷宫式密封来防止循环废气和灰尘从罩内逸出。负压的存在避免了 CO 气体散入周围环境，具有高度的安全性。采用这一方案，仅有很少量的二次空气被吸入系统。

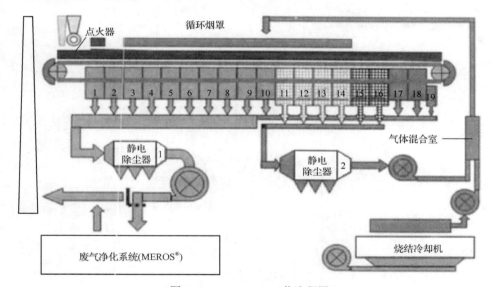

图 5.22　EPOSINT 工艺流程图

　　由于烧结温度较高，蒸气压较大的成分如碱金属卤化物、挥发性有机化合物和重金属(如汞和铅)氯化物等都会挥发，这些成分在烧结机废气处理系统中再次凝聚，导致烧结厂排放的灰尘中存在大量的 $PM_{10}/PM_{2.5}$。烧结原料中含有的大量硫成分以酸性气体 SO_2 和 SO_3 的形式随着废气排出，废气中同时含有 HCl、HF 等其他酸性气体。随着环保标准日益严格，现有的技术很难达到其要求，因此在实施 EPOSINT 技术的同时，西门子奥刚联公司还开发了旨在进一步降低单位排放量从而满足环保要求的 MEROS 工艺(图 5.23)[4]。该工艺能够将烧结厂废气中含有的灰尘、酸性气体及有害金属和有机物成分脱除到传统废气处理技术所未曾达到过的水平。MEROS 工艺包括一系列处理步骤，经过静电除尘器后仍然残留在烧结废气中的灰尘和污染物在这些步骤中被进一步去除。在工艺的第一步，专门的碳基吸附剂和脱硫剂(小苏打或熟石灰)被逆向喷吹到烧结废气流中以去除重金属和有机物成分;在第二步,使用消石灰作为脱硫剂时,废气流经过调节反应器(当使用小苏打时,则无须调节反应器),并用双流(水/压缩空气)喷嘴进行冷却和加湿,以加快去除 SO_2,同时加快其他酸性气体成分的反应速率;在第三步,离开调节反应器的废气流通过特种高性能织物制成的布袋过滤器以分离灰尘。为了提高废气的净化效率和大幅度降低添加剂的成本,布袋过滤器分离的灰尘被返回到气体调节反应器之后的废气流中。一部分灰尘从系统中排出并被送至储灰斗,随后被运走进行综合利用。

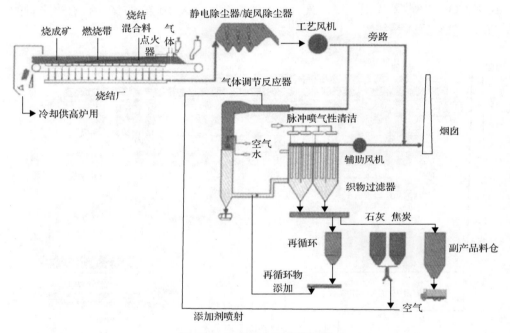

图 5.23　MEROS 工艺流程图

　　这几种烟气再循环技术的应用结果表明,烟气中的污染物(包含粉尘、NO_x、二噁英、SO_x、CO 等)将会大幅度减小。当烟气通过烧结床时,烟气中的粉尘将被吸附并滞留在床内,少量的 SO_x 将被烧结床层固定,二噁英和 NO_x 将会在火焰前锋处分解。同时,循环烟气中的 CO 在火焰锋面处的二次燃烧可以减少焦炭的消耗,从而减少污染物的排放。因此,烟气再循环技术对烧结过程污染物的减排具有重大意义[383-385]。

5.3.1　烟气再循环对烧结过程的影响

　　烟气再循环烧结技术的烟气具有高 CO_2、高 H_2O、低 O_2 含量等特点,同时烟气中含有一定量的 CO，与传统的烧结气氛不同，对烧结燃烧过程、烧结质量及污染物排放均有重要影响。工业应用中发现，由于烟气再循环烧结造成的气流中 O_2 含量低，烧结产率和国际标准化组织(ISO)转鼓指数最多会降低 10%。固体燃料消耗可以降低约 10%，然而烧结块中 FeO 含量增加，对 RDI 和 RI 产生不利影响。可见，气体组分对烧结过程有着重大影响，因此，研究烟气中主要组分对烧结特性的影响显得十分必要，如 CO 的二次燃烧，水蒸气的传输，焦炭在低 O_2 含量下的燃烧特性等。

范晓慧等[385]通过对比研究烟气再循环和传统烧结发现，当烟气再循环比例从 0%增加到 30%时，火焰前锋速度和产率下降，而产量和转鼓指数均增加。当烟气再循环比例达到 40%时，所有的指标均开始下降，接近于传统烧结指标。而当烟气再循环比例达到 50%时，烧结指标剧烈下降。通过对比传统烧结与烟气再循环烧结的烧结矿冶金性能发现，当烟气再循环比例达到 40%时，RDI 和 RI 均小幅下降，但可以满足高炉的入炉要求。综上所述，在保证冶金性能和烧结指标的前提下，合适的烟气再循环比例为 30%～40%。

1. 烟气中 CO 的影响

烧结烟气中含有 0.5vol%～2vol%的 CO，这相当于固体燃料带入热量的 15%～20%。烟气再循环烧结技术中，大部分 CO 随着循环烟气返回进入烧结机，经过二次燃烧用于给烧结过程提供热量，从而大大减少了烧结过程所需的燃料量。CO 的二次燃烧可以提高烧结床的整体温度，尤其对上部床层温度影响较大，因此可以很好地改善上部床层因为床温较低而质量较差的现象。随着 CO 含量从 0vol% 提高到 2vol%，所有的烧结指标均有所上升。

2. 烟气中 O_2 和 CO_2 的影响

由于烟气再循环技术是将部分烟气与新鲜的空气混合后重新注入烧结床的一种方法，因此与传统的烧结方法相比，烟气再循环烧结气体氛围中 O_2 含量偏低，而 CO_2 含量增加。O_2 含量的下降和 CO_2 含量的增加对烧结过程有一系列的影响。

范晓慧等[385]通过研究发现，随着 O_2 含量从 21%降到 15%，燃料的燃烧效率从 94.20%下降到 91.62%，当 O_2 含量降到 10%时，燃烧效率骤降至 85.36%。因此，O_2 含量下降会明显地降低燃烧效率，尤其是当 O_2 含量低于 15%时。同时，随着 O_2 含量从 21%降到 15%，火焰前锋速度、产量、产率、转鼓强度等指标均下降，但仍满足烧结过程的需求。当 O_2 含量低于 15%时，烧结指标急剧下降，对烧结过程极为不利。因此，采用烟气再循环技术烧结时，O_2 含量不应低于 15%。CO_2 含量从 0%增加到 6%时，燃烧效率从 94.20%下降到 92.47%，如果继续增加 CO_2 含量至 12%，燃烧效率会降至 89.43%，因此烟气再循环技术中 CO_2 的存在将会与低

O_2 含量一样影响燃料的燃烧，然而 CO_2 的影响小于 O_2 的影响。当 CO_2 从 6% 增加至 12% 时，转鼓强度、烧结产率、产量均下降，而火焰前锋速度增加，这主要是由于 CO_2 与 C 反应生成的 CO 加快了焦炭的燃尽速度。CO_2 含量的增加会降低燃烧效率，对烧结质量产生极为不利的影响，因此 CO_2 含量不应超过 6%。

3. 烟气中 $H_2O(g)$ 的影响

烧结烟气中水蒸气来自烧结过程自由水的蒸发和原料中结晶水的分解，循环烟气中水蒸气会直接影响过湿区的形成。当水蒸气含量从 0% 增加到 8% 时，过湿区的厚度与传统烧结过程中过湿区的厚度几乎一致。然而当水蒸气含量增加到 12% 时，过湿区的厚度几乎是传统烧结过程的两倍，这将严重影响烧结过程。随着水蒸气含量从 0% 增加到 8%，产量和转鼓强度下降而产率和火焰前锋速度增加。当水蒸气含量增加到 12% 时，烧结指标急剧下降。综上所述，合适的水蒸气含量不应高于 8%。

4. 气体温度对烧结过程的影响

与 CO 的二次燃烧一样，高温烟气不可避免地会影响烧结床温，循环烟气进入烧结床后，烧结床层的冷却速度下降，床内最高温度上升。当烧结烟气温度从室温增加到 200℃ 时，烧结指标明显增加；然而当烧结烟气温度增加到 250～300℃ 时，烧结指标（除转鼓指标外）下降，这主要是因为气体膨胀导致通过床层的烟气量下降，严重影响焦炭的燃烧和烧结的矿化行为。因此，为了避免烧结产率的降低，再循环烟气的温度应保持在 150～250℃。

5.3.2　应用案例

烟气再循环烧结技术在国外一些国家已经投入使用，本节选取其中一个案例进行介绍。从 2005 年 5 月～2007 年 7 月，在奥钢联钢铁公司 1 座 1∶10 比例的实验厂进行了大量测试，确认了 MEROS 工艺在技术、操作和经济等方面的优点[382]。实验厂的废气处理能力约为 100 000m³/h，足以充分考察废气净化的效率及确定扩大到工业规模所必需的设计和操作参数。

根据获得的成功结果，从 2006 年 4 月～2007 年 8 月，西门子奥钢联公司以工艺总承包的方式为奥钢联钢铁公司建设了 1 座 MEROS 工厂。工厂的主要设计数据见表 5.18。整个建设期间，对正常烧结生产和废气净化系统运行的影响被控制在最低程度。为了同现有废气净化系统相集成而进行必要的修改工作，需要的停产时间还不到 5 天。系统按照合同规定的进度顺利投入运行，现在已经能够每小时处理多达 1 000 000m³ 烧结废气。在 9 个多月的运行期间，系统总体作业率超过了 99%。

表 5.18　MEROS 工厂的主要参数

主要参数	数值
设计气体流量/(m³/h)	620 000
原始气体温度/℃	120~160(典型值 130)
系统压降/Pa	约 2500
过滤布袋数量/个	4760
过滤面积/m²	约 19 000
冷却水流量/(m³/h)	8~30
工艺温度/℃	90~100
灰尘循环量/(kg/h)	约 10 000
熟石灰喷吹量/(kg/h)	约 330
褐煤喷吹量/(kg/h)	约 60

在 MEROS 工厂投入运行后的前 9 个月，烧结废气的净化效率完全达到了预期指标。灰尘排放量减少了 99%以上，降到 5mg/m³ 以下；汞和铅的排放量分别减少了 97%和 99%；二噁英和呋喃及有机挥发分去除率达 99%以上；SO_2 排放量也大大低于之前的水平。

5.4　生物质替换技术

生物质燃料是世界上第四大能源，据估算，每年地球陆地产生约 1000 亿 t 干生物质燃料。生物质燃料在我国的储量非常丰富，总量相当于 50 亿 t 标准煤，其中每年可利用和可开发的约 7 亿 t。生物质来源极其广泛，几乎涵盖了所有废弃物和垃圾，如农林产业中产生的废弃物(木屑、树皮、秸秆、甘蔗渣等)、城市生活垃圾、工业废水和废渣及人和牲畜的粪便等。生物质燃料主要由木质纤维素组成，含有 C、O、H 及少量的 N、S 等元素，S 含量远低于钢铁工业中使用的主体燃料煤和焦炭。由于生物质燃烧温度较化石燃料低，在燃烧过程中氧化生成的 NO_x 减少[386]，有利于减少大气中 SO_2、NO_x 的排放。因此，生物质燃料将成为未来广泛利用的可持续性燃料之一，典型生物质和煤的物化特性、能源特性对比如表 5.19 所示。使用清洁生物质燃料替代化石能源是钢铁冶金行业发展的重要方向。近年来的研究主要集中在烧结、炼焦、喷吹和铁矿石还原等四个方面。本节主要介绍铁矿石烧结方面的生物质替换技术。

烧结矿仍然是高炉冶铁的主要原料，特别是中国的钢铁工业。在烧结厂中，将铁矿石、助熔剂和焦炭混合并装入烧结移动床，然后当床通过配备多个燃烧器的点火罩时开始燃烧过程，通过引风机将空气吸入床中以维持燃烧。由焦炭微风

表 5.19　生物质和煤的物化性质与能源特性对比[387, 388]

属性(以干基计)	生物质	煤	木炭
粒径/mm	3	100	—
C 含量/%	43～54	65～85	58.2
O 含量/%	35～45	2～15	3.6
S 含量/%	最大 0.5	0.5～7.5	0.02
SiO_2 含量/%	23～49	40～60	3.2
K_2O 含量/%	4～48	2～6	2.2
Al_2O_3 含量/%	2.4～9.5	15～25	0.98
Fe_2O_3 含量/%	1.5～8.5	8～18	1.1
起燃温度/℃	418～426	490～595	—
热值/(MJ/kg)	14～21	23～28	31

燃烧产生的热量使铁矿石颗粒聚集成适合高炉操作的块状材料。铁矿石烧结过程消耗了钢铁工艺总能量的 9%～12%，仅次于高炉工艺[389]。此外，铁矿石烧结过程也是大气污染物的主要来源，产生大量的 CO、CO_2、SO_2、NO_x 和有机污染物。生物质作为煤和焦炭的替代燃料应用于铁矿石烧结过程，可以有效地减少化石燃料消耗和污染物排放[390-392]。

5.4.1　生物质替换影响铁矿石烧结的机理

如图 5.24 所示，生物质由于挥发分高、孔隙率高、比表面积大导致其燃烧性、

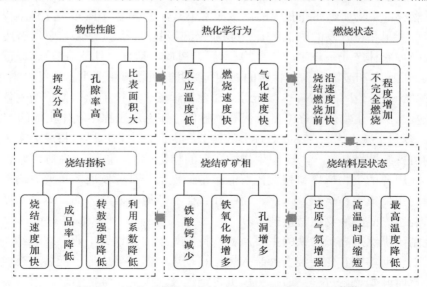

图 5.24　生物质替换影响铁矿石烧结的机理示意图[390]

反应性好，其在烧结过程中燃烧速度过快，使烧结燃烧前沿速度增加，破坏了燃烧前沿和传热前沿速度的协调性；生物质燃料良好的反应性使烧结过程燃料的不完全燃烧程度增加，降低了燃料的热利用效率，造成烧结料层温度低、高温持续时间短、还原性气氛增强而不利于烧结成矿，使得烧结矿铁酸钙生成量降低、孔洞增多，从而降低了烧结的成品率和转鼓强度[390,393,394]。

5.4.2 生物质对烧结过程的影响

1. 对火焰锋面的影响

生物质燃料替代焦炭比例对火焰锋面速度产生影响，随着替代比例的提高，火焰锋面速度加快。此外，火焰锋面速度还受生物质类型的影响，这里对比了三种生物质类型：稻秆炭、木质炭、果核炭。三种生物质替代焦炭后，火焰锋面速度均有所提高，提高幅度从大到小的顺序为稻秆炭＞木质炭＞果核炭[393]，见图 5.25。

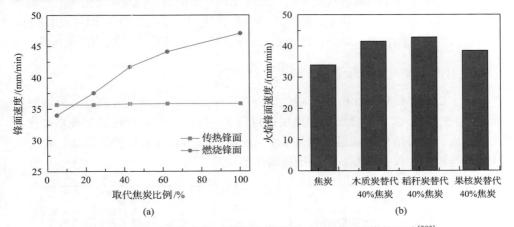

图 5.25   生物质替代焦炭对火焰锋面速度和传热锋面速度的影响[393]

2. 对燃料燃烧程度的影响

燃料燃烧比[$CO/(CO+CO_2)$]可反映燃料完全燃烧的程度，通过检测烧结烟气中 CO、CO_2 的含量计算燃料在烧结过程中的燃烧比。生物质替代焦炭比例对燃料燃烧比的影响见图 5.26。

随着生物质替代焦炭比例的提高,燃烧比提高,当替代比例从 0%提高到 20%、40%、60%、100%时, 燃料燃烧比平均值从 12.17%依次提高到 12.18%、13.08%、13.93%、14.85%。这表明随着生物质燃料配比的增加，烧结过程中不完全燃烧反应程度提高，降低了生物质燃料的热利用效率。

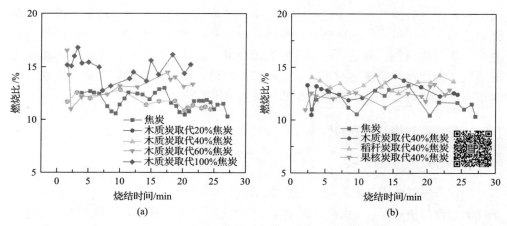

图 5.26　生物质替代焦炭对燃烧比的影响[395]（彩图扫二维码）

分别使用三种生物质替代焦炭时，燃烧比均有所提高，提高程度由大到小的顺序为稻秆炭＞木质炭＞果核炭。燃料的不完全燃烧主要是由碳的气化反应引起的，即与燃料的反应性相关。生物质燃料的反应性越好，其不完全燃烧的程度越高。

3. 对燃烧带气氛的影响

随生物质替代焦炭比例的提高，燃烧带产生 CO 峰值浓度升高，还原性气氛增强（图 5.27）。由于生物质替代焦炭后将带来气氛的变化，这将影响烧结过程氧化、还原、物料熔化等高温物理化学变化。生物质替代焦炭比例的提高，使得烧结燃烧带还原性气氛增强，不利于铁酸钙的生成[393]。

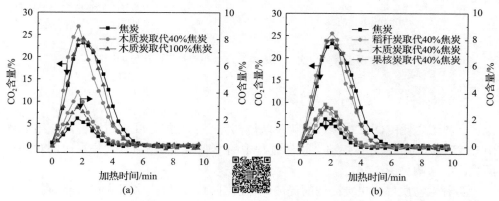

图 5.27　生物质替代焦炭对燃烧带 CO/CO_2 的影响[393]（彩图扫二维码）

分别使用三种生物质替代焦炭时，CO 峰值浓度均有所升高，其中稻秆炭峰值浓度最大，不完全燃烧的程度最高。

4. 对料层温度的影响

随着替代比例的提高，料层达到最高温度的时间逐渐提前，料层最高温度逐渐降低，温度曲线有变宽的趋势(图 5.28)。总的来说，生物质燃料替代焦炭使烧结料层温度降低，高温保持时间缩短[379]。

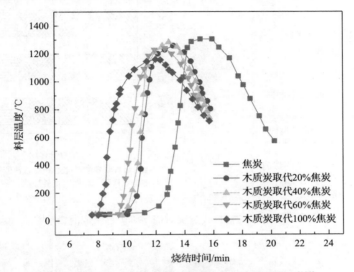

图 5.28　生物质替代焦炭对料层温度曲线的影响[390]

5. 对烧结矿矿物组成和微观结构的影响

生物质燃料替代焦炭比例对烧结矿矿物组成的影响见图 5.29。由图可见，随着替代比例的提高，铁酸、硅酸盐黏结相总量减少，而磁铁矿、赤铁矿等铁氧化物的总量增加，表明随着生物质用量的提高，烧结物料矿化程度降低。当生物质燃料替代焦炭比例在 40%以内时，其对烧结矿矿物组成的影响相对较小，但当替代比例提高到大于 40%以后，烧结矿中铁酸的含量大幅降低，而铁氧化物含量则迅速提高。三种生物质对烧结矿矿物组成影响由大到小的顺序为稻秆炭＞木质炭＞果核炭，与生物质对烧结矿强度的影响顺序一致。

此外，生物质燃料替代焦炭对烧结矿微观结构的影响见图 5.30。由此可见，当全部使用焦炭[图 5.30(a)]时，烧结矿熔融区针状、柱状铁酸钙较多，磁铁矿与铁酸钙形成交织的熔蚀结构，具有良好的强度。

当木质炭替代 20%、40%的焦炭[图 5.30(b)和(c)]时，烧结矿熔融区仍由铁酸钙和磁铁矿构成，但铁酸钙含量减少，且铁酸钙针状结构没有图 5.30(a)中明显，针柱状铁酸钙占总铁酸的比例下降。当替代比例提高到 60%时，烧结矿熔融区由铁酸钙、磁铁矿、赤铁矿构成[图 5.30(d)]，铁酸钙含量比图 5.30(a)中的少，而赤铁矿增加，形成大孔薄壁结构，使得烧结矿强度比较差。

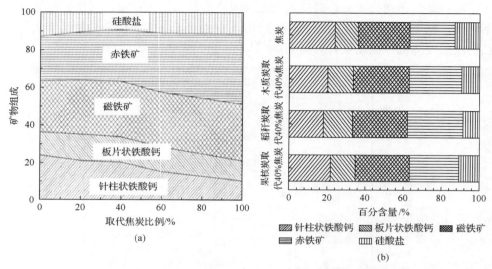

图 5.29　生物质燃料替代焦炭对烧结矿矿物组成的影响[390]

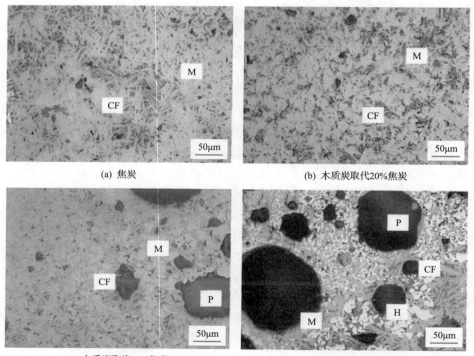

(a) 焦炭　　　　　　　　　　　　　(b) 木质炭取代20%焦炭

(c) 木质炭取代40%焦炭　　　　　　(d) 木质炭取代60%焦炭

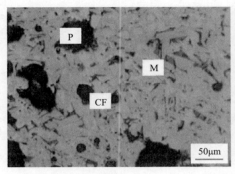
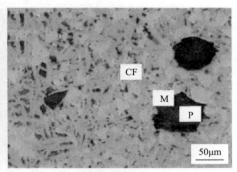

(e) 稻秆炭取代焦炭　　　　　　　　　(f) 果核炭取代焦炭

图 5.30　生物质燃料替代焦炭对烧结矿矿物组成的影响[396]

CF 代表铁酸钙；H 代表赤铁矿；M 代表磁铁矿；P 代表孔洞

5.4.3　生物质对烧结矿产量和品质的影响

Kawaguchi 和 Hara[391]报道了烧结通过仅使用生物质作为燃料生产的矿石，分别选用原生农业生物质和生物质炭进行铁矿烧结实验，通过大量的烧结杯实验，对比研究了配加原生生物质、生物质炭、无烟煤、焦炭的烧结混料在烧结产量、烧结产率、烧结矿质量、气体排放四方面的不同表现。结果表明，原生生物质作为炭料参与烧结，并不能作为很好的热源，对烧结温度的提高没有太大的作用，反而给尾气处理带来了很大的压力。而炭化后的生物质含有的固定碳高，挥发分低，在一定程度上等同于无烟煤和焦炭可以达到的烧结产量和产率，虽然产量和转鼓强度略低于使用焦炭或煤作为燃料的烧结，但可满足高炉炼铁要求。调整烧结工艺，如改变烧结原料的粒度、烧结原料与风量的比例，可以有效地控制生物质燃料烧结工艺生产的烧结矿的质量。

2007 年，英国和荷兰学者[392, 394]共同进行了使用葵花籽壳分别等热量替代5%、10%、15%、20%焦炭烧结的实验研究，各比例下的床层峰值温度如图 5.31所示。结果表明，葵花籽壳替代焦炭用于铁矿烧结是可行的，其烧结特性类似于单独使用焦炭时的烧结特性，且其烧结时间缩短，生产率提高 6.4%，但会导致烧结矿的转鼓强度和成品率降低；当替代比例为 20%或者更高时，烧结产量质量指标恶化严重，二噁英及多环芳香烃等有害物质的排放量会增加。2010 年，他们还进行了橄榄渣、向日葵球壳、杏仁壳、甘蔗渣球等几种生物质替代 25%焦炭的烧结实验研究。结果表明，生物质燃料具有挥发分、灰分、硫含量低的共性，可降低污染物的排放量。但如图 5.32 所示，其热曲线的温度最高点降低，升温提前，且热曲线的宽度变大，这不利于获得良好的烧结指标，且生物质在料层中的热解产物会降低静电除尘器的使用寿命。

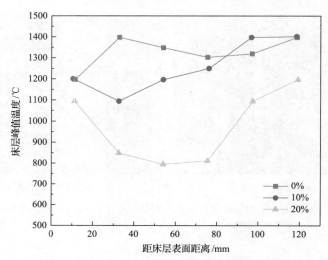

图 5.31　不同葵花籽比例的生物质-焦炭混合物在不同深度处的床层峰值温度[394]

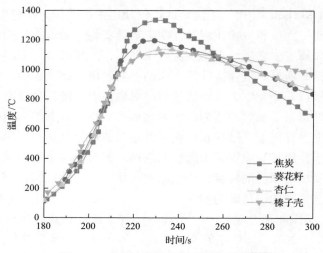

图 5.32　床层中部热曲线的详细比较[392]

Gan 等[384]选用四种还原剂：焦炭、木质炭、稻秆炭和果核炭进行烧结实验，对比研究得出，经过炭化的生物质能获得更好的烧结矿质量；通过降低生物质燃料的热量置换比及适当提高生物质的平均粒径，提高了料层的最高温度，从而强化生物质燃料的铁矿烧结，提高了烧结矿产量和质量，如表 5.20 所示。

随着替代比例的增加，烧结速度加快，但成品率、转鼓强度和利用系数都呈降低的趋势。当替代焦炭比例相对较低时，成品率、转鼓强度和利用系数降低的幅度相对较小，当替代比例超过一定值后，烧结矿产量、质量指标将大幅恶化。因此，生物质替代焦炭比例有适宜值。当木质炭替代焦炭比例超过 40%时，烧结

表 5.20   生物质替代焦炭对烧结指标的影响[384]

燃料类型	替代焦炭比例/%	烧结速度/(mm/min)	成品率/%	转鼓强度/%	利用系数/[t/(m²·h)]
焦炭	—	21.94	72.66	65.00	1.48
木质炭	20	24.58	68.69	64.40	1.52
木质炭	40	24.73	65.30	63.27	1.43
木质炭	60	27.20	55.35	54.67	1.32
稻秆炭	20	24.05	66.12	63.52	1.42
稻秆炭	40	25.21	59.56	57.12	1.21
稻秆炭	60	27.05	64.21	58.26	1.33
果核炭	20	22.89	71.36	65.12	1.51
果核炭	40	23.67	67.32	63.76	1.46
果核炭	60	24.34	61.38	58.98	1.35

矿产量、质量指标迅速下降，因此其适宜的替代比例为 40%。三种生物质燃料稻秆炭、木质炭、果核炭替代焦炭的适宜比例分别为 20%、40% 和 40%，此时烧结矿产量、质量指标比较相近。这主要与燃料自身的性质有关，果核炭、木质炭、稻秆炭的燃烧性、反应性与焦炭的性质的差异依次增大[384]。

此外，随着木质炭替代焦炭比例的提高，烧结矿 TFe、CaO、MgO、SiO$_2$、Al$_2$O$_3$ 等的含量变化不大，而 FeO 含量有所降低；烧结矿中 S 残量有所提高，特别是当替代比例大于 60% 以后，含量明显提高，主要原因是当木质炭替代焦炭比例达到较高程度时，料层温度会有较大程度的降低，这不利于烧结脱硫[390]。

此外，生物质替换对烧结产物粒径分布也有一定的影响。如图 5.33 所示。

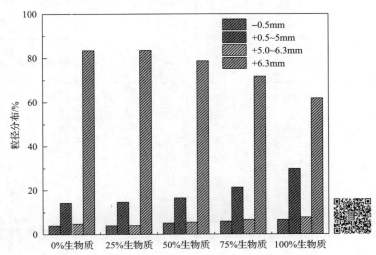

图 5.33   不同生物质炭-焦炭替代率下烧结产物的筛选分析[16]（彩图扫二维码）

5.4.4　生物质替换对烧结烟气污染物排放的影响

由于生物质的硫和氮含量通常远低于化石燃料，因此生物质的使用可以有效地减少烧结过程中 SO_2 和 NO_x 的排放。正如之前的一些研究所报道的那样[391]，分别用 40%、20% 和 15% 质量分数的木炭、烧焦秸秆和木屑代替焦炭，使 SO_2 排放分别减少 38%、32% 和 43%，NO_x 排放分别减少 27%、18% 和 31%。使用生物质炭进行烧结，有必要优化操作(生物质炭的尺寸控制和水分控制)，因为生物质炭的燃烧速率远高于无烟煤。

此外，甘敏[390]详细研究了不同生物质替代比例下的各烧结烟气特征的变化，具体如图 5.34 所示。

O_2 含量在点火阶段迅速降低，在烧结过程中含量保持相对稳定，直至烧结结束又恢复到空气的水平。烟气中 O_2 含量随着生物质替代焦炭比例的提高而降低，主要原因是生物质替代焦炭后，烧结速度加快导致单位时间内有更多的燃料被燃烧，因而消耗了更多的 O_2。当替代比例从 0% 提高到 100% 时，烟气中 O_2 平均浓度在 12.73%～11.48% 内变化。

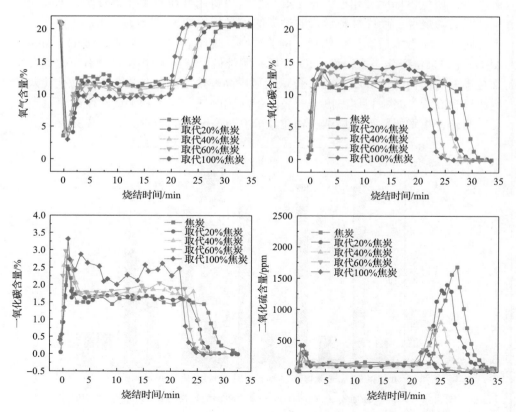

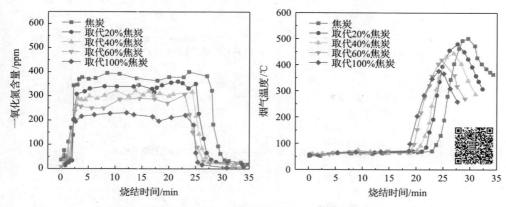

图 5.34　生物质替代焦炭对烟气特征的影响[390]（彩图扫二维码）

CO_2 从点火后其浓度迅速上升，点火结束后其浓度基本维持稳定，到达烧结终点后浓度又迅速降低。CO 在点火时浓度达到最高，点火后浓度维持在一定范围内直至烧结终点。随着生物质替代焦炭比例的提高，烟气中 CO_2、CO 含量提高，其原因是生物质燃料的燃烧性、反应性好，因而 CO_2、CO 释放的速度更快。

SO_2 在点火时浓度出现一个小的波峰，但当点火结束后其浓度降低到较低的水平，当烧结临近结束时，料层中的 SO_2 被释放出来，其浓度又出现一个较大的波峰。随着生物质替代焦炭比例的提高，烟气中 SO_2 的峰值浓度和平均浓度都降低，当取代比例为 0%～100%时，峰值浓度从 1700ppm 降低到 400ppm，平均浓度从 407ppm 降低到 161ppm。

NO 的浓度在点火后迅速上升，在烧结过程中其浓度变化不大，一直维持到烧结结束。随着生物质替代焦炭比例的提高，烟气中的 NO 浓度降低。当取代比例从 0%提高到 100%时，平均浓度从 356ppm 降低到 187ppm。

5.4.5　强化生物质能铁矿烧结技术

强化生物质能烧结的技术路线见图 5.35，从图中可知，常见的强化生物质能烧结技术主要包括以下几种。

（1）强化生物质燃料制备技术：主要包括优化炭化工艺，如两段炭化等，优化效果如表 5.21 所示。

（2）生物质燃料改性处理技术，主要包括硼酸钝化技术。

（3）生物质燃料预制粒技术。

（4）优化配矿技术。

各类强化技术对生物质烧结指标的影响如表 5.22 所列，相应的技术特点比较见表 5.23。

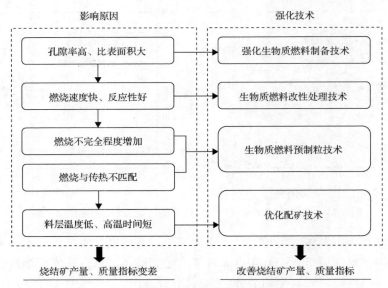

图 5.35　强化生物质能烧结的技术路线[390]

表 5.21　炭化工艺对生物质烧结效果的影响[384]

炭化工艺	燃料类型	替代焦炭比例/%	成品率/%	转鼓强度/%	利用系数/[t/(m²·h)]
—	焦炭	—	72.66	65.00	1.48
一段炭化	木质炭	40	65.30	63.27	1.43
两段炭化	木质炭	40	71.80	64.83	1.51
一段炭化	稻秆炭	20	66.12	63.52	1.42
两段炭化	稻秆炭	20	69.31	64.45	1.44
一段炭化	稻秆炭	40	59.56	57.12	1.21
两段炭化	稻秆炭	40	64.21	58.26	1.33
一段炭化	果核炭	40	67.32	63.76	1.46
两段炭化	果核炭	40	72.35	65.33	1.54

表 5.22　强化技术对生物质烧结指标的影响对比[396]

强化技术	燃料类型	替代焦炭比例/%	烧结速度/(mm/min)	成品率/%	转鼓强度/%	利用系数/[t/(m²·h)]
—	焦炭	—	21.94	72.66	65.00	1.48
—	木质炭	40	24.73	65.30	63.27	1.43
两段炭化	木质炭	40	23.05	71.80	64.83	1.51
硼酸钝化	木质炭	40	23.57	71.23	65.20	1.49
燃料预制粒	木质炭	40	24.43	72.81	66.33	1.57
优化配矿	木质炭	40	24.96	68.69	64.25	1.47

表 5.23　强化生物质能烧结技术特点比较[390]

强化技术	优势	不足
两段炭化	两段炭化可获得较高的产率，且从源头上改善燃料性质，不需要对烧结工艺进行改造	需要增加一段炭化工艺，增加了生物质燃料制备的流程，使得制备的成本提高
硼酸钝化	处理工艺简单	采用硼酸需要增加成本
燃料预制粒	易于操作，且预制粒技术成熟，不会显著增加烧结的生产成本	由于生物质燃料单独制粒，需要增加制粒设备，因而需要增加一次性投资
优化配矿	无须改变烧结工艺，也无须增加设备	由于配矿时考虑的因素增多，配矿的难度大

两段炭化技术和硼酸钝化技术是从改善生物质燃料性能的角度进行烧结强化的，两种技术措施都会增加生物质燃料的成本，但相对而言，由于硼酸钝化是在冷态条件下进行的，其加工工艺较为简单，是较为容易实现的技术措施。而两段炭化技术由于增加了一段高温处理工艺，生物质燃料制备工艺复杂化，且炭化工序能耗增加。因此，采用硼酸钝化改善生物质燃料的性能是相对更为理想的强化技术。而对于优化配矿技术和燃料预制粒技术，相比较而言，优化配矿技术不需改变工艺、不必增加处理设备即可实施，其实现难度小，对于铁矿原料选择性大的厂家是较理想的措施。而燃料预制粒的强化效果最好，但需要增加制粒设备，需要增加一次性投资，且对于已有的烧结厂，需要改造工艺流程，因而其相对适合新建的烧结厂，在建厂设计时即考虑增加预制粒流程[384,390,396]。

5.5　多污染物协同净化技术

钢铁行业的烧结烟气具有如下几个特征[397]。

(1)烟气量大。烧结过程中的漏风等因素导致一部分空气无法通过烧结料层直接参与生产过程，最终增加了烧结烟气的烟气量，1t 的烧结矿可以产生 5000～5500m³ 的烟气。

(2)烟温变化大。烧结烟气的温度一般在 180℃以下，但基于生产工艺的变化，烧结烟气的温度可低至 100℃。在这样的温度下，如不采取换热或加热措施很难实施 SCR 脱硝技术。

(3)粉尘浓度高。烧结烟气中的粉尘多为铁及其化合物，并且因燃烧原料的不同，其中还会存在一定的微量重金属。

目前，国内外使用的烧结烟气污染物控制技术大多是偏离排放温度的单一污染物控制技术，而通过集中控制技术串联实现多种污染物综合控制的成本较高。为了降低烟气净化的费用，开发联合脱硫脱硝的新技术、新设备已成为烟气净化的趋势，其中是利用活性炭或活性焦进行多种污染物的协同净化是一种十分具有前景的方法。

活性炭具有比表面积大、孔结构良好、表面基团丰富等特点，同时具有负载性能和还原性能。当应用于脱硫脱硝协同净化技术时，其表面的 SO_2 被氧化吸收形成硫酸，吸收塔加入氨后可脱除 NO_x[398]，工业上用于脱硫脱硝的活性炭多为直径 9mm 的圆柱状活性炭。活性焦是一种以煤为原料生产的特殊活性炭产品，除了满足一般活性炭产品吸附性能要求外，还具备硫容大、强度高、颗粒大、催化活性高、抗氧化性能和抗毒性能强的特点[399]。活性焦(炭)法多污染物协同净化技术具有以下显著优点[300, 400, 401]：

(1)可以同时除去 NO_x、SO_x、重金属(如 Hg、Pb 等)和二噁英等，实现了多污染物协同净化，避免建设大量单独脱除设备，工艺简单、流程流畅、布局紧凑。

(2)脱除效率高。活性焦(炭)具有较大的比表面积，且是一种非极性分子，极易吸附非极性或极性较低的物质，而且其化学稳定性高，利于进行活化处理，因而是一种良好的脱硫脱硝剂；其中 SO_2 的脱除率可达到 95%以上，能去除湿法难以除去的 SO_3，NO_x 的脱除率可达到 55%以上，重金属和二噁英的脱除率都可达到 90%以上，除尘效率能达到 60%以上。

(3)节约能耗和水资源。烟气工艺处理前后无须加热，活性焦(炭)解析热能可利用厂区内高炉煤气燃烧产生的热气，整体能耗较低；采用干式处理工艺，可节省大量水资源。

(4)二次污染小。不产生废水和固体废物。

(5)经济性好。吸附剂可循环利用；脱硫的同时可以制备浓硫酸等副产物；设备腐蚀性弱，运行维护方便，维护成本低。

(6)活性焦来源广泛。我国活性焦工业发展迅速，平均年增长率为 15%，出口量已超过美国和日本，居世界首位。

国外研究人员在 20 世纪 80 年代就已开始进行活性焦(炭)同时脱硫脱硝技术的研究，发达国家对活性焦(炭)吸附工艺的研究已经取得了重要进展。Illan-Gomez 等[402]考察了活性炭的孔体积、孔径、比表面积对其脱硝的影响；Mochida 等[403]研究了活性炭纤维同时脱硫、脱硝的反应条件及活性炭纤维的制备方法；Li 等[404]对 SO_2 和 NO 在活性炭上的竞争吸附进行了深入研究，发现活性炭表面的羰基、醌基和苯酚基团对 SO_2 和 NO 的吸附影响极为相似，且结合位点主要为 C=O 和 C—O。由于活性炭的比表面积、孔隙结构、孔径分布及含氧官能团种类和数量均会对烧结烟气脱硫脱硝过程产生不同影响，因此通过物理或者化学的方法进行表面修饰，改变其表面特征，提高含氧官能团的种类和数量，是提高脱硫脱硝效率的可行途径[405]。目前应用最广泛的物理改性方法是微波热处理改性。杨斌武等[406]发现通过微波热处理改性可以使活性炭的孔隙结构增加，将闭塞的孔隙打开并向内延伸，使中孔增加，有利于 SO_2 传质的进行。Jia 和 Lua[407]报道了用油棕壳制备的生物质活性炭，经蒸汽活化后具有良好的孔隙率，主要以微孔形式存在，最大吸附容量可达 166mg/g，且吸附容量与比表面积线性相关。曹晓强等[408]利用微波热处理改性活性炭，发现表面碱性含氧官能团数量随温度的升高而显著提高，实验中使用的活性炭是椰壳基活性炭，相关参数如表 5.24 所示。化学改性方法包括酸碱改性、负载金属氧化物改性等[405]。Marbán 等[409]采用过量 KOH 对活性炭进行改性处理，发现脱硝过程中 C—O、C═O 都起到一定作用，其中 C—O 作用最为明显。北京化工大学刘振宇教授等[410]对活性炭进行钒负载，发现其脱硫脱硝效率随钒质量分数的增加而增加。彭怡等[411, 412]对活性炭进行表面改性和负载金属离子改性，改变了活性炭的化学吸附特性。石清爱和于才渊[413]采用硝酸对活性炭进行改性，增加了其表面的含氧官能团，尤其是碱性含氧官能团，大幅度提高了脱硫脱硝效率。

表 5.24　活性炭参数[408]

堆积密度 /(g/cm^3)	颗粒大小 /mesh	水分含量/%	灰分含量/%	pH	比表面积 /(m^2/g)	总孔容积 /(cm^3/g)
0.45~0.50	10~28	≤10	≤5	7~9	≥800	≥0.95

注：mesh 代表筛孔目数。

活性焦(炭)吸附法也存在一些不可忽视的缺点[300, 414]。

(1)活性焦(炭)损耗大。加热再生易造成活性焦(炭)的损耗，吸附塔与解吸塔间长距离的气力输送也会增加活性焦(炭)的损耗。

(2)吸附法脱硫必然存在脱硫容量低、脱硫速率慢、再生频繁等缺点，阻碍了其工业推广应用。

(3)喷射氨增加了活性焦的黏附力，易造成吸附塔内气流分布的不均匀，同时氨的存在可能导致管道的堵塞、腐蚀及二次污染等问题。

5.5.1　协同净化原理和工艺流程

活性焦(炭)法的基本原理是烟气除尘后引入移动床吸收塔，在塔内利用活性焦(炭)吸收烟气中的 SO_x、氧气和水形成硫酸存在于空隙中；在脱硫塔入口喷氨，能实现高效脱除 NO_x 的目的。另外还能通过物理吸附或化学反应除去二噁英、重金属等有害物质。吸附了硫酸和铵盐的活性焦(炭)被送入再生塔，在 450℃左右，硫酸被活性焦(炭)还原成 SO_2，同时硫酸铵也受热分解出高纯度 SO_2。回收的较纯 SO_2 可用来制作浓度为 98%以上的硫酸，或纯度为 99.9%以上的硫磺。完成再生后，活性焦(炭)在冷却段保存直至温度低于 150℃，经过筛选后通过输送系统送回脱硫塔继续使用[415]。其中的化学原理如下[400, 416]。

1. 脱硫原理

脱硫过程利用了活性焦(炭)的物理吸附性能，具体过程如下。

物理吸附：

$$SO_2 \longrightarrow SO_2^* \quad (*表示吸附状态) \tag{5.6}$$

化学吸附：

$$SO_2^* + O^* + nH_2O^* \longrightarrow H_2SO_4^* + (n-1)H_2O^* \tag{5.7}$$

向硫酸盐转化：

$$H_2SO_4^* + 2NH_3 \longrightarrow (NH_4)_2SO_4^* \tag{5.8}$$

2. 脱硝原理

活性焦(炭)脱硝过程包括 SCR 和非选择性催化还原(non-SCR)反应。SCR 利用活性焦(炭)自身催化性能或在其中添加催化剂，能使部分有害物质反应生成无害物质。活性焦(炭)再生时会生成还原性物质，表示为 —C⋯Red，循环至吸附塔，与废气中的 NO 直接反应还原生成 N_2。该反应为活性焦(炭)特有的脱硝反应，称为 non-SCR 反应。

SCR 反应：

$$NO + NH_3 + 1/2O^* \longrightarrow N_2 + 3/2H_2O \tag{5.9}$$

non-SCR 反应：

$$NO + —C \cdots Red \longrightarrow 1/2N_2 + —C \cdots O \tag{5.10}$$

3. 解吸再生原理

活性焦(炭)解吸再生过程如下。
硫酸分解：

$$H_2SO_4 \cdot H_2O + 1/2C \longrightarrow SO_2 + 1/2CO_2 + 2H_2O \tag{5.11}$$

硫酸氢氨分解：

$$NH_4HSO_4 \longrightarrow SO_3 + NH_3 + H_2O \tag{5.12}$$

$$SO_3 + 2/3NH_3 \longrightarrow SO_2 + H_2O + 1/3N_2 \tag{5.13}$$

还原性物质的生成：

$$— C \cdots O + 2/3NH_3 \longrightarrow — C \cdots red + H_2O + 1/3N_2 \tag{5.14}$$

4. 二噁英脱除原理

二噁英具有强毒性和强致癌性，包括多氯二苯并对二噁英和多氯二苯并呋喃两种。烟气中固态二噁英在吸附塔内被活性焦(炭)移动层过滤捕集，气态二噁英则被活性焦(炭)吸附。被活性焦(炭)捕集和吸附的二噁英在解吸塔内被加热到 400℃以上并持续超过 3h，在催化作用下苯环间的氧基被破坏，最终裂解为无害物质。

物理吸附：

$$PCDD/Fs \longrightarrow PCDD/Fs^* \tag{5.15}$$

高温裂解：

$$PCDD/Fs^* + O^* \longrightarrow CO_2 + H_2O + HCl \tag{5.16}$$

5. 除尘和脱重金属原理

活性焦(炭)吸附层相当于高效的颗粒层过滤器，烟气中直径 1μm 以上的粉尘与活性焦(炭)层发生碰撞而被捕集，1μm 以下的颗粒物通过扩散作用被捕集。被活性焦(炭)捕集的粉尘在装卸、倒运和筛分的过程中，部分脱附外逸的粉尘通过小型布袋除尘器除去。烟气中的汞、砷等重金属大多以粉尘为载体，通过活性焦(炭)层的过滤作用和吸附作用随粉尘一同被除去。

图 5.36 为活性焦(炭)法烧结烟气多污染物控制技术工艺流程图[417]。图 5.36 采用单一吸附塔，在烟气进入吸附塔位置时加入氨气，塔内分为三层，在塔内同时进行脱硫脱硝除尘反应，吸附后饱和的活性焦(炭)被输送至再生塔进行加热再生，解吸出的富含 SO_2 的气体通往制酸区域制备浓硫酸或者硫磺。中冶长天国际工程有限责任公司采用此工艺。

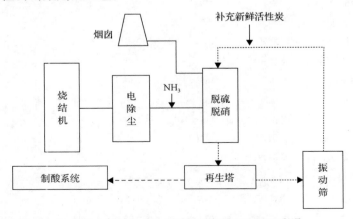

图 5.36　活性焦(炭)用于烧结烟气脱硫脱硝[417]

5.5.2　应用案例

　　德国从 20 世纪 60 年代开始研究活性焦(炭)脱硫法,在 70 年代建成两套活性焦(炭)烟气脱硫装置进行工业示范,取得了比较好的效果,80 年代成功将活性炭联合脱硫脱硝工艺应用于 Arzberg 燃煤发电厂进行烟气的综合处理。日本从 20世纪 80 年代开始与德国合作研究开发活性焦(炭)烟气脱硫技术,于 1987 年将其成功应用于新日铁名古屋制铁所的 3 号烧结机上,并且自 2000 年开始对二噁英控制以来,烧结机烟气治理均采用活性焦(炭)吸附,并将越来越多的湿法工艺改造成活性焦(炭)吸附工艺[418]。我国首套全进口活性炭协同净化工程在太原钢铁(集团)有限公司成功应用,随后上海克硫环保科技股份有限公司和中冶北方工程技术有限公司开始研发具有自主知识产权的活性焦多污染物协同脱除一体化技术并取得了突破性进展,在保证污染物脱除效率的基础上可大幅降低投资运行成本[419]。国内外采用活性焦(炭)法进行脱硫脱硝的大型钢铁公司包括日本的新日铁、JFE、住友金属和神户制钢,韩国的浦项钢铁和现代制铁,澳大利亚的博思格钢铁及中国的太原钢铁(集团)有限公司等,如表 5.25 所示[420]。

表 5.25　国内外活性焦(炭)法烧结烟气净化工艺的工业应用[420]

用户	国别	流量/(×10⁴Nm³/h)	脱硫率/%	脱硝率/%	脱二噁英率/%	投运时间
新日铁名古屋制铁所 No.3	日本	90	97	40	—	1987-08
新日铁名古屋制铁所 No.1&No.2	日本	130	—	—	—	1998
JFE 公司福山厂 No.4	日本	110	>80	40	98	2001-11
JFE 公司福山厂 No.5	日本	170	>80	40	98	2002-04
住友金属鹿岛厂 No.2	日本	110	99.9			2002-12
住友金属鹿岛厂 No.3	日本	110	99.9			2002-12
新日铁大分 No.1	日本	13	>95			2003
博思格钢铁	澳大利亚	155.2	—			2003
伯卡罗钢厂 No.1	印度		>95			2003-07
新日铁君津 No.3	日本	165	>95			2004
浦项钢铁 No.3	韩国	135	>95			2004-04
浦项钢铁 No.4	韩国	135	>95			2004-05
住友金属和歌山厂 No.5	日本	102.4	80	70		2009-01
现代制铁唐津 No.1&No.2	韩国		>90			
神户制钢加古川 No.1	日本	150	>95			2010
太钢 No.3	中国	144.4	98.8	61.0	90	2010
太钢 No.4	中国	202.6	>95	>33	>86.7	2010

太原钢铁(集团)有限公司通过长时间对国内外同行业烟气脱硫技术跟踪、调研、对比后，引进了日本住友活性炭脱硫脱硝技术，并且成功采用该技术治理烧结机烟气，为国内钢铁企业起到了重要的示范效应，其系统化运行成本约 9.75 元/t[421]。多年来，上海克硫环保科技股份有限公司在活性焦(炭)脱硫技术领域不断进取，通过大量的工程实践不断积累、总结和提高，建设的国产化脱硫装置与国外技术相比投资可降低 40%～60%，同时运行成本也有较大幅度下降。以 450m² 烧结机为例，按年运行 8400h 计算，考虑所有物料消耗项，进行脱硫脱硝装置运行成本测算，结果如表 5.26 所示(不含装置折旧费用)，综合测算成本可以降低至 5.53 元/t[418]。

表 5.26 上海克硫国产化活性焦脱硫脱硝装置运行成本测算表[418]

序号	消耗项目	消耗量	单价	年运行费用/万元
1	活性焦	0.205t/h	5500 元/t	948.12
2	用电量(含增压风机)	2900kW·h/h	0.45 元/(kW·h)	1096.20
3	焦炉煤气	765Nm³/h	0.62 元/Nm³	398.49
4	循环水	10t/h	0.5 元/t	4.20
5	压缩空气	300Nm³/h	0.08 元/Nm³	20.16
6	氮气	1000Nm³/h	0.35 元/Nm³	294.00
7	饱和蒸汽	0.06t/h	60 元/t	2.92
8	液氨	0.12t/h	3800 元/t	379.85
9	人工	20 人/a	8 万元/人	160.00
10	装置维护费			180.00
11	其他(运输、氨站维护)			200.00
12	焦炭	0.123t/h	100 元/t	−10.32
13	硫酸	1.37t/h	550 元/t	−633.77
合计				3039.84
烧结成本/(元/t)				5.53

注：年运行费用不等于消耗量与单价的乘积是由于四舍五入造成的。

中冶长天国际工程有限责任公司在利用活性焦(炭)法进行多污染物协同控制方面进行了长期的研发工作，研发了具有高强度高脱硝活性的活性炭，对活性焦(炭)法烟气多污染物协同高效净化技术进行了工艺、设备、自动化等方面的研究。在此基础上进行了湘钢小试、宝钢半工业化实验，在宝钢湛江 550m² 烧结工程中建立了示范工程，于 2015 年 12 月成功投产，烟气净化后 $SO_2 \leqslant 50mg/Nm^3$、$NO_x \leqslant 150mg/Nm^3$、二噁英脱除率≥70%[417]。

1. 湘钢小试研究

2013 年，中冶长天国际工程有限责任公司在湘钢进行了活性炭法脱硫脱硝的小试研究，探究了烟气温度、烟气流量、烟气浓度、液氨用量、活性炭下料速率、解吸温度、解吸时间等因素对脱硫脱硝的影响。初步掌握了活性炭法多污染物协同控制的工艺。图 5.37 是工艺流程图[417]。实验发现，脱硝效率随烟气温度及液氨用量的提高而提高，随空塔气速的提高而降低。

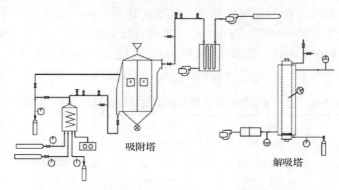

吸附塔　　　　　　　　　　　解吸塔

图 5.37　湘钢脱硫脱硝小试工艺流程图[417]

2. 宝钢半工业化研究

在小试基础上，中冶长天国际工程有限责任公司在上海宝钢进行了活性炭法多污染物协同控制的半工业化实验研究，烟气处理量 30000Nm³/h。图 5.38 是工艺流程图[417]。实验探究了不同工况条件下烟气净化效果，研究了吸附反应塔与解吸塔匹配关系。宝钢半工业化实验为构建完善的工艺流程、找寻合理的工艺参数及提出可靠的装置系统提供了支撑。实验中，出口粉尘浓度低于 20mg/Nm³，脱硝率为 40%～45%，超过太钢 33%的脱硝率，脱硫率基本达到 100%。

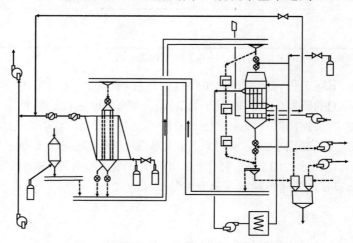

图 5.38　宝钢半工业化脱硫脱硝工艺流程图[417]

3. 宝钢湛江 550m² 烧结机一级活性炭吸附法

在进行了湘钢小试和宝钢半工业化的实验研究后，活性炭法多污染物协同控制技术于 2015 年 12 月在宝钢湛江 550m² 烧结机上顺利投产。工艺上采用烟气与活性炭错流运行的方法，在烟气进入吸附塔位置处加入 NH_3，吸附塔内同时发生脱硫脱硝反应，饱和的活性炭进入再生塔中再生，再生塔产生的富 SO_2 气体可用于制备硫酸。表 5.27 是该工艺脱硫脱硝除尘的效率[422]。

表 5.27 宝钢湛江 550m² 烧结机活性炭脱硫脱硝除尘效率[422]

	进口/(mg/Nm³)	出口/(mg/Nm³)	效率/%
NO_x	280	120	57
SO_2	600	9.8	98
粉尘	50	10	80

4. 宝钢三烧结 600m² 烧结机两级活性炭吸附法

为了适应更加严格的排放标准，宝山钢铁股份有限公司根据宝钢湛江的两台 550m² 烧结机的两套一级活性炭吸附法烧结烟气净化系统的运行情况和净化效果，通过技术改造为宝钢三烧结 600m² 烧结机建造了一套两级活性炭吸附法烟气净化系统。这是目前国内首套两级活性炭吸附法烟气净化系统。该净化系统主要包括烟道系统、两级吸附系统、解吸系统、活性炭储运系统，辅助系统包括制酸系统和废水处理系统。该工艺流程如图 5.39 所示[416]。该净化系统烟气

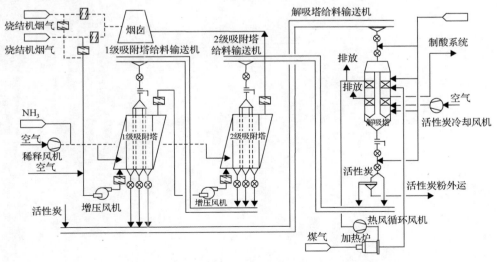

图 5.39 两级活性炭吸附法烧结烟气净化工艺流程图[416]

处理量为 $197.624 \times 10^4 Nm^3/h$。在主抽风机至主烟囱的烟道上设置旁路烟气挡板并使用两台增压风机将烟气依次送入一级和二级吸附塔。氨气在氨气/空气混合器中与稀释风机鼓入的空气混合，使氨气浓度低于爆炸下限。稀释后的氨气由格栅均匀喷入各吸附单元入口烟道。烟气中的污染物被吸附塔内活性炭层吸附，并发生催化反应生成无害物质，净化后的烟气进入主烟囱排放。吸收了 SO_2、NO_x、二噁英等污染物的活性炭经输送装置送往解吸塔。在解吸塔内 SO_2 被高温解吸释放出来，NO_x 在解吸塔内发生 SCR 和 non-SCR 反应生成无害的 N_2 与 H_2O，二噁英在催化作用下受热分解为无害物质。富含 SO_2 的解吸气体被送往制酸系统制取硫酸。解吸后的活性炭经塔底部的振动筛筛分，筛上吸附能力强的大颗粒活性炭落入二级吸附塔给料输送机被输送至吸附塔循环利用，筛下小于 1.2mm 的小颗粒活性炭粉进入炭粉仓，用罐车运输至其他单元作为燃料使用。

该净化系统在宝钢三烧结的实践效果如表 5.28 所示，其最大的特点是根据一、二级吸附塔入口烟气中污染物浓度的高低，对两级吸附塔使用不同新鲜度的活性炭，不仅提高了烟气净化的效果，还显著降低了活性炭的循环量，降低了生产运行的成本。

表 5.28 宝钢三烧结 $600m^2$ 烧结机两级活性炭吸附法脱硫脱硝除尘效率[416]

	进口/(mg/Nm³)	出口/(mg/Nm³)	效率/%
NO_x	277.5	30.25	89.10
SO_2	430.5	0.75	99.83
粉尘	—	14.26	—

参 考 文 献

[1] 龙红明. 铁矿石烧结过程热状态模型的研究与应用[D]. 长沙: 中南大学, 2007.

[2] World Steel Association. World steel in figures 2019[Z]. Brussels: World Steel Association, 2019.

[3] 郭利杰. 钢铁工业发展周期及中国钢产量饱和点预测[J]. 科技和产业, 2011, 11(3): 5-8, 57.

[4] Zhang S. The development of Chinese ironmaking industry after entering the 21st century and the existing problems[J]. Ironmaking, 2012, 31(1): 1-6.

[5] 邹桃. 我国钢铁产业发展及其政策选择[D]. 长沙: 长沙理工大学, 2009.

[6] Yellishetty M, Mudd G M. Substance flow analysis of steel and long term sustainability of iron ore resources in Australia, Brazil, China and India[J]. Journal of Cleaner Production, 2014, 84: 400-410.

[7] Holmes R J, Lu L. Introduction: Overview of the global iron ore industry[J]. Mineralogy, Processing and Environmental Sustainability, 2015, 8: 1-42.

[8] 贾艳, 李文兴. 铁矿粉烧结生产[M]. 北京: 冶金工业出版社, 2006.

[9] 张福明. 面向未来的低碳绿色高炉炼铁技术发展方向[J]. 炼铁, 2016, 35(1): 1-6.

[10] 王维兴. 提高高炉炉料中球团矿配比、促进节能减排[J]. 冶金管理, 2018(9): 53-58.

[11] Ghosh A, Chatterjee A. Iron Making and Steelmaking: Theory and Practice[M]. Delhi: PHI Learning Pvt. Ltd., 2008.

[12] 龙红明. 铁矿粉烧结原理与工艺[M]. 北京: 冶金工业出版社, 2010.

[13] Thompson D, Ooi T C, Anderson D R, et al. The polychlorinated dibenzofuran fingerprint of iron ore sinter plant: Its persistence with suppressant and alternative fuel addition[J]. Chemosphere, 2016, 154: 138-147.

[14] Remus R, Monsonet M, Roudier S, et al. Best Available Techniques (BAT) Reference Document for Iron and Steel Production[M]. Brussels: Publications Office of the European Union, 2013.

[15] Gan M, Ji Z, Fan X, et al. Insight into the high proportion application of biomass fuel in iron ore sintering through co-containing flue gas recirculation[J]. Journal of Cleaner Production, 2019, 232: 1335-1347.

[16] Mousa E, Wang C, Riesbeck J, et al. Biomass applications in iron and steel industry: An overview of challenges and opportunities[J]. Renewable and Sustainable Energy Reviews, 2016, 65: 1247-1266.

[17] 周明熙. 铁矿石烧结过程的床层多孔结构及火焰锋面阻力特性的研究[D]. 杭州: 浙江大学, 2018.

[18] 贵永亮, 张伟, 宋春燕, 等. 铁矿粉烧结过程中固体燃料的行为及烟气脱硫技术[M]. 徐州: 中国矿业大学出版社, 2016.

[19] 赵加佩. 铁矿石烧结过程的数值模拟与试验验证[D]. 杭州: 浙江大学, 2012.

[20] 甄瑞卿, 张红, 董广霞, 等. 基于产业结构调整情景下的中国钢铁行业大气污染排放预测[J]. 环境工程, 2017, 35(6): 114-117.

[21] 张文爽, 万利远, 周云龙. 烧结烟气超低排放技术路线的工程应用进展[J]. 矿业工程, 2019(4): 49-51.

[22] Huntington T, Heberlein F. Process of treating sulfide ores or compounds preparatory to smelting: US786814[P]. 1903-06-26.

[23] 李立芬, 张淑会, 吕庆, 等. 烧结配矿的研究现状及展望[J]. 钢铁研究学报, 2013, 25(9): 1-5.

[24] Luengen H B, Peters M, Schmole P. Ironmaking in Western Europe–status quo and future trends[C]. Proc. 7th Int. Congr. Ironmaking Technologies AIST-2015, Ohio, 2015: 1481-1490.

[25] Lherbier L W, Ricketts J A. Ironmaking in North America[J]. American Iron and Steel Institute. AISTech, 2015, 1: 1443-1451.

[26] 胡友明. 铁矿石烧结优化配矿的基础与应用研究[D]. 长沙: 中南大学, 2011.

[27] 吴胜利, 王代军, 李林. 当代大型烧结技术的进步[J]. 钢铁, 2012, 47(9): 1-8.

[28] 中国产业信息网. 2018 年中国进口铁矿石价格走势及行业发展趋势[EB/OL]. (2018-06-11)[2019-11-06]. http://www.chyxx.com/industry/201806/648403.html.

[29] 编辑部. 钢铁行业超低排放标准限值分析与改造对策研究[J]. 柳钢科技, 2019(2): 58-60.

[30] 环境保护部, 国家质量监督检验检疫总局. 钢铁烧结、球团工业大气污染物排放标准(GB 28662—2012). 北京: 中国环境科学出版社, 2012.

[31] 关于推进实施钢铁行业超低排放的意见[EB/OL]. (2019-04-28)[2019-11-06].http://www.mee.gov.cn/xxgk2018/ xxgk/xxgk03/201904/t20190429_701463.html.

[32] 王素平. 铁矿石烧结节能与环保的研究[D]. 武汉: 武汉科技大学, 2013.

[33] 郜学, 尚海霞. 中国钢铁工业"十二五"节能成就和"十三五"展望[J]. 钢铁, 2017, 52(7): 9-13.

[34] Fernández G D, Ruiz B I, Mochón J, et al. Iron ore sintering: Process[J]. Mineral Processing and Extractive Metallurgy Review, 2017, 38(4): 215-227.

[35] 王悦祥. 烧结矿与球团矿生产[M]. 北京: 冶金工业出版社, 2006.

[36] 徐海芳. 烧结矿生产[M]. 北京: 化学工业出版社, 2013.

[37] Fernández G D, Ruiz B I, Mochón J, et al. Iron ore sintering: Raw materials and granulation[J]. Mineral Processing and Extractive Metallurgy Review, 2017, 38(1): 36-46.

[38] Rezvanipour H, Mostafavi A, Ahmadi A, et al. Desulfurization of iron ores: Processes and challenges[J]. Steel Research International, 2018, 89(7): 1-14.

[39] 傅菊英, 姜涛, 朱德庆. 烧结球团学[M]. 长沙: 中南工业大学出版社, 1996.

[40] Jha G, Soren S. Study on applicability of biomass in iron ore sintering process[J]. Renewable and Sustainable Energy Reviews, 2017, 80: 399-407.

[41] Wei R F, Zhang L L, Cang D Q, et al. Current status and potential of biomass utilization in ferrous metallurgical industry[J]. Renewable and Sustainable Energy Reviews, 2017, 68: 511-524.

[42] Suopajärvi H, Kemppainen A, Haapakangas J, et al. Extensive review of the opportunities to use biomass-based fuels in iron and steelmaking processes[J]. Journal of Cleaner Production, 2017, 148: 709-734.

[43] Waters A G, Litster J D, Nicol S K. A mathematical model for the prediction of granule size distribution for multicomponent sinter feed[J]. ISIJ International, 1989, 29(4): 274-283.

[44] Litster J D, Waters A G, Nicol S K. A model for predicting the size distribution of product from a granulation drum[J]. Transactions of the Iron Steel Institute of Japan, 1986, 26(12): 1036-1044.

[45] Ekwebelam C C, Ellis B G, Langrish T A G. Extended testing of a simple granulation model[J]. Asia-Pacific Journal of Chemical Engineering, 2007, 2(2): 137-143.

[46] Nyembwe A M, Cromarty R D, Garbers-Craig A M. Prediction of the granule size distribution of iron ore sinter feeds that contain concentrate and micropellets[J]. Powder Technology, 2016, 295: 7-15.

[47] Sastry K V S, Dontula P, Hosten C. Investigation of the layering mechanism of agglomerate growth during drum pelletization[J]. Powder Technology, 2003, 130(1): 231-237.

[48] Sastry K V S, Fuerstenau D W. Mechanisms of agglomerate growth in green pelletization[J]. Powder Technology, 1973, 7(2): 97-105.

[49] Iveson S M, Litster J D, Hapgood K, et al. Nucleation, growth and breakage phenomena in agitated wet granulation processes: A review[J]. Powder Technology, 2001, 117(1): 3-39.

[50] Shatokha V, Korobeynikov I, Maire E, et al. Application of 3D X-ray tomography to investigation of structure of sinter mixture granules[J]. Ironmaking and Steelmaking, 2017, 36(6): 416-420.

[51] Formoso A, Moro A, Pello G F N, et al. Influence of nature and particle size distribution on granulation of iron ore mixtures used in a sinter strand[J]. Ironmaking and Steelmaking, 2003, 30(6): 447-460.

[52] Cores A, Muñiz M, Ferreira S, et al. Relationship between sinter properties and iron ore granulation index[J]. Ironmaking and Steelmaking, 2012, 39(2): 85-94.

[53] Litster J D, Waters A G. Influence of the material properties of iron ore sinter feed on granulation effectiveness[J]. Powder Technology, 1988, 55(2): 141-151.

[54] Litster J D, Waters A G. Kinetics of iron ore sinter feed granulation[J]. Powder Technology, 1990, 62(2): 125-134.

[55] Hida Y, Sasaki M, Enokido T, et al. Effect of the existing state of coke breeze in quasi-particles of raw mix on coke combustion in the sintering process[J]. Tetsu-to-Hagané, 1982, 68(3): 400-409.

[56] 马鹏楠, 程明, 周明熙, 等. 铁矿石烧结过程中不同类型准颗粒的燃烧特性[J]. 工程科学学报, 2019, 41(3): 316-324.

[57] Maeda T, Kikuchi R, Ohno K I, et al. Effect of particle size of iron ore and coke on granulation property of quasi-particle[J]. ISIJ International, 2013, 53(9): 1503-1509.

[58] Hinkley J, Waters A G, Odea D, et al. Voidage of ferrous sinter beds-new measurement technique and dependence on feed characteristics[J]. International Journal of Mineral Processing, 1994, 41(1/2): 53-69.

[59] Hinkley J, Waters A G, Litster J D. An investigation of pre-ignition air-flow in ferrous sintering[J]. International Journal of Mineral Processing, 1994, 42(1/2): 37-52.

[60] Loo C E, Dukino R D, Witchard D. Rigidity of iron ore sinter mixes[J]. Transactions of the Institution of Mining and Metallurgy: Section C: Mineral Processing and Extractive Metallurgy, 2002, 111: 33-38.

[61] Ellis B G, Loo C E, Witchard D. Effect of ore properties on sinter bed permeability and strength[J]. Ironmaking and Steelmaking, 2007, 34(2): 99-108.

[62] O'Dea D, Waters A G. Modelling strand segregation and the benefits to sintering operations[C]. Dallas: ISS-AIME, 1993: 459-470.

[63] Dolgunin V N, Kudy A N, Ukolov A A. Development of the model of segregation of particles undergoing granular flow down an inclined chute[J]. Powder Technology, 1998, 96(3): 211-218.

[64] Johanson K, Eckert C, Ghose D, et al. Quantitative measurement of particle segregation mechanisms[J]. Powder Technology, 2005, 159(1): 1-12.

[65] Nakano M, Abe T, Kano J, et al. DEM analysis on size segregation in feed bed of sintering machine[J]. ISIJ International, 2012, 52(9): 1559-1564.

[66] Ishihara S, Soda R, Zhang Q, et al. DEM simulation of collapse phenomena of packed bed of raw materials for iron ore sinter during charging[J]. ISIJ International, 2013, 53(9): 1555-1560.

[67] Venkataramana R, Gupta S S, Kapur P C. A combined model for granule size distribution and cold bed permeability in the wet stage of iron ore sintering process[J]. International Journal of Mineral Processing, 1999, 57(1): 43-58.

[68] Khosa J, Manuel J. Predicting granulating behaviour of iron ores based on size distribution and composition[J]. ISIJ International, 2007, 47(7): 965-972.

[69] Xu J Q, Zou R P, Yu A B. Quantification of the mechanisms governing the packing of iron ore fines[J]. Powder Technology, 2006, 169(2): 99-107.

[70] 刘子豪. 铁矿石烧结过程中料层高温区流动阻力影响因素及 NO_x 排放特点的研究[D]. 杭州: 浙江大学, 2015.

[71] Capece M, Huang Z, To D, et al. Prediction of porosity from particle scale interactions: Surface modification of fine cohesive powders[J]. Powder Technology, 2014, 254: 103-113.

[72] Bear J. 多孔介质流体动力学[M]. 李竞生, 等译. 北京: 中国建筑工业出版社, 1983.

[73] Yang L X, Witchard D. Sintering of blends containing magnetite concentrate and hematite or/and goethite ores[J]. ISIJ International, 1998, 38(10): 1069-1076.

[74] Ouchiyama N, Tanaka T. Porosity estimations of mixed assemblages of solid particles with different packing characteristics[J]. Journal of Chemical Engineering of Japan, 1988, 21(2): 157-163.

[75] Mayadunne A, Bhattacharya S N, Kosior E. Modelling of packing behaviour of irregularly shaped particles dispersed in a polymer matrix[J]. Powder Technology, 1996, 89(2): 115-127.

[76] Prior J M V, Almeida I, Loureiro J M. Prediction of the packing porosity of mixtures of spherical and non-spherical particles with a geometric model[J]. Powder Technology, 2013, 249: 482-496.

[77] Danisch M, Jin Y, Makse H A. Model of random packings of different size balls[J]. Physical Review E, 2010, 81(5): 1-5.

[78] Aikawa Y, Inoue M, Sakai E. Fundamental theory of void fraction of cohesive spheres with size distribution and its application to multi component mixture system[J]. Journal of the Ceramic Society of Japan, 2012, 120(1): 21-24.

[79] Jin Y, Puckett J G, Makse H A. Statistical theory of correlations in random packings of hard particles[J]. Physical Review E, 2014, 89(5): 1-9.

[80] Kano J, Kasai E, Saito F, et al. Numerical simulation model for granulation kinetics of iron ores[J]. ISIJ International, 2005, 45(4): 500-505.

[81] Soda R, Sato A, Kano J, et al. Analysis of granules behavior in continuous drum mixer by DEM[J]. ISIJ International, 2009, 49(5): 645-649.

[82] Farr R S, Groot R D. Close packing density of polydisperse hard spheres[J]. Journal of Chemical Physics, 2009, 131(24): 1-7.

[83] Farr R S. Random close packing fractions of lognormal distributions of hard spheres[J]. Powder Technology, 2013, 245: 28-34.

[84] Zou R P, Xu J Q, Feng C L, et al. Packing of multi-sized mixtures of wet coarse spheres[J]. Powder Technology, 2003, 130(1/3): 77-83.

[85] Lee J, Yun T S, Lee D, et al. Assessment of K_0 correlation to strength for granular materials[J]. Soils and Foundations, 2013, 53(4): 584-595.

[86] Yang W, Ryu C, Choi S. Unsteady one-dimensional model for a bed combustion of solid fuels[J]. Proceedings of the Institution of Mechanical Engineers Part A: Journal of Power and Energy, 2004, 218(A8): 589-598.

[87] Debrincat D, Loo C E. Effect of iron ore particle assimilation on sinter structure[J]. ISIJ International, 2004, 44(8): 1308-1317.

[88] Loo C E, Leung W. Factors influencing the bonding phase structure of iron ore sinters[J]. ISIJ International, 2003, 43(9): 1393-1402.

[89] Zhou H, Zhao J P, Loo C E, et al. Numerical modeling of the iron ore sintering process[J]. ISIJ International, 2012, 52(9): 1550-1558.

[90] Kasai E, Batcaihan B, Omori Y, et al. Permeation characteristics and void structure of iron ore sinter cake[J]. ISIJ International, 1991, 31(11): 1286-1291.

[91] Kasai E, Komarov S, Nushiro K, et al. Design of bed structure aiming the control of void structure formed in the sinter cake[J]. ISIJ International, 2005, 45(4): 538-543.

[92] Loo C E. Role of coke size in sintering of a hematite ore blend[J]. Ironmaking and Steelmaking, 1991, 18(1): 33-40.

[93] Loo C E, Tame N, Penny G C. Effect of iron ores and sintering conditions on flame front properties[J]. ISIJ International, 2012, 52(6): 967-976.

[94] Loo C E, Williams R P, Matthews L T. Influence of material properties on high-temperature zone reactions in sintering of iron-ore[J]. Transactions of the Institution of Mining and Metallurgy Section C: Mineral Processing and Extractive Metallurgy, 1992, 101: C7-C16.

[95] Cumming M J, Rankin W J, Siemon J R, et al. Modelling and simulation of iron ore sintering[C]. 4th International Symposium on Agglomeration, Toronto, 1985: 763-776.

[96] Cumming M J. Developments in modelling and simulation of iron ore sintering[J]. Ironmak Steelmak, 1990, 17(4): 245-254.

[97] Dash I E, Rose E. Simulation of a sinter strand process[J]. Ironmaking and Steelmaking, 1978, 5(1): 25-31.

[98] Patisson F, Bellot J P, Ablitzer D. Study of moisture transfer during the strand sintering process[J]. Metallurgical Transactions B, 1990, 21(1): 37-47.

[99] Patisson F. Mathematical modelling of iron ore sintering process[J]. Ironmak Steelmak, 1991, 18: 89-95.

[100] Toda H, Kato K. Theoretical investigation of sintering process[J]. Transactions of the Iron and Steel Institute of Japan, 1984, 24(3): 178-186.

[101] Toda H, Senzaki T, Isozaka S, et al. Relationship between heat pattern in sintering bed and sinter properties[J]. Transactions of the Iron and Steel Institute of Japan, 1984, 24(3): 187-196.

[102] Yang W, Ryu C, Choi S, et al. Mathematical model of thermal processes in an iron ore sintering bed[J]. Metals and Materials International, 2004, 10(5): 493.

[103] Yang W, Yang K, Choi S. Effect of fuel characteristics on the thermal processes in an iron ore sintering bed[J]. JSME International Journal Series B: Fluids and Thermal Engineering, 2005, 48(2): 316-321.

[104] Loo C E, Matthews L T. Assimilation of Large Ore and Flux Particles in Iron Ore Sintering[J]. Section C; Transactions of the Institution of Mining and Metallurgy, 1992: 101.

[105] Kasai E, Saito F. Note differential thermal analysis of assimilation and melt-formation phenomena in the sintering process of iron ores[J]. ISIJ International, 1996, 36(8): 1109-1111.

[106] Loo C E, Aboutanios J. Changes in water distribution when sintering porous goethitic iron ores[J]. Mineral Processing and Extractive Metallurgy, 2000, 109(1): 23-35.

[107] Loo C E. Changes in heat transfer when sintering porous goethitic iron ores[J]. Mineral Processing and Extractive Metallurgy, 2000, 109(1): 11-22.

[108] Loo C E, Hutchens M F. Quantifying the resistance to airflow during iron ore sintering[J]. ISIJ International, 2003, 43(5): 630-636.

[109] Ball D F, Dartnell J, Davison J, et al. Agglomeration of Iron Ores[M]. London: Heinemann, 1973.

[110] Muchi I, Higuchi J. Theoretical analysis on the operation of sintering[J]. Tetsu-to-Hagané, 1970, 56(3): 371-381.

[111] Nath N K, Da Silva A J, Chakraborti N. Dynamic process modelling of iron ore sintering[J]. Steel Research, 1997, 68(7): 285-292.

[112] Nath N K, Mitra K. Optimisation of suction pressure for iron ore sintering by genetic algorithm[J]. Ironmaking and Steelmaking, 2004, 31(3): 199-206.

[113] Nath N K, Mitra K. Mathematical modeling and optimization of two-layer sintering process for sinter quality and fuel efficiency using genetic algorithm[J]. Materials and Manufacturing Processes, 2005, 20(3): 335-349.

[114] Yang W, Ryu C, Choi S, et al. Modeling of combustion and heat transfer in an iron ore sintering bed with considerations of multiple solid phases[J]. ISIJ International, 2004, 44(3): 492-499.

[115] Yang W, Ryu C, Choi S. Parametric studies for a solid fuel bed with mathematical model application to an iron ore sintering bed[C]. Proceedings of the 2003 5th International Symposium on Coal Combustion, 2003: 92-98.

[116] Yoshinaga M, Kubo T. Approximate simulation model for sintering process[J]. Sumitomo Search, 1978, (20): 1-14.

[117] Young R W. Dynamic process modelling of iron ore sintering[J]. Ironmaking and Steelmaking, 1977, 6(4): 321-328.

[118] 范晓慧, 王海东. 烧结过程数学模型与人工智能[M]. 长沙: 中南大学出版社, 2002.

[119] 郑立刚. 煤粉射流的高温空气燃烧特性与燃煤锅炉低 NO_x 燃烧优化研究[D]. 杭州: 浙江大学, 2009.

[120] Dawson P R. Recent developments in iron ore sintering. I. Introduction[J]. Ironmaking and Steelmaking(UK), 1993, 20(2): 135-136.

[121] Venkataramana R, Gupta S S, Kapur P C, et al. Mathematical modelling and simulation of the iron ore sintering process[J]. Tata Search(India), 1998: 25-30.

[122] Venkataramana R, Kapur P C, Gupta S S. Modelling of granulation by a two-stage auto-layering mechanism in continuous industrial drums[J]. Chemical Engineering Science, 2002, 57(10): 1685-1693.

[123] Ramos M V, Kasai E, Kano J, et al. Numerical simulation model of the iron ore sintering process directly describing the agglomeration phenomenon of granules in the packed bed[J]. ISIJ International, 2000, 40(5): 448-454.

[124] Mitterlehner J, Löffler G, Winter F, et al. Modeling and simulation of heat front propagation in the iron ore sintering process[J]. ISIJ International, 2004, 44(1): 11-20.

[125] Sato S, Kawaguchi T, Ichidate M, et al. Melting model for iron ore sintering[J]. Transactions of the Iron and Steel Institute of Japan, 1986, 26(4): 282-290.

[126] Yamaoka H, Kawaguchi T. Development of a 3-D sinter process mathematical simulation model[J]. ISIJ International, 2005, 45(4): 522-531.

[127] Yang W. Combustion modeling of the solid fuel bed and its application[D]. Daejeon: Korea Advanced Institute of Science and Technology, 2003.

[128] Yang W, Choi S, Choi E S, et al. Combustion characteristics in an iron ore sintering bed—evaluation of fuel substitution[J]. Combustion and Flame, 2006, 145(3): 447-463.

[129] 袁熙志, 周取定. 铁矿石烧结过程基本理论的研究[C]//徐瑞图, 吴胜利, 编. 中国铁矿石烧结研究——周取定教授论文集. 北京: 冶金工业出版社, 1997: 203-221.

[130] 龙红明, 范晓慧, 毛晓明, 等. 基于传热的烧结料层温度分布模型[J]. 中南大学学报(自然科学版), 2008, 39(3): 436-442.

[131] 龚一波, 黄典冰, 杨天钧. 烧结料层温度分布模型解析解及其统一形式[J]. 北京科技大学学报, 2002, 24(4): 395-399.

[132] 范晓慧, 彭坤乾, 陈许玲, 等. 铁矿石烧结料层温度模拟模型[J]. 矿冶工程, 2012, 32(2): 67-70.

[133] 赵加佩, 周昊, 岑可法. 辐射废锅内高温高压合成气的辐射特性[J]. 浙江大学学报(工学版), 2010, 44(9): 1781-1786.

[134] 杨世铭, 陶文铨. 传热学[M]. 3 版. 北京: 高等教育出版社, 1998.

[135] Loo C E, Wong D J. Fundamental insights into the sintering behaviour of goethitic ore blends[J]. ISIJ International, 2005, 45(4): 459-468.

[136] Loo C E, Wong D J. Fundamental factors determining laboratory sintering results[J]. ISIJ International, 2005, 45(4): 449-458.

[137] Gupta S S, Venkataramana R. Mathematical model of air flow during iron ore sintering process[J]. Iron and Steelmaker(USA), 2000, 27(12): 35-41.

[138] RA M, Loo C E. Positioning coke particles in iron ore sintering[J]. ISIJ International, 1992, 32(10): 1047-1057.

[139] Anthony E J, Granatstein D L. Sulfation phenomena in fluidized bed combustion systems[J]. Progress in Energy and Combustion Science, 2001, 27(2): 215-236.

[140] Arthur J R. Reactions between carbon and oxygen[J]. Transactions of the Faraday Society, 1951, 47: 164-178.

[141] Babkin V S. Filtrational combustion of gases. Present state of affairs and prospects[J]. Pure and Applied Chemistry, 1993, 65(2): 335-344.

[142] Baek S W. Ignition of particle suspensions in slab geometry[J]. Combustion and Flame, 1990, 81(3/4): 366-377.

[143] Baek S W, Ahn K Y, Kim J U. Ignition and explosion of carbon particle clouds in a confined geometry[J]. Combustion and Flame, 1994, 96(1/2): 121-129.

[144] Bi J, Luo C, Aoki K, et al. A numerical simulation of a jetting fluidized bed coal gasifier[J]. Fuel, 1997, 76(4): 285-301.

[145] Hayhurst A N, Parmar M S. Does solid carbon burn in oxygen to give the gaseous intermediate CO or produce CO_2 directly? Some experiments in a hot bed of sand fluidized by air[J]. Chemical Engineering Science, 1998, 53(3): 427-438.

[146] Howell J R, Hall M J, Ellzey J L. Combustion of hydrocarbon fuels within porous inert media[J]. Progress in Energy and Combustion Science, 1996, 22(2): 121-145.

[147] Jia L, Anthony E J, Lau I, et al. Study of coal and coke ignition in fluidized beds[J]. Fuel, 2006, 85(5/6): 635-642.

[148] Lee J C, Yetter R A, Dryer F L. Transient numerical modeling of carbon particle ignition and oxidation[J]. Combustion and Flame, 1995, 101(4): 387-398.

[149] Lee J C, Yetter R A, Dryer F L. Numerical simulation of laser ignition of an isolated carbon particle in quiescent environment[J]. Combustion and Flame, 1996, 105(4): 591-599.

[150] Libis N, Greenberg J B, Goldman Y. A numerical investigation of aspects of coal powder combustion in a counterflow combustor[J]. Fuel, 1994, 73(3): 405-411.

[151] Makino A, Law C K. Quasi-steady and transient combustion of a carbon particle: Theory and experimental comparisons[C]. Symposium (International) on Combustion, Elsevier, 1988, 21(1): 183-191.

[152] Makino A, Law C K. An analysis of the transient combustion and burnout time of carbon particles[J]. Proceedings of the Combustion Institute, 2009, 32(2): 2067-2074.

[153] Sørensen L H, Gjernes E, Jessen T, et al. Determination of reactivity parameters of model carbons, cokes and flame-chars[J]. Fuel, 1996, 75(1): 31-38.

[154] Sørensen L H, Saastamoinen J, Hustad J E. Evaluation of char reactivity data by different shrinking-core models[J]. Fuel, 1996, 75(11): 1294-1300.

[155] de Souza-Santos M. Solid Fuels Combustion and Gasification[M]. New York: Marcel Dekker Incorporation, 2004: 56-59.

[156] Stanmore B R. Modeling the combustion behavior of petroleum coke[J]. Combustion and Flame, 1991, 83(3/4): 221-227.

[157] Thunman H, Leckner B. Ignition and propagation of a reaction front in cross-current bed combustion of wet biofuels[J]. Fuel, 2001, 80(4): 473-481.

[158] Turns S R. An Introduction to Combustion: Concepts and Applications[M]. 2nd ed. New York: McGraw-Hill, 2000: 653-654.

[159] Visona S P, Stanmore B R. Modeling NO_x release from a single coal particle. II. Formation of NO from char-nitrogen[J]. Combustion and Flame, 1996, 106(3): 207-218.

[160] Visona S P, Stanmore B R. Modeling NO_x release from a single coal particle. I. Formation of NO from volatile nitrogen[J]. Combustion and Flame, 1996, 105(1/2): 92-103.

[161] Wang S Y, Lu H L, Zhao Y H, et al. Numerical study of coal particle cluster combustion under quiescent conditions[J]. Chemical Engineering Science, 2007, 62(16): 4336-4347.

[162] Kasai E, Omori Y, Taketomi H, et al. Coke combustion rate and transport phenomena at the combustion and assimilation zones in the course of sintering[C]. Process Technology Proceedings, 1986, 6: 555-561.

[163] 陈新民. 火法冶金过程物理化学[M]. 北京: 冶金工业出版社, 1984.

[164] 秦民生, 杨天钧. 炼铁过程的解析与模拟[M]. 北京: 冶金工业出版社, 1991.

[165] 张一敏. 球团理论与工艺[M]. 北京: 冶金工业出版社, 1997.

[166] Rossberg M. Experimental results concerning the primary reactions in the combustion of carbon[J]. Z Elecktrochem, 1956, 60: 952-956.

[167] Law C K. Combustion Physics[M]. New York: Cambridge University Press, 2006: 602-611.

[168] Jensen A, Johnsson J E, Andries J, et al. Formation and reduction of NO_x in pressurized fluidized bed combustion of coal[J]. Fuel, 1995, 74(11): 1555-1569.

[169] Oka S N. Fluidized Bed Combustion[M]. New York: Marcel Dekker, 2004: 295-300.

[170] Hobbs M L, Radulovic P T, Smoot L D. Combustion and gasification of coals in fixed-beds[J]. Progress in Energy and Combustion Science, 1993, 19(6): 505-586.

[171] Thiele E W. Relation between catalytic activity and size of particle[J]. Industrial & Engineering Chemistry, 1939, 31(7): 916-920.

[172] Ishida M, Wen C Y. Comparison of zone-reaction model and unreacted-core shrinking model in solid-gas reactions-I isothermal analysis[J]. Chemical Engineering Science, 1971, 26(7): 1031-1041.

[173] Ishida M, Wen C Y. Comparison of kinetic and diffusional models for solid-gas reactions[J]. AIChE Journal, 1968, 14(2): 311-317.

[174] Haugen N E L, Tilghman M B, Mitchell R E. The conversion mode of a porous carbon particle during oxidation and gasification[J]. Combustion and Flame, 2014, 161(2): 612-619.

[175] Zhang Z, Li Z S, Cai N S. Reduced-order model of char burning for CFD modeling[J]. Combustion and Flame, 2016, 165: 83-96.

[176] Zhong Q, Bjerle I. Calcination kinetics of limestone and the microstructure of nascent CaO[J]. Thermochimica Acta, 1993, 223: 109-120.

[177] Stanmore B R, Gilot P. Calcination and carbonation of limestone during thermal cycling for CO_2 sequestration[J]. Fuel Processing Technology, 2005, 86(16): 1707-1743.

[178] Silcox G D, Kramlich J C, Pershing D W. A mathematical model for the flash calcination of dispersed calcium carbonate and calcium hydroxide particles[J]. Industrial & Engineering Chemistry Research, 1989, 28(2): 155-160.

[179] García-Labiano F, Abad A, de Diego L F, et al. Calcination of calcium-based sorbents at pressure in a broad range of CO_2 concentrations[J]. Chemical Engineering Science, 2002, 57(13): 2381-2393.

[180] Ar I, Doğu G. Calcination kinetics of high purity limestones[J]. Chemical Engineering Journal, 2001, 83(2): 131-137.

[181] Hartman M, Trnka O, Veselý V, et al. Predicting the rate of thermal decomposition of dolomite[J]. Chemical Engineering Science, 1996, 51(23): 5229-5232.

[182] Natesan K, Philbrook W O. Mathematical model for reaction rate and temperature profile during oxidation of magnetite pellets[C]. Ironmaking Conference, Toronto, 1969: 411-428.

[183] Ellis B G, Morcos R M, Navrotsky A. Thermodynamics of the melt formation and solidification processes during sintering: High temperature reaction calorimetry[C]. 4th International Congress on the Science and Technology of Ironmaking, Osaka, 2006.

[184] Daizo K, Motoyuki S. Particle-to-fluid heat and mass transfer in packed beds of fine particles[J]. International Journal of Heat and Mass Transfer, 1967, 10(7): 845-852.

[185] Modest M F. Radiative Heat Transfer[M]. 2nd ed. New York: Academic Press, 2003.

[186] Rohsenow W M, Hartnett J P, Cho Y I. Handbook of Heat Transfer[M]. 3rd ed. New York: McGraw-Hill, 1998.

[187] Schotte W. Thermal conductivity of packed beds[J]. AIChE Journal, 1960, 6(1): 63-67.

[188] Loo C E. A perspective of goethitic ore sintering fundamentals[J]. ISIJ International, 2005, 45(4): 436-448.

[189] Naito M, Takeda K, Matsui Y. Ironmaking technology for the last 100 years: Deployment to advanced technologies from introduction of technological know-how, and evolution to next-generation process[J]. ISIJ International, 2015, 55(1): 7-35.

[190] 程乐鸣, 岑可法, 周昊, 等. 多孔介质燃烧理论与技术[M]. 北京: 化学工业出版社, 2012.

[191] Oliveira A A M, Kaviany M. Nonequilibrium in the transport of heat and reactants in combustion in porous media[J]. Progress in Energy and Combustion Science, 2001, 27(5): 523-545.

[192] Loo C E, Leaney J C M. Characterizing the contribution of the high-temperature zone to iron ore sinter bed permeability[J]. Mineral Processing and Extractive Metallurgy, 2002, 111(1): 11-17.

[193] Komarov S V, Shibata H, Hayashi N, et al. Numerical and experimental investigation on heat propagation through composite sinter bed with non-uniform voidage: Part I mathematical model and its experimental verification[J]. Journal of Iron and Steel Research International, 2010, 17(10): 1-7.

[194] Pahlevaninezhad M, Emami M D, Panjepour M. The effects of kinetic parameters on combustion characteristics in a sintering bed[J]. Energy, 2014, 73: 160-176.

[195] Zhou H, Zhao J P, Loo C E, et al. Model predictions of important bed and gas properties during iron ore sintering[J]. ISIJ International, 2012, 52(12): 2168-2176.

[196] Zhao J P, Loo C E, Dukino R D. Modelling fuel combustion in iron ore sintering[J]. Combustion and Flame, 2015, 162(4): 1019-1034.

[197] 王淦. 废气循环烧结质热传输过程数值模拟及其应用[D]. 北京: 北京科技大学, 2016.

[198] Wang G, Wen Z, Lou G F, et al. Mathematical modeling and combustion characteristic evaluation of a flue gas recirculation iron ore sintering process[J]. International Journal of Heat and Mass Transfer, 2016, 97: 964-974.

[199] Loo C E, Heikkinen J. Structural transformation of beds during iron ore sintering[J]. ISIJ International, 2012, 52(12): 2158-2167.

[200] Loo C E, Ellis B G. Changing bed bulk density and other process conditions during iron ore sintering[J]. ISIJ International, 2014, 54(1): 19-28.

[201] Umadevi T, Brahmacharyulu A, Sah R, et al. Influence of sinter grate suction pressure (flame front speed) on microstructure, productivity and quality of iron ore sinter[J]. Ironmaking & Steelmaking, 2014, 41(6): 410-417.

[202] Choudhary M K, Nandy B. Effect of flame front speed on sinter structure of high alumina iron ores[J]. ISIJ International, 2006, 46(4): 611-613.

[203] Oyama N, Iwami Y, Yamamoto T, et al. Development of secondary-fuel injection technology for energy reduction in the iron ore sintering process[J]. ISIJ International, 2011, 51(6): 913-921.

[204] Shibata J, Wajima M, Souma H, et al. Analysis of permeability and characteristic suction gas volume in sintering process[J]. Tetsu-to-Hagané, 1984, 70(2): 178-185.

[205] Zhou H, Cheng M, Liu Z, et al. The relationship between sinter mix composition and flame front properties by a novel experimental approach[J]. Combustion Science and Technology, 2018, 190(4): 721-739.

[206] 王中林. 烧结机降低工序能耗技术措施的研讨[J]. 冶金动力, 2005(2): 83-84.

[207] 周取定. 铁矿石烧结过程基本理论的研究[J]. 烧结球团, 1980(4): 3-10, 16.

[208] Oyama N, Sato H, Takeda K, et al. Development of coating granulation process at commercial sintering plant for improving productivity and reducibility[J]. ISIJ International, 2005, 45(6): 817-826.

[209] Machida S, Nushiro K, Ichikawa K, et al. Experimental evaluation of chemical composition and viscosity of melts during iron ore sintering[J]. ISIJ International, 2005, 45(4): 513-521.

[210] Iida T, Sakai H, Kita Y, et al. An equation for accurate prediction of the viscosities of blast furnace type slags from chemical composition[J]. ISIJ International, 2000, 40(Suppl): S110-S114.

[211] Liu D, Loo C E, Pinson D, et al. Understanding coalescence in iron ore sintering using two bench-scale techniques[J]. ISIJ International, 2014, 54(10): 2179-2188.

[212] 许子鑫. 基于支持向量机回归的短时交通预测研究与实现[D]. 广州: 华南理工大学, 2012.

[213] 李海生. 支持向量机回归算法与应用研究[D]. 广州: 华南理工大学, 2005: 19-23.

[214] Zhou H, Tang Q, Yang L B, et al. Support vector machine based online coal identification through advanced flame monitoring[J]. Fuel, 2014, 117: 944-951.

[215] Hu J M, Wang J Z, Zeng G W. A hybrid forecasting approach applied to wind speed time series[J]. Renewable Energy, 2013, 60: 185-194.

[216] Chen J L, Li G S, Wu S J. Assessing the potential of support vector machine for estimating daily solar radiation using sunshine duration[J]. Energy Conversion and Management, 2013, 75: 311-318.

[217] Cortes C, Vapnik V. Support-vector networks[J]. Machine Learning, 1995, 20(3): 273-297.

[218] Chang C C, Lin C J. LIBSVM: a library for support vector machines[J]. ACM Transactions on Intelligent Systems and Technology, 2011, 2(3): 27.

[219] 汤琪. 基于数字图像的火焰测量及煤质辨识[D]. 杭州: 浙江大学, 2014.

[220] Rankin W J, Roller P W. Influence of water condensation on the permeability of sinter beds[J]. Transactions of the Iron and Steel Institute of Japan, 1987, 27(3): 190-196.

[221] 宋存义, 陈凯华. 铁矿石烧结过程中二氧化硫的分布特征及生成机理[C]. 烧结工序节能减排技术研讨会文集, 三明, 2009.

[222] 陈凯华. 铁矿石烧结过程中二氧化硫的生成机理及控制[J]. 烧结球团, 2007, 32(4): 13-17.

[223] Yu Z Y, Fan X H, Gan M, et al. Reaction behavior of SO₂ in the sintering process with flue gas recirculation[J]. Journal of the Air & Waste Management Association, 2016, 66(7): 687-697.

[224] Li G H, Liu C, Rao M J, et al. Behavior of SO₂ in the process of flue gas circulation sintering (FGCS) for iron ores[J]. ISIJ International, 2014, 54(1): 37-42.

[225] 耿波. 烟气脱硫技术研究综述[J]. 海峡科技与产业, 2019(2): 073-074.

[226] 陈亚非. 烟气脱硫技术综述[J]. 制冷空调与电力机械, 2001, 22(1): 17-20, 28-30, 38.

[227] 赵旭东, 高继慧, 吴少华. 干法、半干法(钙基)烟气脱硫技术研究进展及趋势[J]. 化学工程, 2003, 31(4): 64-67.

[228] 职丽丽. 石灰石/石膏法在烧结机头烟气治理中的应用[J]. 包钢科技, 2012(6): 71-74.

[229] 卢静, 赵军. 石灰石-石膏法烧结烟气脱硫技术[J]. 山东冶金, 2013(6): 46-48.

[230] 刘旭华, 羊韵. 宝钢股份有限公司三烧结脱硫技术[J]. 环境工程, 2010, 28(2): 80-82.

[231] 张永忠, 吴胜利, 张丽, 等. 宝钢两类烧结烟气脱硫方法浅析[J]. 炼铁. 2014, 33(3): 57-59.

[232] 庞子涛, 黄思齐, 宋永吉, 等. 燃煤烟气同时脱硫脱硝技术研究现状与展望[J]. 现代化工, 2019, 39(1): 56-60.

[233] Altun N E. Assessment of marble waste utilization as an alternative sorbent to limestone for SO_2 control[J]. Fuel Processing Technology, 2014, 128: 461-470.

[234] 魏巍. 烟气氧化镁法脱硫技术研究[J]. 能源与节能, 2004(3): 20-21.

[235] 韩森. 氧化镁法脱硫在太钢发电厂的应用[J]. 山西化工, 2008(3): 58-59.

[236] 唐碧军. 双碱法在烧结机烟气脱硫中的应用[J]. 价值工程, 2014(13): 313-314.

[237] 于海超. 双碱脱硫技术在电厂烟气脱硫中的探讨[J]. 中国化工贸易, 2013(10): 234.

[238] 汤静芳, 郑建新. 武钢四烧、五烧烟气氨法脱硫工艺比较[J]. 烧结球团, 2015, 40(2): 45-49.

[239] 顾兵, 何申富, 姜创业. SDA脱硫工艺在烧结烟气脱硫中的应用[J]. 环境工程, 2013, 31(2): 53-56.

[240] Walton D E. The evaporation of water droplets. A single droplet drying experiment[J]. Drying Technology, 2004, 22(3): 431-456.

[241] Lavieille P, Lemoine F, Lebouché M. Investigation on temperature of evaporating droplets in linear stream using two-color laser-induced fluorescence[J]. Combustion Science & Technology, 2002, 174(4): 117-142.

[242] Klingspor J, Karlsson H, Bjerle I. A kinetic study of the dry SO_2-limestone reaction at low temperature[J]. Chemical Engineering Communications, 1983, 22(1/2): 81-103.

[243] 张庆文, 常治铁, 刘莉. SDS干法脱硫及SCR中低温脱硝技术在焦炉烟气处理中的应用[J]. 化工装备技术, 2019(4): 14-18.

[244] Pilat M J, Wilder J M. Pilot scale SO_2 control by dry sodium bicarbonate injection and an electrostatic precipitator[J]. Environmental Progress, 2007, 26(3): 263-270.

[245] Keener T C, Davis W T. Study of the reaction of SO_2 with $NaHCO_3$ and Na_2CO_3[J]. Journal of the Air Pollution Control Association, 1984, 34: 651-654.

[246] 王甘霖, 吴家珍, 梁波. 焦炉烟气脱硫脱硝技术在鞍钢的应用[J]. 燃料与化工, 2019, 50(1): 62-64.

[247] 张庆文, 常治铁, 刘莉, 等. 一种干熄焦预存段循环烟气脱硫除尘净化系统: CN209276442U[P]. 2019-08-20.

[248] 朱廷钰. 烧结烟气净化技术[M]. 北京: 化学工业出版社, 2008.

[249] Hill S C, Smoot L D. Modeling of nitrogen oxides formation and destruction in combustion systems[J]. Progress in Energy & Combustion Science, 2000, 26(4): 417-458.

[250] Soete G G D, Croiset E, Richard J R. Heterogeneous formation of nitrous oxide from char-bound nitrogen[J]. Combustion and Flame, 1999, 117(1/2): 140-154.

[251] Jones J M, Harding A W, Brown S D, et al. Detection of reactive intermediate nitrogen and sulfur species in the combustion of carbons that are models for coal chars[J]. Carbon, 1995, 33(6): 833-843.

[252] Winter F, Löffler G, Wartha C, et al. The NO and N_2O formation mechanism under circulating fluidized bed combustor conditions: From the single particle to the pilot-scale[J]. The Canadian Journal of Chemical Engineering, 1999, 77(2): 275-283.

[253] Liu H, Gibbs B M. The influence of calcined limestone on NO_x and N_2O emissions from char combustion in fluidized bed combustors[J]. Fuel, 2001, 80(9): 1211-1215.

[254] Molina A, Murphy J J, Winter F, et al. Pathways for conversion of char nitrogen to nitric oxide during pulverized coal combustion[J]. Combustion and Flame, 2009, 156(3): 574-587.

[255] Chen Y G, Guo Z C, Wang Z. Simulation of NO reduction by CO in sintering process[J]. Journal of Iron and Steel Research, 2009, 21(1): 6-9.

[256] Molina A, Eddings E G, Pershing D W, et al. Char nitrogen conversion: Implications to emissions from coal-fired utility boilers[J]. Progress in Energy & Combustion Science, 2000, 26(4): 507-531.

[257] Karlstrom O, Brink A, Hupa M. Biomass char nitrogen oxidation-single particle model[J]. Energy & Fuels, 2013, 27(3): 1410-1418.

[258] Wang C A, Du Y B, Che D F. Investigation on the NO reduction with coal char and high concentration CO during oxy-fuel combustion[J]. Energy & Fuels, 2012, 26(12): 7367-7377.

[259] Ohno K I, Noda K, Nishioka K, et al. Combustion rate of coke in quasi-particle at iron ore sintering process[J]. ISIJ International, 2013, 53(9): 1588-1593.

[260] Tobu Y, Nakano M, Nakagawa T, et al. Effect of granule structure on the combustion behavior of coke breeze for iron ore sintering[J]. ISIJ International, 2013, 53(9): 1594-1598.

[261] Duan W J, Yu Q B, Wu T W, et al. The steam gasification of coal with molten blast furnace slag as heat carrier and catalyst: Kinetic study[J]. International Journal of Hydrogen Energy, 2016, 41(42): 18995-19004.

[262] Zhou H, Ma P N, Cheng M, et al. Effects of temperature and circulating flue gas components on combustion and NO_x emissions characteristics of four types quasi-particles in iron ore sintering process[J]. ISIJ International, 2018, 58(9): 1650-1658.

[263] Zhou H, Ma P N, Zhou M X, et al. Experimental investigation on the conversion of fuel-N to NO_x of quasi-particle in flue gas recirculation sintering process[J]. Journal of the Energy Institute, 2019, 92(5): 1476-1486.

[264] Mo C L, Teo C S, Hamilton I, et al. Admixing hydrocarbons in raw mix to reduce NO_x emission in iron ore sintering process[J]. ISIJ International, 1997, 37(4): 350-357.

[265] Sun S Z, Cao H L, Chen H, et al. Experimental study of influence of temperature on fuel-N conversion and recycle NO reduction in oxyfuel combustion[J]. Proceedings of the Combustion Institute, 2011, 33(2): 1731-1738.

[266] 岑可法, 姚强, 骆仲泱, 等. 高等燃烧学[M]. 杭州: 浙江大学出版社, 2002.

[267] Lee M S, Shim S C. Influence of lime/limestone addition on the SO_2 and NO formation during the combustion of coke pellet[J]. ISIJ International, 2004, 44(3): 470-475.

[268] Skalska K, Miller J S, Ledakowicz S. Trends in NO_x abatement: A review[J]. Science of the Total Environment, 2010, 408(19): 3976-3989.

[269] Avedesian M M, Davidson J F. Combustion of carbon particles in a fluidised bed[J]. Transactions of the Institution of Chemical Engineers, 1973, 51(2): 121-131.

[270] Yagi S, Kunii D. Studies on combustion of carbon particles in flames and fluidized beds[J]. Symposium (International) on Combustion, 1955, 5(1): 231-244.

[271] Peters K H, Beer H, Kropla H W, et al. Effect of coke size and fuel distribution in the mix on the iron ore sintering process[C]. The Sixth International Iron and Steel Congress, Nagoya, 1990.

[272] Chen Y G, Guo Z C, Wang Z, et al. NO_x reduction in the sintering process[J]. International Journal of Minerals Metallurgy and Materials, 2009, 16(2): 143-148.

[273] 陈彦广, 王志, 郭占成. 焦粉改性降低烧结过程 NO_x 排放的模拟[J]. 钢铁研究学报, 2009, 21(5): 8-11.

[274] Chen Y G, Guo Z C, Wang Z. Influence of CeO_2 on NO_x emission during iron ore sintering[J]. Fuel Processing Technology, 2009, 90(7/8): 933-938.

[275] 李永华, 陈鸿伟, 刘吉臻, 等. 煤粉燃烧排放特性数值模拟[J]. 中国电机工程学报, 2003, 23(3): 166-169.

[276] 夏小霞, 王志奇, 徐顺生. 煤粉锅炉氮氧化物排放影响因素的数值模拟[J]. 中南大学学报, 2010, 41(5): 2046-2052.

[277] 张颉, 吴少华, 孙锐, 等. 350MW 燃煤锅炉燃烧过程和 NO_x 排放的数值研究[J]. 哈尔滨工业大学学报, 2004, 36(9): 1239-1243.

[278] Shimizu T, Sazawa Y, Adschiri T, et al. Conversion of char-bound nitrogen to nitric oxide during combustion[J]. Fuel, 1992, 71(4): 361-365.

[279] Nelson P F, Nancarrow P C, Bus J, et al. Fractional conversion of char N to NO in an entrained flow reactor[J]. Proceedings of the Combustion Institute, 2002, 29(2): 2267-2274.

[280] Glarborg P, Jensen A D, Johnsson J E. Fuel nitrogen conversion in solid fuel fired systems[J]. Progress in Energy and Combustion Science, 2003, 29(2): 89-113.

[281] Schönenbeck C, Gadiou R, Schwartz D. A kinetic study of the high temperature NO-char reaction[J]. Fuel, 2004, 83(4/5): 443-450.

[282] 张聚伟. 高温条件下 NO-焦炭反应动力学的研究[D]. 哈尔滨: 哈尔滨工业大学, 2009.

[283] Schaffel N, Mancini M, Szlek A, et al. Mathematical modeling of MILD combustion of pulverized coal[J]. Combustion and Flame, 2009, 156(9): 1771-1784.

[284] Kilpinen P, Kallio S, Konttinen J, et al. Char-nitrogen oxidation under fluidized bed combustion conditions: Single particle studies[J]. Fuel, 2002, 81(18): 2349-2362.

[285] Geol S K. Environmental problems: Fundamental studies and global ramifications[D]. Cambridge: Massachusetts Insutites of Technology, 1996.

[286] Aarna I, Suuberg E M. The role of carbon monoxide in the NO-carbon reaction[J]. Energy & Fuels, 1999, 13(6): 1145-1153.

[287] 毕学工, 廖继勇, 熊玮, 等. 铁矿石对脱除烧结废气中 NO_x 的催化效应[J]. 环境工程, 2006, 24(6): 42-44.

[288] 熊玮, 廖继勇, 毕学工, 等. 脱除烧结烟气中的 NO_x 的初步研究[J]. 烧结球团, 2007, 32(1): 12-15.

[289] 毕学工, 廖继勇, 熊玮, 等. 烧结过程中脱除 SO_2 和 NO_x 的试验研究[J]. 武汉科技大学学报, 2008, 31(5): 449-452.

[290] 刘瑞鹏. 铁矿石烧结过程中氮氧化物排放规律及其影响因素试验研究[D]. 杭州: 浙江大学, 2015.

[291] Loo C E. Effect of high-temperature reactions on the iron ore sintering process[C]. Nagoya: Sixth International Symposium on Agglomeration, 1993.

[292] 潘建. 铁矿石烧结烟气减量排放基础理论研究[D]. 长沙: 中南大学, 2007.

[293] Hosotani Y, Konno N, Shibata J, et al. Technology for granulating coke breeze by centrifugal rolling type pelletizer and effect of granulated coke on sintering operation[J]. ISIJ International, 1995, 35(11): 1340-1347.

[294] Morioka K, Inaba S, Shimizu M, et al. Primary application of the "In-bed-de NO_x" process using Ca-Fe oxides in iron ore sintering machines[J]. ISIJ International, 2000, 40(3): 280-285.

[295] Fan X H, Ji Z Y, Gan M, et al. Integrated assessment on the characteristics of straw-based fuels and their effects on iron ore sintering performance[J]. Fuel Processing Technology, 2016, 150: 1-9.

[296] Chen Y G, Guo Z C, Feng G S. NO_x reduction by coupling combustion with recycling flue gas in iron ore sintering process[J]. International Journal of Minerals, Metallurgy and Materials, 2011, 18(4): 390-396.

[297] 高清平, 丁泽宇. 电站锅炉选择性催化还原烟气脱硝技术的应用[J]. 山西电力, 2008, 4: 47-50.

[298] 陈建中. 焦炉烟气 SDA 脱硫与烧结烟气脱硝前混合再热特性研究[D]. 杭州: 浙江大学, 2017.

[299] 倪建东, 陈活虎, 薛玉业, 等. 烧结烟气 SCR 脱硝系统的数值模拟及工程验证[J]. 化工环保, 2018, 38(5): 581-586.

[300] 李艳芳. 活性焦烟气联合脱硫脱硝技术[J]. 煤质技术, 2009, 1: 36-39.

[301] 陈建. 烧结烟气氮氧化物减排技术路径探讨[J]. 环境工程, 2004, 32: 459-464.

[302] Mok Y S, Kim J H, Nam I S, et al. Removal of NO and formation of byproducts in a positive-pulsed corona discharge reactor[J]. Industrial & Engineering Chemistry Research, 2000, 39(10): 3938-3944.

[303] Mok Y S, Koh D J, Kim K T, et al. Nonthermal plasma-enhanced catalytic removal of nitrog oxides over V_2O_5/TiO_2 and Cr_2O_3/TiO_2[J]. Industrial & Engineering Chemistry Research, 2003, 42(13): 2960-2967.

[304] 李惠莹, 王浩, 金保昇. 浅谈烟气循环烧结工艺的发展现状及趋势[J]. 烧结球团, 2018, 43(1): 61-65.

[305] 刘仕虎, 周茂军. 烟气循环烧结工艺综述及其在宝钢应用的探讨[J]. 宝钢技术, 2018, 6: 37-44.

[306] Qian L X, Chun T J, Long H M, et al. Emission reduction research and development of PCDD/Fs in the iron ore sintering[J]. Process Safety Environmental Protection, 2018, 117: 82-91.

[307] 李曼, 田志仁, 尤洋, 等. 铁矿石烧结过程中二噁英的防治对策[J]. 环境监控与预警, 2017, 9(6): 71-74.

[308] van den Berg M V, Birnbaum L, Bosveld A T, et al. Toxic equivalency factors (TEFs) for PCBs, PCDDs, PCDFs for humans and wildlife[J]. Environmental Health Perspectives, 1998, 106: 775.

[309] Kulkarni P S, Crespo J G, Afonso C A M. Dioxin sources and current remediation technologies: A review[J]. Environment International, 2008, 34(1): 139-153.

[310] 邹川. 典型行业 PCDD/Fs 排放特征及其控制研究[D]. 广州: 华南理工大学, 2012.

[311] 陈彤. 城市生活垃圾焚烧过程中二噁英的形成机理及控制技术研究[D]. 杭州: 浙江大学, 2006.

[312] 吕亚辉, 黄俊, 余刚, 等. 中国二噁英排放清单的国际比较研究[J]. 环境污染与防治, 2008, 30(6): 71-74.

[313] Liu G R, Zheng M H, Cai Z W, et al. Dioxin analysis in China[J]. Trends in Analytical Chemistry, 2013, 46: 178-188.

[314] 苍大强, 魏汝飞, 张玲玲, 等. 钢铁工业烧结过程二噁英的产生机理与减排研究进展[J]. 钢铁, 2014, 49(8): 1-8.

[315] Stanmore B R. The formation of dioxins in combustion systems[J]. Combustion and Flame, 2004, 136: 398-427.

[316] Altarawneh M, Dlugogorski B Z, Kennedy E M, et al. Mechanisms for formation, chlorination, dechlorination and destruction of polychlorinated bibenzo-*p*-dioxins and dibenzofurans (PCDD/Fs)[J]. Progress in Energy Combustion Science, 2009, 35(3): 245-274.

[317] Addink R, Olie K. Mechanisms of formation and destruction of polychlorinated dibenzo-*p*-dioxins and dibenzofurans in heterogeneous systems[J]. Environmental Science and Technology, 1995, 29(6): 1425-1435.

[318] Kasai E, Aono T, Tomita Y, et al. Macroscopic behaviors of dioxins in the iron ore sintering plants[J]. ISIJ International, 2001, 41(1): 86-92.

[319] Cleplik M K, Carbonell J P, Munoz C, et al. On dioxin formation in iron ore sintering[J]. Environmental Science and Technology, 2003, 37(15): 3323-3331.

[320] Suzuki K, Kasai E, Aono T, et al. De novo formation characteristics of dioxins in the dry zone of an iron ore sintering bed[J]. Chemosphere, 2004, 54(1): 97-104.

[321] Ooi T C, Lu L M. Formation and mitigation of PCDD/Fs in iron ore sintering[J]. Chemosphere, 2011, 85(3): 291-299.

[322] Tuppurainen K, Halonen I, Ruokojarvi P. Formation of PCDDs and PCDFs in municipal waste incineration and its inhibition mechanisms: A review[J]. Chemosphere, 1998, 36(7): 1493-1511.

[323] Nakano M, Hosotani Y, Kasai E. Observation of behavior of dioxins and some relating elements in iron ore sintering bed by quenching pot test[J]. ISIJ International, 2005, 45(4): 609-617.

[324] 龙红明, 吴雪健, 李家新, 等. 烧结过程二噁英的生成机理与减排途径[J]. 烧结球团, 2016, 41(3): 46-51.

[325] Kasama S, Yamamura Y, Watanabe K. Investigation on the dioxin emission from a commercial sintering plant[J]. ISIJ International, 2006, 46(7): 1014-1019.

[326] Ryan S, Altwicker E R. Understanding the role of iron ore chlorides in the de novo synthesis of polychlorinated dibenzo-*p*-dioxins/dibenzofurans[J]. Environmental Science and Technology, 2004, 38(6): 1708-1717.

[327] Nakano M, Morii K, Sato T. Factors accelerating dioxin emission from iron ore sintering machines[J]. ISIJ International, 2009, 49(5): 729-734.

[328] Ryu J Y. Formation of chlorinated phenols, dibenzo-*p*-dioxins, dibenzofurans, benzenes, benzoquinnones and perchloroethylenes from phrnols in oxidative and copper(II) chloride-catalyzed thermal process[J]. Chemosphere, 2008, 71(6): 1100-1109.

[329] Takaoka M, Yamamoto T, Shiono A, et al. The effect of copper speciation on the formation of chlorinated aromatics on real municipal solid waste incinerator fly ash[J]. Chemosphere, 2005, 59(10): 1497-1505.

[330] Addink R, Paulus R H, Oile K. Prevention of polychlorinated dibenzo-*p*-dioxin/dibenzofurans formation on municipal waste incinerator fly ash using nitrogen and sulfur compounds[J]. Environmental Science and Technology, 1996, 30(7): 2350-2354.

[331] Sun Y F, Liu L N, Fu X, et al. Mechanism of unintentionally produced persistent organic pollutant formation in iron ore sintering[J]. Journal of Hazardous Materials, 2016, 306(5): 41-49.

[332] Jeon M J, Jeon Y W. Characteristic evaluation of activated carbon applied to a pilot-scale VSA system to control VOCs[J]. Process Safety Environmental Protection, 2017, 112: 327-334.

[333] 王梦京, 吴素惷, 高新华, 等. 铁矿石烧结行业二噁英类形成机制与排放水平[J]. 环境化学, 2014, 33(10): 1723-1732.

[334] Ismo H, Kari T, Juhani R. Formation of aromatic chlorinated compounds catalyzed by copper and iron[J]. Chemosphere, 1997, 34(12): 2649-2662.

[335] 陈祖睿, 严密, 白四红, 等. 硫脲对铁矿石烧结过程中二噁英的抑制作用[J]. 能源工程, 2014, 4: 48-52, 80.

[336] Liu W B, Zheng M H, Zhang B, et al. Inhibition of PCDD/Fs formation from dioxin precursors by calcium oxide[J]. Chemphere, 2005, 60(6): 785-790.

[337] Kasai E, Kuzuhara S, Goto H, et al. Reduction in dioxin by the addition of urea as aqueous solution to high-temperature combustion gas[J]. ISIJ International, 2008, 48(9): 1305-1310.

[338] 吴雪健, 龙红明, 春铁军, 等. 基于添加尿素的铁矿烧结过程二噁英减排技术研究[J]. 环境污染与防治, 2016, 38(5): 61-66.

[339] 赵毅, 张玉海, 闫蓓. 二噁英的生成及污染控制[J]. 环境污染治理技术与设备, 2006, 7(11): 1-7.

[340] 于恒, 王海风, 张春霞. 铁矿烧结烟气循环工艺优缺点分析[J]. 烧结球团, 2014, 39(1): 51-55.

[341] Shih T S, Shih M, Lee W J, et al. Particle size distributions and health-related exposures of polychlorinated dibenzo-*p*-dioxins and dibenzofurans (PCDD/Fs) of sinter plant workers[J]. Chemosphere, 2009, 74(11): 1463-1470.

[342] Goemans M, Clarysse P, Joannes J, et al. Catalystic NO$_x$ reduction with simultaneous dioxin and furnace oxidation[J]. Chemosphere, 2004, 54(9): 1357-1365.

[343] 孟庆立, 李昭祥, 杨其伟, 等. 台湾中钢 SCR 触媒在烧结场脱硝与脱二噁英中的应用[J]. 武汉大学学报(工学版), 2012, 45(6): 751-756.

[344] Huang P C, Lo W C, Chi K H, et al. Reduction of dioxin emission by a multi-layer reactor with bead-shaped activated carbon in simulated gas stream and real flue gas of a sinter plant[J]. Chemosphere, 2011, 82(1): 72-77.

[345] 张传秀. 钢铁工业烧结工序二噁英的减排[C]//中华人民共和国环境保护部、中国社会科学院. 第四届环境与发展中国(国际)论坛论文集. 北京: 中华环保联合会, 2008: 537-541.

[346] 春铁军, 宁超, 王欢, 等. 铁矿烧结过程微细颗粒物(PM_{10}/$PM_{2.5}$)排放特性及研究进展[J]. 钢铁研究学报, 2016, 28(9): 1-5.

[347] Gan M, Ji Z, Fan X, et al. Emission behavior and physicochemical properties of aerosol particulate matter ($PM_{10/2.5}$) from iron ore sintering process[J]. ISIJ International, 2015, 55(12): 2582-2588.

[348] Ji Z, Gan M, Fan X, et al. Characteristics of $PM_{2.5}$ from iron ore sintering process: Influences of raw materials and controlling methods[J]. Journal of Cleaner Production, 2017, 148: 12-22.

[349] Debrincat D, Loo C E. Factors influencing particulate emissions during iron ore sintering[J]. ISIJ International, 2007, 47(5): 652-658.

[350] Ji Z, Fan X, Gan M, et al. Influence factors on $PM_{2.5}$ and PM_{10} emissions in iron ore sintering process[J]. ISIJ International, 2016, 56(9): 1580-1587.

[351] Nakano M, Okazaki J. Influence of operational conditions on dust emission from sintering bed[J]. ISIJ International, 2007, 47(2): 240-244.

[352] Ji Z, Fan X, Gan M, et al. Influence of sulfur dioxide-related interactions on $PM_{2.5}$ formation in iron ore sintering[J]. Air Waste Manag Assoc, 2017, 67(4): 488-497.

[353] Fan X, Ji Z, Gan M, et al. Participating patterns of trace elements in $PM_{2.5}$ formation during iron ore sintering process[J]. Ironmaking and Steelmaking, 2018, 45(3): 288-294.

[354] Ji Z, Fan X, Gan M, et al. Speciation of $PM_{2.5}$ released from iron ore sintering process and calculation of elemental equilibrium[J]. ISIJ International, 2017, 57(4): 673-680.

[355] 范晓慧, 甘敏, 季志云, 等. 烧结烟气超细颗粒物排放规律及其物化特性[J]. 烧结球团, 2016, 41(3): 42-45.

[356] 范晓慧, 尹亮, 何向宁, 等. 铁矿烧结过程烟气中微细颗粒污染物的特性[J]. 钢铁研究学报, 2016, 28(5): 18-23.

[357] Chun T J, Li D S, Ning C, et al. Characteristics and control technology of fine particulate matter (PM) in iron ore sintering[C]. Switzerland, Minerals Metals & Materials Series, 2018: 43-51.

[358] Gan M, Ji Z Y, Fan X H, et al. Clean recycle and utilization of hazardous iron-bearing waste in iron ore sintering process[J]. Journal of Hazardous Materials, 2018, 353: 381-392.

[359] Xu Y, Zhou M L, Hu J Y, et al. Particulate matter filtration of the flue gas from iron-ore sintering operations using a magnetically stabilized fluidized bed[J]. Powder Technology, 2019, 342: 335-340.

[360] 刘文权. 烧结烟气循环技术创新和应用[J]. 山东冶金, 2014, 3: 5-7.

[361] Lau L L, de Castro L F A, Dutra F D C, et al. Characterization and mass balance of trace elements in an iron ore sinter plant[J]. Journal of Materials Research and Technology, 2016, 5(2): 144-151.

[362] Xu W, Shao M, Yang Y, et al. Mercury emission from sintering process in the iron and steel industry of China[J]. Fuel Processing Technology, 2017, 159: 340-344.

[363] 何木光, 张义贤, 宋剑, 等. 钒钛磁铁矿预制粒烧结研究[J]. 中国冶金, 2012(11): 35-38, 55.

[364] 王剑. 预制粒强化细粒铁精矿烧结的技术研究[D]. 长沙: 中南大学, 2014.

[365] 薛跃, 刘永田, 朱永田. 小球团烧结的生产实践[J]. 烧结球团, 1997(3): 21-23.

[366] 单继国, 郑信懋, 刘淑桂. 小球烧结的研究与应用[J]. 钢铁, 1996, 31(10): 1-5.

[367] 张志民, 石国星. 小球团烧结法与普通造块方法的差异[J]. 烧结球团, 1998, 23(5): 8-12.

[368] 胡长庆, 张玉柱, 李振国, 等. 小球团烧结燃料添加方式[J]. 河北联合大学学报(自然科学版), 2003, 25(1): 11-16.

[369] 张华, 温继东. 小球团烧结技术在太钢的应用前景[J]. 烧结球团, 2000(4): 16-18.

[370] 马贤国. 鞍钢二烧车间小球团烧结工艺参数试验研究[J]. 烧结球团, 2000, 25(6): 7-13.

[371] 二羽安夫, 孙冲. 球团烧结混合工艺的发展及其在福山厂 5 号烧结机上的工业生产[J]. 国外钢铁, 1991(11): 1-6.

[372] Oyama N, Higuchi T, Machida S, et al. Effect of high-phosphorous iron ore distribution in quasi-particle on melt fluidity and sinter bed permeability during sintering[J]. ISIJ International, 2009, 49(5): 650-658.

[373] 李希超. 混合料的偏析布料法[J]. 烧结球团, 1993, 5: 13-18.

[374] Zhao J, Loo C E, Ellis B G. Improving energy efficiency in iron ore sintering through segregation: A theoretical investigation[J]. ISIJ International, 2016, 56(7): 1148-1156.

[375] Lu L, Ishiyama O. Recent advances in iron ore sintering[J]. Mineral Processing and Extractive Metallurgy, 2016, 125(3): 132-139.

[376] 殷吉余, 缪琦. 国外烧结混合料偏析布料方法[J]. 烧结球团, 1991(2): 43-46.

[377] He J C, Hu Z G, Zhang Y J, et al. Development and application of magnetic segregation feeder in sintering machine[J]. Steel Research International, 2011, 82(5): 473-479.

[378] Iwami Y, Yamamoto T, Oyama N, et al. Improvement of sinter productivity by control of magnetite ore segregation in sintering bed[J]. ISIJ International, 2018, 58(12): 2200-2209.

[379] Cappel F, Wesel H. EOS R flue gas circulation optimizes sintering: A new craft to strengthen the environment protection of iron ore sintering[J]. Sintering and Pelleting, 1993(4): 33-36.

[380] Buttiens K, Pressigny Y D L D, Quièvrecourt B D. Technologies to reduce environmental burdens. Evolutions in Europe[J]. Metallurgical Research & Technology, 2003, 100(3): 271-279.

[381] Brunnbauer G, Ehler W, Zwittag E, et al. EPOSINT: A new waste-gas recirculation system concept for sinter plants[J]. Stahl und Eisen, 2006, 126: 41-46.

[382] Fleischander A, Aichinger C, Zwittag E. New developments for achieving environmentally friendly sinter production: EPOSINT and MEROS[J]. China Metallurgy, 2008, 18: 41-46.

[383] Fan X H, Yu Z Y, Gan M, et al. Combustion behavior and influence mechanism of CO on iron ore sintering with flue gas recirculation[J]. Journal of Central South University, 2014, 21(6): 2391-2396.

[384] Gan M, Fan X H, Chen X L, et al. Reduction of pollutant emission in iron ore sintering process by applying biomass fuels[J]. ISIJ International, 2012, 52(9): 1574-1578.

[385] Fan X H, Yu Z Y, Gan M, et al. Appropriate technology parameters of iron ore sintering process with flue gas recirculation[J]. ISIJ International, 2014, 54(11): 2541-2550.

[386] 袁晓丽, 李奇峰, 黄维. 生物质燃料在钢铁冶金中的研究进展[J]. 重庆科技学院学报(自然科学版), 2014(1): 106-109.

[387] Ooi T C, Thompson D, Anderson D R, et al. The effect of charcoal combustion on iron-ore sintering performance and emission of persistentorganic pollutants[J]. Combust Flame, 2011, 158: 979-987.

[388] Abreu G C, Carvalho J A, Pedrini R H, et al. Operational and environmental assessment on the use of charcoal in iron ore sinter production[J]. Clean Production, 2015, 101: 387-394.

[389] Li S Q, Ji Z J, Wu L, et al. An analysis on the energy consumption of steel plants and energy-saving measures[J]. Industrial Heating, 2010, 39(5): 1-13.

[390] 甘敏. 生物质能铁矿烧结的基础研究[D]. 长沙: 中南大学, 2012.

[391] Kawaguchi T, Hara M. Utilization of biomass for iron ore sintering[J]. ISIJ International, 2013, 53: 1599-1606.

[392] Zandi M, Martinez P M. Biomass for iron ore sintering[J]. Minerals Engineering, 2010, 23(14): 1139-1145.

[393] Gan M, Fan X H, Ji Z Y. Application of biomass fuel in iron ore sintering: Influencing mechanism and emission reduction[J]. Ironmaking and Steelmaking, 2015, 42(1): 27-33.

[394] Ooi T C, Aries E, Ewan B C R, et al. The study of sunflower seed husks as a fuel in the iron ore sintering process[J]. Minerals Engineering, 2008, 21(2): 167-177.

[395] Gan M, Fan X, Ji Z, et al. Effect of distribution of biomass fuel in granules on iron ore sintering and NO$_x$ emission[J]. Ironmaking and Steelmaking, 2014, 41(6): 430-434.

[396] 范晓慧, 季志云, 甘敏. 生物质燃料应用于铁矿烧结的研究[J]. 中南大学学报(自然科学版), 2013, 44(5): 1747-1753.

[397] 付俊清. 钢铁行业烧结烟气脱硫脱硝技术探析[J]. 低碳世界, 2018, 180(6): 29-30.

[398] 吴涛. 活性焦联合脱除烟气中 SO$_2$ 和 NO 机理研究[D]. 北京: 煤炭科学研究总院, 2010.

[399] 张红. 活性焦联合脱硫脱硝技术及发展方向[J]. 环境与发展, 2014, 26(Z1): 84-86.

[400] 蔡亮. 活性焦脱硫脱硝技术在烧结烟气中的应用[J]. 低碳地产, 2016, 2(5): 113-114.

[401] 谢嵩岳. 活性炭联合脱硫脱硝技术在烧结烟气净化中的应用[J]. 低碳世界, 2015(36): 169-170.

[402] Illan-Gomez M J, Linares-Solano A, Salinas-Martinez De Lecea C, et al. Nitrogen oxide (NO) reduction by activated carbons. 1. The role of carbon porosity and surface area[J]. Energy & Fuels, 1993, 7(1): 146-154.

[403] Mochida I, Korai Y, Shirahama M, et al. Removal of SO and NO over activated carbon fibers[J]. Carbon, 2000, 38(2): 227-239.

[404] Li Y R, Guo Y Y, Zhu T Y, et al. Adsorption and desorption of SO$_2$, NO and chlorobenzene on activated carbon[J]. Journal of Environmental Sciences, 2016, 43: 128-135.

[405] 刘兰鹏, 施哲, 黄帮福, 等. 炭基材料用于烧结烟气协同脱硫脱硝的研究现状[J]. 环境工程, 2019, 37(2): 99-103.

[406] 杨斌武, 蒋文举, 常青. 微波改性活性炭及其脱硫性能研究[J]. 兰州交通大学学报, 2006(4): 51-54.

[407] Jia Q, Lua A C. Effects of pyrolysis conditions on the physical characteristics of oil-palm-shell activated carbons used in aqueous phase phenol adsorption[J]. Journal of Analytical and Applied Pyrolysis, 2008, 83(2): 175-179.

[408] 曹晓强, 黄学敏, 刘胜荣, 等. 微波改性活性炭对甲苯吸附性能的实验研究[J]. 西安建筑科技大学学报(自然科学版), 2008(2): 249-253.

[409] Marbán G, Antuña R, Fuertes A B. Low-temperature SCR of NO$_x$ with NH$_3$ over activated carbon fiber composite-supported metal oxides[J]. Applied Catalysis B: Environmental, 2003, 41(3): 323-338.

[410] 马建蓉, 刘振宇, 郭士杰. 同时脱除烟气中硫和硝的 V$_2$O$_5$ A/C 催化剂研究[J]. 燃料化学学报, 2005, 33(1): 6-11.

[411] 彭怡, 古昌红, 傅敏. 活性炭改性的研究进展[J]. 重庆工商大学学报, 2007, 24(6): 577-579.

[412] 陈孝云, 林秀兰, 魏起华, 等. 活性炭表面化学改性及应用研究进展[J]. 科学技术与工程, 2008(19): 5463-5467.

[413] 石清爱, 于才渊. 改性活性炭的烟气脱硫脱硝性能研究[J]. 化学工程, 2010, 38(10): 106-109.

[414] 王耀昕. 活性炭联合脱硫脱硝技术综述[J]. 电站系统工程, 2004(6): 41-42.

[415] 郑雅欣. 烧结烟气污染物协同处理关键技术研究[D]. 唐山: 华北理工大学, 2018.

[416] 汪庆国, 黎前程, 李勇. 两级活性炭吸附法烧结烟气净化系统工艺和装备[J]. 烧结球团, 2018, 43(1): 66-72.

[417] 李俊杰, 魏进超, 刘昌齐. 活性炭法多污染物控制技术的工业应用[J]. 烧结球团, 2017, 42(3): 79-85.

[418] 唐夕山, 魏星, 翟尚鹏. 活性焦法治理烧结烟气技术探讨[C]. 大同: 2013 年全国烧结烟气综合治理技术研讨会, 2013.

[419] 闫伯骏, 邢奕, 路培, 等. 钢铁行业烧结烟气多污染物协同净化技术研究进展[J]. 工程科学学报, 2018, 40(7): 767-775.

[420] 高继贤, 刘静, 曾艳, 等. 活性焦(炭)干法烧结烟气净化技术在钢铁行业的应用与分析——Ⅱ: 工程应用[J]. 烧结球团, 2012, 37(2): 61-66.

[421] 赵德生. 太钢450m² 烧结机烟气脱硫脱硝工艺实践[C]. 太原: 2011 年全国烧结烟气脱硫技术交流会, 2011.

[422] 叶恒棣, 魏进超, 刘昌齐. 活性炭法烧结烟气净化技术研究及应用[C]. 上海: 第十届中国钢铁年会暨第六届宝钢学术年会, 2015.